科学出版社“十四五”普通高等教育本科规划教材

数学模型与 MATLAB 应用

孙云龙　唐小英　编

科学出版社
北　京

内 容 简 介

本书是编者在近三十年数学建模教学和指导学生参加数学建模竞赛实践经验的基础上，通过整理修改课程讲稿，参考国内外相关文献编写而成的. 内容包括绪论、代数运算、程序设计、符号运算、图形设计、方程模型、线性规划模型、非线性规划模型、概率模型、统计模型、图论模型、计算机模拟、现代优化算法、其他模型，以及 MATLAB 简明手册. 本书突出数学建模的基本思想和基本方法，强调数学软件的重要性，充分展示数学建模的应用范围，并给出大量 MATLAB 编程实例.

本书可作为高等院校各专业本科及研究生数学建模课程和数学建模竞赛培训的教材与辅导材料，也可作为科技工作者学习 MATLAB 软件的参考资料.

图书在版编目(CIP)数据

数学模型与 MATLAB 应用 / 孙云龙，唐小英编. — 北京：科学出版社，2024.5

科学出版社“十四五”普通高等教育本科规划教材

ISBN 978-7-03-077813-0

Ⅰ. ①数… Ⅱ. ①孙… ②唐… Ⅲ. ①数学模型－Matlab 软件－高等学校－教材 Ⅳ. ①O141.4-39

中国国家版本馆 CIP 数据核字(2024)第 021158 号

责任编辑：王胡权 胡海霞 范培培 / 责任校对：杨聪敏

责任印制：师艳茹 / 封面设计：无极书装

科 学 出 版 社 出版

北京东黄城根北街 16 号

邮政编码：100717

http://www.sciencep.com

固安县铭成印刷有限公司印刷

科学出版社发行 各地新华书店经销

*

2024 年 5 月第 一 版 开本：720×1000 1/16

2024 年 5 月第一次印刷 印张：19

字数：383 000

定价：69.00 元

(如有印装质量问题，我社负责调换)

前　　言

党的二十大报告指出，必须坚持科技是第一生产力、人才是第一资源、创新是第一动力，深入实施科教兴国战略、人才强国战略、创新驱动发展战略，开辟发展新领域新赛道，不断塑造发展新动能新优势. 而数学建模课程、数学建模竞赛契合新时代发展趋势，在培养创新人才中具有独特的教育意义.

数学建模是一种思维方法，是用数学语言描述实际现象的整个思维过程，数学模型就是对实际现象的数学描述，这种抽象的、严格的数学语言描述使描述更具科学性、逻辑性、客观性和可重复性. 数学建模的应用极其广泛，这也是让纯数学理论的研究者变成物理学家、生物学家、经济学家甚至心理学家等的过程. 有数学就有数学建模，但“数学建模”这个词的广泛使用并不久远，它得益于数学建模竞赛广泛深入的开展. 1992 年以来，由中国工业与应用数学学会主办，每年一届的全国大学生数学建模竞赛已连续成功举办至今，竞赛的成功举办推动了数学建模课程进入了我国大部分高等学校，数学建模的思维、理论、方法与应用也早已渗透到高等教育的方方面面. 每年的数学建模教学、培训、竞赛活动，培养了一批又一批优秀的学生，也促进了数学及相关学科的教育教学改革.

MATLAB 是一款优秀的通用数学软件，有强大的数值计算功能，有几乎覆盖可计算类学科的工具箱，并在很大程度上摆脱了传统非交互式程序设计语言的编辑模式，为科学研究、工程设计以及必须进行有效数值计算的众多科学领域提供了一种全面的解决方案. MATLAB 与数学建模的结合，让数学建模如虎添翼，迅猛发展.

由于数学建模不是一门学科，而是一门课程，没有明确的内容体系. 目前，大多数高校均已开设了数学建模课程，各个高校数学建模的教学千差万别、五花八门，出版的教材也多种多样，仅我国目前出版发行的数学建模类教材就有上百种，在内容方面，有些差异非常大，甚至完全不相同. 计算机技术、计算机网络以及数学软件的飞速发展和普及，不断改善并丰富着数学建模的内容与方法，给数学建模的教学提供了各种启示和挑战.

本书是在编者近三十年数学建模教学和指导学生参加数学建模竞赛实践经验的基础上，通过整理修改课程讲稿，参考国内外相关文献编写而成的. 本书以 MATLAB 软件的基本使用方法为基础，以数学建模的常用方法为主线，通过大量数学建模案例，展示建立数学模型、求解数学模型的全过程，并详细讲解了 MATLAB 软件在模型求解中的应用，书后还附有 MATLAB 简明手册.

编者将自己对数学建模教学内容的理解以教材的形式呈现出来，在体系、内容、方法、应用等方面均进行了有益的探索与创新. 在本书的编写过程中，编者做了以下尝试.

(1) 突出数学建模的基本思想和基本方法. 通过科学技术、经济管理、日常生活中众多数学模型的实例，系统、详细地阐述数学建模与数学实验的基本理论和主要方法，以便学生在学习过程中能较好地认识到数学建模是现实问题与数学理论的桥梁，并从总体上把握数学建模的思想方法.

(2) 强调数学软件的重要性. 本书系统介绍 MATLAB 的基本功能，详细讲解 MATLAB 软件在模型求解中的应用，特别是涉及许多编程方法的讲解，包括算法思想、算法流程、代码详解；并且各类模型都涉及了 MATLAB 的使用和编程.

(3) 充分展示数学建模的应用范围. 与大多数数学建模教材以理工科建模实例为主不同，本书在编写内容取舍上，力求最大限度地覆盖各类数学模型，特别是经济管理模型，以适应各类专业学生学习数学建模课程和后续课程的需要.

(4) 提供大量 MATLAB 编程实例. 程序设计简单精练、思路清晰，有利于没有编程基础的读者快速入门.

一直对学生承诺编写一本与教学内容一致的数学建模教材，如今得以实现，倍感愉悦，希望这份努力能为数学建模活动的健康持续发展做出贡献.

本书虽经认真编写和修改，但限于作者水平，不妥之处仍在所难免，恳请读者不吝指正.

孙云龙　唐小英

2023 年 6 月

目　　录

第一章　绪　　论

本章对数学模型、数学建模的一般步骤、数学建模竞赛、MATLAB 软件基础进行简单介绍，并通过实例加以说明.

第一节　什么是数学模型

数学是重要的基础学科，是各学科强有力的工具，对这一工具的使用就需要数学建模.

一、模型

模型(model)的概念应用极其广泛.

最常见的是实物模型，通常是指依照实物的形状和结构按比例制成的物体. 比如：户型模型、机械模型、城市规划模型.

物理模型，主要指为一定目的根据相似原理构造的模型. 比如：机器人、航模飞机、风洞.

结构模型，主要反映系统的结构特点和因果关系，最常见的就是图模型. 比如：地图、电路图、分子结构图.

其他模型，比如：工业模型、仿真模型、3D 模型、人力资源模型、思维模型等.

模型是为了一定目的，对客观事物的一部分进行简缩、抽象、提炼出来的原型的替代物，模型集中反映了原型中人们需要的那一部分特征. 对于一个原型，根据目的不同，可以建立多个截然不同的模型，而对于同一目的，考查内容不同，采用的方法不同，也会得到不同的模型.

二、数学模型

数学模型(mathematical model)是近些年发展起来的新学科，是数学理论与实际问题相结合的一门科学. 它将现实问题归结为相应的数学问题，并在此基础上利用数学的概念、方法和理论进行深入分析和研究，从而从定性或定量的角度来刻画实际问题，并为解决现实问题提供精确的数据或可靠的指导.

数学模型没有一个统一的定义，姜启源教授认为它是“对于一个现实对象，为了一个特定目的，根据其内在规律，做出必要的简化假设，运用适当的数学工具，得到的一个数学结构”. 建立数学模型，包括表述、求解、解释、检验等的全过程，称为数学建模(mathematical modeling).

数学模型具有这样几个特征：

(1)是现实问题与数学理论之间的桥梁；

(2)是一种抽象模型，区别于具体模型；

(3)具有数学结构，如数学符号、数学公式、程序、图、表等.

三、数学建模的一般步骤

问题分析：了解问题背景，明确建模目的，掌握必要信息.

模型假设：根据对象的特征和建模目的，做出必要、合理的简化和假设. 模型假设既要反映问题的本质特征，又要使问题得到简化，便于进行数学描述.

建立模型：在分析和假设的基础上，利用合适的数学工具去刻画各变量之间的关系，把问题化为数学问题. 建立模型的方法包括机理分析法、测试分析法、计算机模拟等. 常见模型包括函数模型、几何模型、方程模型、随机模型、图论模型、规划模型等.

模型求解：利用数学方法求解得到的数学模型，即应用数学理论求解，特别是计算方法理论，借助计算机求解.

模型分析：结果分析、数据分析. 变量之间的依赖关系或稳定性态、数学预测、最优决策控制等.

模型检验：分析所得结果的实际意义，与实际情况进行比较，看是否符合实际，如果结果不够理想，应该修改、补充假设或重新建模，有些模型需要经过几次反复，不断完善.

模型应用：建模的最终目的就是实际应用.

四、数学建模竞赛

以数学建模竞赛为主体的数学建模教学活动实际上是一种规模巨大的教育教学改革的实验，是我国一项成功的高等教育改革实践，为高等学校应该培养什么人、怎样培养人，做出了重要的探索，为提高学生综合素质提供了一个范例.

通常数学建模竞赛是指“美国数学建模竞赛”“全国大学生数学建模竞赛”“中国研究生数学建模竞赛”三大赛事.

美国数学建模竞赛(MCM/ICM)，是一项国际性的学科竞赛，在世界范围内极具影响力，为现今各类数学建模竞赛之鼻祖. MCM/ICM 是 Mathematical Contest in Modeling 和 Interdisciplinary Contest in Modeling 的缩写，即“数学建模竞赛”和“交叉学科建模竞赛”. MCM 始于 1985 年，ICM 始于 1999 年，由美国数学及其应用联合会主办，得到了美国工业和应用数学学会、美国国家安全局、运筹与管理科学学会等多个组织的赞助. 竞赛由 MCM 与 ICM 两部分共 6 个赛题构成，分别是 A(连续型)、B(离散型)、C(数据分析)、D(运筹学/网络科学)、E(可持续性)、F(政策). 竞赛举办时间为每年的一二月份. 竞赛奖项设置：特等奖(Outstanding Winner)、特等奖入围奖(Finalist Winner)、一等奖(Meritorious Winner)、二等奖(Honorable Mention).

全国大学生数学建模竞赛由中国工业与应用数学学会主办，创办于 1992 年，每年一届，目前已成为世界上规模最大的数学建模竞赛. 三十多年来，全国大学生数学建模竞赛得到了飞速发展，已经成为推进素质教育、促进创新人才培养的重大品牌竞赛项目. 竞赛由 3 个本科赛题、2 个专科赛题构成，竞赛举办时间为每年九月的第二个周末. 竞赛奖项设置：全国一等奖、二等奖，省一等奖、二等奖、三等奖.

中国研究生数学建模竞赛是由教育部学位管理与研究生教育司指导，中国学位与研究生教育学会、中国科协青少年科技中心主办的“中国研究生创新实践系列大赛”主题赛事之一，是面向在校研究生进行数学建模应用研究的学术竞赛活动，是广大在校研究生提高建立数学模型和运用互联网信息技术解决实际问题能力、培养科研创新精神和团队合作意识的大平台. 赛事已从地区性活动扩大到全国性甚至是国际性活动，受到了广泛的关注.

此外，还有许多类似的比赛，比如：“苏北数学建模联赛”“‘华中杯’大学生数学建模挑战赛”“‘华东杯’大学生数学建模邀请赛”“东北三省数学建模联赛”“‘认证杯’数学中国数学建模网络挑战赛”“‘认证杯’数学中国数学建模国际赛”等. 目前，相当数量的学校已开始举办数学建模校内赛.

第二节 数学建模实例

本节给出几个数学建模实例，通过实例说明如何做出合理的简化假设、用数学语言表述实际问题、用数学理论解决问题，以及解释结果的实际意义.

一、椅子放稳问题

1. 问题

四只脚的椅子放在不平的地面上，能否通过调整位置使四只脚同时着地？

分析：四只脚的椅子在不平的地面上放置，通常只有三只脚着地，放不稳，然而只需稍微挪动几次，就可能使四只脚同时着地，就放稳了. 这个看来似乎与数学无关的现象能用数学语言给以表述，并用数学工具来证实吗？

2. 模型假设

注意，我们并不研究所有的椅子和任意地面，我们需要明确研究的对象和简化研究的问题，对椅子和地面作一些必要的假设.

假设 1 椅子：方形，四条腿一样长，椅脚与地面接触处可视为一个点，四脚的连线呈正方形.

假设 2 地面：高度是连续变化的，沿任何方向都不会出现间断，即地面可视为数学上的连续曲面.

假设 3 动作：将椅子放在地面上，对于椅脚的间距和椅脚的长度而言，地面是相对平坦的，使椅子在任何位置至少有三只脚同时着地.

3. 模型建立

模型构成的中心问题是用数学语言把椅子四只脚同时着地的条件和结论表示出来.

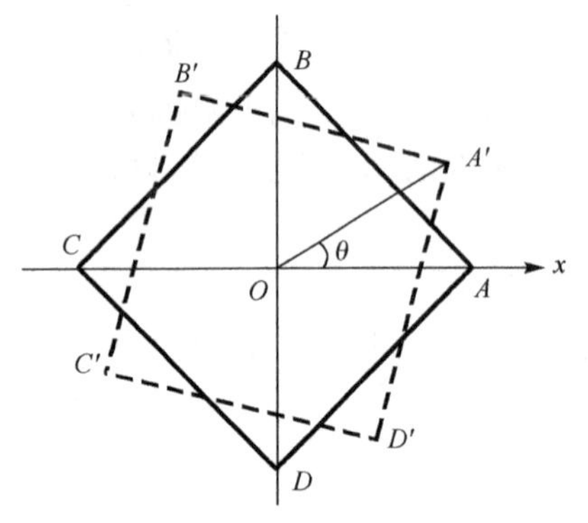

图 1-1 椅脚位置平面示意图

在这里，我们研究方椅沿椅脚连线正方形的中心旋转的情形下椅子的状态变化.

(1) 椅子的位置的描述.

根据假设 1，椅脚连线成正方形，以中心为对称点，正方形的中心的旋转正好代表了椅子位置的改变，于是可以用旋转角度 θ 这一变量表示椅子的位置. 如图 1-1 所示.

椅脚连线为正方形 $ABCD$，对角线 AC 与 x 轴重合，椅子绕中心点 O 旋转角度 θ 后，正方形 $ABCD$ 转至 $A'B'C'D'$ 的位置，所以对角线 $A'C'$ 与 x 轴的夹角 θ 表示了椅子的位置.

椅脚着地用数学语言来描述就是距离. 由于椅子有四只脚，因而有四个距离，由正方形的中心对称性，只要设两个距离函数即可.

设 f 为 AC 两脚与地面距离之和，g 为 BD 两脚与地面距离之和. 显然 f，g 是旋转角度 θ 的函数，于是，两个距离可表示为 $f(\theta)$，$g(\theta)$.

(2) 模型.

根据假设 2，f，g 是连续函数. 根据假设 3，椅子在任何位置至少有三只脚着地，所以对于任意的 θ，$f(\theta)$，$g(\theta)$ 至少有一个为零.

不妨设当 $\theta=0$ 时，$g(\theta)=0$，$f(\theta)>0$.

于是，改变椅子的位置使四只脚同时着地问题，就归结为证明如下的数学命题.

已知 $f(\theta)$，$g(\theta)$ 是 θ 的连续函数，对任意 θ，$f(\theta)\,g(\theta)=0$，且 $g(0)=0$，$f(0)>0$. 证明存在 θ_0，使 $f(\theta_0)=g(\theta_0)=0$.

4. 模型求解

令 $h(\theta)=f(\theta)-g(\theta)$，则 $h(\theta)$ 为连续函数. 当 $\theta=0$ 时，$h(0)=f(0)>0$.

将椅子旋转 $90°$，对角线 AC 与 BD 互换，$\theta=\dfrac{\pi}{2}$，

$$h\left(\frac{\pi}{2}\right)=f\left(\frac{\pi}{2}\right)-g\left(\frac{\pi}{2}\right)=g(0)-f(0)=-f(0)<0$$

于是，$h(\theta)$ 为闭区间 $\left[0,\dfrac{\pi}{2}\right]$ 上的连续函数，其端点异号，由零点存在定理得：存在 θ_0，使 $h(\theta_0)=0$. 因为对任意 θ，$f(\theta)\ g(\theta)=0$，所以 $f(\theta_0)=g(\theta_0)=0$.

结论：椅子一定能够放稳.

5. 评注

面对实际问题进行定量分析时，通常情况下我们并没有马上意识到数学的存在，而是在建模的过程中逐步将数学语言引入，呈现出数学模型.

这个模型的巧妙之处在于用一元变量 θ 表示椅子的位置，用 θ 的两个函数表示椅子四脚与地面的距离，进而把模型假设和椅脚同时着地的结论用简单、精确的数学语言表达出来，构成了这个实际问题的数学模型.

可以看出，在模型建立过程中，有一些讨论我们粗略带过，比如四个距离变成两个距离等，这也是建模的常用方法.

二、商人过河问题

1. 问题

三名商人各带一个随从乘船过河，河中只有一只小船，小船只能容纳两人，由他们自己划船. 随从们密约，在河的任何一岸，一旦随从的人数比商人多，就杀人越货，但是如果乘船渡河的大权掌握在商人们手中，商人们怎样才能安全渡河呢？

分析：这是一个智力游戏题，其中商人明确知道随从的特性. 该问题求解本不难，使用数学模型求解，目的是显示数学建模解决实际问题的规范性与广泛性.

显然这是一个构造性问题，虚拟的场景已经很明确简洁了，不需要再做假设，最多只做符号假设.

原问题为多阶段决策问题，使用向量的概念可较好地刻画各阶段的状态和变化.

2. 模型建立

令第 k 次渡河前此岸商人数、随从数分别为 x_k, y_k，$k=1,2,\cdots$，将向量 $s_k=(x_k,y_k)$ 定义为状态，称在 s_k 的安全条件下的取值范围为允许状态集，记为 S，

$$S=\{(x,y)\,|\,x=0,y=0,1,2,3;x=3,y=0,1,2,3;x=y=1,2\}$$

定义一次渡河船上的商人数和随从数为决策 $d_k=(u_k,v_k)$，称 d_k 的取值范围为允

许决策集，记为 D，

$$D=\{(u,v)\mid u+v=1,2\}$$

每次渡河产生状态改变，状态改变的规律为

$$s_{k+1}=s_k+(-1)^k d_k$$

问题：求决策序列

$$d_1,d_2,\cdots,d_n$$

使 $s_1=(3,3)$ 通过有限步 n 到达 $s_{n+1}=(0,0)$.

3. 模型求解

模型是递推公式，非常适合计算机编程搜索，不过在这里我们采用数学上的一种常用方法求解：图解法.

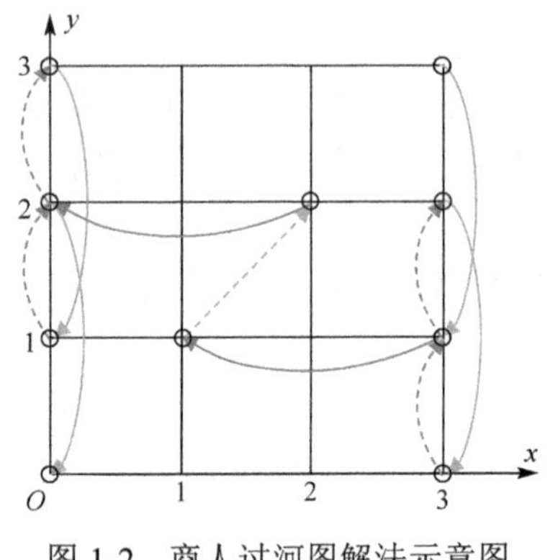

图 1-2 商人过河图解法示意图

在平面直角坐标系 xOy 中，交叉点代表状态 $s_k=(x_k,y_k)$，如图 1-2 所示，其中，允许状态点用“○”表示.

决策：沿方格线在允许状态点之间移动 1 至 2 格. 其中，当 k 为奇数时，决策为渡河，向左、下方移动；当 k 为偶数时，决策为返回，向右、上方移动. 要确定一种移动方式，使状态 $s_1=(3,3)$ 通过有限步 n 到达原点 $s_{n+1}=(0,0)$.

图 1-2 给出了一种移动方案. 这个结果很容易解释成实际的渡河方案.

4. 评注

此问题的求解方法很典型，建立指标体系、变量符号化、确定变量关系、寻找求解方法，在解决实际问题，特别是经济、社会问题使用定量分析方法时，常常使用这种数学建模方法.

本问题共有两个结果，读者可使用此方法寻找另一个结果.

第三节 MATLAB 软件基础

一、MATLAB 软件简介

1. 数学实验

数学实验是以计算机为工具，以软件为载体，通过实验体会数学理论、解决实际中的数学问题的一种方法. 数学实验是计算机技术、数学、软件引入教学后出现的新事物，目的是提高学生学习数学的积极性，增强学生对数学的应用意识，培养学生用所学的数学知识和计算机技术去认识问题和解决实际问题的能力. 不同于传统的数学学习方式，数学实验强调以学生动手为主的数学学习方式.

通常我们所说的数学实验是指数学软件的使用，目前较流行的通用数学软件包括 MATLAB、Mathematica、Maple 等，它们均具有符号运算、数值计算、图形显示、高效编程的功能. 除此之外还有一些专业的数学软件，包括统计软件 SPSS、SAS，规划软件 LINDO、LINGO 等.

这些软件各有特点，本书主要介绍 MATLAB 软件的使用.

2. MATLAB 软件特征

作为通用数学软件，MATLAB 能实现我们通常教学中的几乎所有计算功能.

从矩阵运算起步的 MATLAB 软件，具有强大的数值运算特别是矩阵运算能力，有大量简洁、方便、高效的函数或表达式实现其数值运算功能.

MATLAB 具有其独特的图形功能，它包含了一系列绘图指令以及专门工具，其独有的数值绘图功能，可以为面对大量数据的经济研究提供强大支持.

MATLAB 是一种面向科学与工程计算的高级语言，允许用数学形式的语言编写程序，且比其他计算机语言更加接近我们书写计算公式的思维方式，其程序语言简单明了，程序设计自由度大，易学易懂，没有编程基础的研究者也可以很快掌握 MATLAB 编程方法. 独立的 M 文件窗口设计，把编辑、编译、连接和执行融为一体，操作灵活，轻松实现快速排除输入程序中的书写错误、语法错误及语义错误. 特别是 MATLAB 不仅有很强的用户自定义函数的能力，还提供了丰富的库函数可以直接调用，因此我们可以回避许多复杂的算法设计，MATLAB 是一个简单高效的编程平台.

目前，MATLAB 内含 80 多个工具箱，每一个工具箱都是为某一类学科专业和应用而定制的，这些工具箱由该领域的专家编写设计，用户可以直接使用工具箱学习、应用和评估不同的方法而不需要自己编写代码.

良好的开放性是 MATLAB 最受人们欢迎的特点之一. 除内部函数以外，所有 MATLAB 的核心文件和工具箱文件都是可读可改的源文件，用户可对源文件进行二次开发使之更加符合自己的需要.

由于 MATLAB 的应用遍布各个学科，因此 MATLAB 具有丰富的网络资源，MathWorks 公司官网提供了许多 MATLAB 课程、文档、示例和视频以适用不同起点和学习风格的用户，其用户在社区中可获得许多相关技术参考. 我们要做的就是——读懂、判别、消化、修改，使之成为自己的资源.

3. MATLAB 软件应用探讨

MATLAB 软件是高等数学教学的强大辅助工具. 在包括微积分、线性代数、概率统计等的高等数学类课程教学活动中，我们一直面临着两难选择，一方面，面对日常教学和考试，学生需要进行大量的数学技巧训练；另一方面，面对后续课程，学生需要掌握较好的数学思维和基本的计算方法. 用有限的学时实现上述两方面是很困难的. MATLAB 为我们提供了这种可能性，即只需很少的教学时间讲授 MATLAB 即可让学生掌握，让不过分追求数学技巧的学生从繁杂的计算中解放出来，把数学建模和数学实验的思想引入他们的课程中，既是有益的，也是有效的.

MATLAB 软件是数学建模的必备工具. 数学模型是指通过抽象和简化，使用数学语言对实际对象的一个刻画，是人们更简明更深刻地认识所研究的对象的一种方法. 数学建模是指建立数学模型的全过程，主要包括两个方面：建立数学模型、求解数学模型. 于是数学建模求解工具即数学软件成为必要. MATLAB 以其简洁高效的编程语言、丰富的计算函数成为数学建模工具的首选.

MATLAB 软件是科学研究的强大工具. MATLAB 工具箱几乎囊括了所有可计算类学科，而科学研究涉及大量数学模型，使 MATLAB 成为各类课程教学与研究的基本工具. 比如在经济学科，为了解决现代金融中的计算问题，MathWorks 公司集结了一批优秀的金融研究开发人员，开发了包括 Financial Toolbox、Financial Derivatives Toolbox、Financial Time Series Toolbox、Fixed-Income Toolbox 等系列金融工具箱，涵盖许多金融问题，其功能目前仍在不断扩大. 在欧美，MATLAB 已成为金融工程人员的密切伙伴，世界上许多金融机构运用 MATLAB 进行研究分析、评估风险、有效管理公司资产，例如：国际货币基金组织、摩根士丹利等顶级金融机构都是 MathWorks 公司的注册用户.

二、MATLAB 软件基本操作

1. MATLAB 软件的运行界面

MATLAB 工作界面为窗口界面形式，见图 1-3.

主窗口中包含许多子窗口，命令行窗口(Command Window)、历史窗口(Command History)、当前文件夹(Current Folder)、工作区(Workspace)，这些子窗口均可以进行最小化、最大化、解锁、关闭. 在命令行窗口输入指令并“回车”，运算结果显示在命令行窗口之中.

图 1-3　MATLAB 软件的工作界面

2. MATLAB 软件的基本操作

1) 基本计算

MATLAB 是一个超级计算器，可以直接在命令行窗口中以平常惯用的形式输入，例如输入：

```
456456*145678131/456456123
```

按“回车”键，运行结果显示如下：

```
ans =
         1.4568e+05
```

这里“ans”是指当前的计算结果，若计算时用户没有对表达式设定变量，系统就自动将当前结果赋值给“ans”变量.

该结果是 MATLAB 科学记数法的一种显示格式，代表：

$$1.4568\times10^5$$

事实上，MATLAB 保存在内存中的计算结果比显示结果更精确，不同版本精确度有一定差别，可以通过改变 MATLAB 的显示格式，或使用 vpa 指令来显示更精确的结果，例如输入：

```
vpa(ans, 30)
```

运行结果如下：

```
ans =
        145678.091744507051771506667137
```

2) 变量

变量是任何程序设计语言的基本要素之一，MATLAB 语言当然也不例外. 与常规的程序设计语言不同的是，MATLAB 并不要求事先对所使用的变量进行声明，也不需要指定变量类型，MATLAB 语言会自动依据所赋予变量的值或对变量所进行的操作来识别变量的类型. 在赋值过程中如果赋值变量已存在时，MATLAB 语言将使用新值代替旧值，并以新值类型代替旧值类型.

在 MATLAB 语言中变量的命名应遵循如下规则：

(1) 变量名必须是不含空格的单个词；

(2) 变量名区分大小写；

(3) 变量名有字符个数限制，不同版本有差别；

(4) 变量名必须以字母开头，之后可以是任意字母、数字或下划线，变量名中不允许使用标点符号.

MATLAB 语言本身包含一些预定义的变量，这些特殊的变量称为常量. 表 1-1 给出了 MATLAB 语言中经常使用的一些常量符号.

表 1-1　常用常量符号表

符号	功能	符号	功能
ans	缺省变量名	inf	正无穷大
pi	圆周率	NaN	不定值
eps	浮点运算的相对精度	i, j	虚数单位

例如输入：

```
vpa(pi, 100)
```

运行结果如下：

```
ans =
        3.14159265358979323846264338327950238419716939937510582097494459230781640628620899862803487534211706 7
```

有两个指令经常使用：

clc　　清屏；

clear　清除变量，释放内存.

3) 运算符及标点

MATLAB 中，不同的标点具有不同的意义，MATLAB 允许算术运算、关系运算、逻辑运算等，并具有特定的运算符. 具体使用见表 1-2.

表 1-2　MATLAB 软件特殊符号与运算符表

标点		算术运算符		关系运算符		逻辑运算符	
符号	功能	符号	功能	符号	功能	符号	功能
,	分隔符	+	加	= =	等于	|	逻辑或
:	间隔	*	乘	>	大于	~	逻辑非
%	注释	^	乘方	> =	大于等于	&	逻辑与
;	不显示结果	.*	点乘	~ =	不等于		
…	续行	.^	点幂	<	小于		
		-	减	< =	小于等于		
		/	除				
		\	左除				
		./	点除				
		.\	点左除				

例如输入：

```
456>789
```

运行结果如下：

```
ans =
        logical
        0
```

4) 函数

MATLAB 提供大量的内置函数和自带函数，表 1-3 是常用的数学函数.

表 1-3　常用的数学函数

函数名	功能	函数名	功能	函数名	功能
sin	正弦	asin	反正弦	tan	正切
cos	余弦	acos	反余弦	atan	反正切
exp	自然指数	log	自然对数	log10	常用对数
abs	绝对值	sign	符号函数	sqrt	开方
fix	向原点取整	round	四舍五入	mod	取余
max	最大值	min	最小值	sum	总和

例如输入：

```
exp(1)
log(ans)
log10(10)
```

运行结果如下：

```
ans =
        2.7183
ans =
        1
ans =
        1
```

三、MATLAB 软件帮助

MATLAB 帮助系统，能很快地帮助用户掌握命令的使用方法，更好地理解函数命令使用的语法格式. 使用 MATLAB 帮助有多种方法，最简单的方法就是启用 MATLAB 帮助文档，在每个指令函数的说明文档中，包含功能、语法、示例、参数说明、扩展功能、相关指令等. 启用 MATLAB 帮助文档，在 MATLAB 命令行窗口中，单击工具栏中的按钮 ? 即可.

习　题　一

1．椅子放稳问题：若将假设条件中四脚的连线呈正方形改为呈长方形，其余不变，试建模求解.

2．商人过河问题(参见正文)：

(1) 若将假设条件部分更改，4 个商人和 4 个随从过河，能否安全过河？

(2) 若将假设条件部分更改，4 个商人和 4 个随从过河，河中一船仅容 3 人，试建模求解，并确定有几个结果.

3．夫妻过河问题：有 3 对夫妻过河，船最多能载 2 人，条件是任一女子不能在其丈夫不在的情况下与其他男子在一起，如何安排三对夫妻过河？若船最多能载 3 人，5 对夫妻能否过河？

4．包饺子中的数学问题：通常在家里包饺子时，和面数量与饺子馅的数量很难正好匹配，匹配的好坏要到包饺子接近完成时才能明显看出来，如果馅做多了，为了把馅全包完，你应该让每个饺子小一些，多包几个，还是每个饺子大一些，少包几个？运用数学建模的思维，通过假设，建立模型解决此问题. 并回答：如果 100 个饺子能包 1 千克馅，那么使用同样多的面去包 50 个饺子能包多少馅？

5. 数学建模竞赛论文是解决建模竞赛问题全过程的描述和概括，其评阅标准是假设的合理性、建模的创造性、结果的合理性、表述的清晰程度. 数学建模竞赛论文与一般科技论文的写作方式不完全相同，有其自身特点. 请收集一些数学建模竞赛优秀论文，总结数学建模竞赛论文的结构特点及格式要求.

第二章　代 数 运 算

本章介绍 MATLAB 矩阵运算功能及其在数学建模中的应用.

第一节　MATLAB 矩阵运算

MATLAB 的基本数据单位是矩阵，具有强大的矩阵运算功能.

一、矩阵建立

1. 直接输入法

MATLAB 中，最简单的建立矩阵的方法是从键盘直接输入矩阵的元素：同一行中的元素用逗号“,”或者用空格符来分隔，空格个数不限；不同的行用分号“;”或“回车”分隔. 所有元素处于方括号“[ ]”内.

当矩阵是多维(三维以上)，且方括号内的元素是维数较低的矩阵时，会有多重的方括号. 矩阵的元素可以是数值、变量、表达式或函数. 矩阵的尺寸不必预先定义.

例如，输入：

```
[1 2 3;4 5 6;7 8 9]
```

运行结果如下：

```
ans =
        1     2     3
        4     5     6
        7     8     9
```

2. 利用已有电子数据

通过 MATLAB 的数据导入和导出功能，可以从文件、其他应用程序、Web 服务和外部设备访问数据，这些数据可以是各种文件格式，如 Excel 表、文本、图像、音频、视频，以及科学数据格式等.

读取数据最简单的方式就是复制粘贴. 此外，MATLAB 提供了一些读取数据的函数指令，包括 load，xlsread 等.

load 指令的调用方法为：load +文件名[参数].

例如，在工作路径下，保存了一个 TXT 文件，文件名为 data，内容为一个数据表：

0.9501	0.6154	0.0579	0.0153	0.8381
0.2311	0.7919	0.3529	0.7468	0.0196
0.6068	0.9218	0.8132	0.4451	0.6813

MATLAB 中，输入：

```
load  data.txt
data
```

运行结果如下：

```
data =
        0.9501    0.6154    0.0579    0.0153    0.8381
        0.2311    0.7919    0.3529    0.7468    0.0196
        0.6068    0.9218    0.8132    0.4451    0.6813
```

保存数据结果的函数指令为 save.

例如，输入并执行：

```
save data
```

内存中的变量将生成以 mat 为扩展名的文件保存在工作路径下. 该文件仍可使用 load 指令调用.

3. 生成向量

在区间 $[a,b]$ 上生成数据间隔相同的向量有两种方式：

定步长　a:t:b

等分　　linspace (a, b, n)

例如，输入：

```
x = 0:3:10
y = linspace(0, 10, 11)
```

运行结果如下：

```
x =
     0     3     6     9
y =
     0     1     2     3     4     5     6     7     8     9    10
```

4. 函数命令

MATLAB 中，提供了一些生成特殊矩阵的指令，见表 2-1.

表 2-1　MATLAB 生成特殊矩阵的指令

指令	功能	指令	功能
[ ]	空矩阵	eye(m, n)	单位矩阵
zeros(m, n)	0 矩阵	ones(m, n)	1 矩阵
rand(m, n)	简单随机阵	randn(m, n)	正态随机阵
fix(m*rand(n))	整数随机阵	randperm(n)	1 到 n 随机排列

例如，输入：

```
fix(10*rand(4))
```

某次运行结果如下：

```
ans =
        8    6    9    9
        9    0    9    4
        1    2    1    8
        9    5    9    1
```

二、矩阵操作

1. 元素定位

MATLAB 中，矩阵的操作从矩阵元素的定位开始，见表 2-2.

表 2-2　MATLAB 矩阵元素的定位方式

指令	功能	指令	功能
A(i, j)	i 行 j 列	A(i1:i2, j1:j2)	i1—i2 行、j1—j2 列
A(r, :)	第 r 行	A(:, r)	第 r 列
A(k, l)	扩充	A([i, j], :)	部分行
A(:, [i, j])	部分列	A([i, j], [s, t])	子块

例如，输入：

```
A = fix(10*rand(4))
A(2:3, :)
```

某次运行结果如下：

```
A =
     4     6     6     6
     9     0     7     1
     7     8     7     7
     9     9     3     0
ans =
     9     0     7     1
     7     8     7     7
```

2. 矩阵操作

MATLAB 中，矩阵的操作，包括取值、更改、删除、增加、拉伸、拼接等，一些操作见表 2-3.

表 2-3　MATLAB 矩阵元素的一些操作方式

指令	功能	指令	功能
A(i1:i2, :) = [ ]	删除 i1—i2 行	A(:, j1:j2) = [ ]	删除 j1—j2 列
A(:)	拉伸为列	[A　B]	拼接矩阵
diag(A)	对角阵	triu(A)	上三角阵
tril(A)	下三角阵		

例如，输入：

```
A = [ 1 2 3
      4 5 6
      7 8 9]
```

运行后，输入：

```
A(3, 3) = 100
```

运行结果如下：

```
A =
     1     2     3
     4     5     6
     7     8   100
```

输入：

```
A(4, 4) = 100
```

运行结果如下：

```
A =
     1     2     3     0
     4     5     6     0
     7     8   100     0
     0     0     0   100
```

输入：

```
A(3, :) = [ ]
```

运行结果如下：

```
A =
     1     2     3     0
     4     5     6     0
     0     0     0   100
```

输入：

```
b = [2 2 2 2]
[A;b]
```

运行结果如下：

```
b =
     2     2     2     2
ans =
     1     2     3     0
     4     5     6     0
     0     0     0   100
     2     2     2     2
```

输入：

```
A( : )
```

运行结果如下：

```
ans =
     1
     4
     0
     2
     5
     0
     3
```

```
      6
      0
      0
      0
      100
```

练习：试说出 MATLAB 的运行结果，并使用 MATLAB 验证.

```
x = -3:3
abs(x)>1
x([1 1 1 1])
x(abs(x)>1)
x(abs(x)>1) = [ ]
(x>0)&(x<2)
```

说明：MATLAB 矩阵有多种应用，试观察下列指令运行结果.

```
d1 = [exp(3*i);3*4]
d2 = ['abs' 4 56]
syms x y
d3 = [x^2 sin(x)]
d4 = {1 2 3;4 5 6;7 8 9}
d5 = {1:3 'abs'  [56 76]}
d5{1}
```

三、矩阵运算

1. 基本运算

MATLAB 中，矩阵的基本算术运算有加“+”、减“-”、乘“*”、除“/”、左除“\”、乘方“^”、转置“'”.

例如，输入：

```
A = [ 1 2 3; 4 5 6; 7 8 9];
A^2
```

运行结果如下：

```
ans =
      30    36    42
      66    81    96
     102   126   150
```

2. 对应运算

矩阵的乘积法则是“左行右列”，即两矩阵的乘积矩阵的每个元素等于左矩阵的行和右矩阵的列对应乘积后之和. 事实上，MATLAB 中，还有一种矩阵乘积运算，称为对应乘积，其运算法则为对应元素乘积. 运算符为“.*”，又称为点乘运算.

MATLAB 矩阵对应元素包括：点乘“.*”、点除“./”、点左除“.\”、点幂“.^”.

矩阵的一些函数运算，如 sin，cos，tan，exp，log，sqrt 等，是针对矩阵内部的每个元素进行的，也是对应运算. 矩阵的关系运算、逻辑运算也是对应运算.

例如，输入：

```
A = [ 1 2 3; 4 5 6; 7 8 9];
A.^2
```

运行结果如下：

```
ans =
        1     4     9
       16    25    36
       49    64    81
```

3. 复杂运算

MATLAB 中，提供了一些矩阵运算的函数指令，见表 2-4.

表 2-4　MATLAB 矩阵运算的常用函数指令

指令	功能	指令	功能
det(A)	行列式	inv(A) 或 A ^ (−1)	逆
size(A)	阶数	rank(A)	秩
[V, D] = eig(A)	特征值与特征向量	rref(A)	行阶梯最简式
orth(A)	正交化	trace(A)	迹
length(A)	最大维数		

例如，输入：

```
A = [ 1 2 3; 4 5 6; 7 8 19];
det(A), inv(A), eig(A), [V, D] = eig(A)
```

运行结果如下：

```
ans =
        -30.0000
ans =
```

```
       -1.5667    0.4667    0.1000
        1.1333    0.0667   -0.2000
        0.1000   -0.2000    0.1000
ans =
       23.1279
       -0.5382
        2.4102
V =
     -0.1565   -0.8534   -0.1768
     -0.3413    0.5124   -0.8553
     -0.9268    0.0959    0.4871
D =
     23.1279         0         0
           0   -0.5382         0
           0         0    2.4102
```

第二节　城市交通流量问题

一、模型建立

1. 问题提出

城市道路网中每条道路、每个交叉路口的车流量调查，是分析、评价及改善城市交通状况的基础.

某城市单行线流量如图 2-1 所示，其中，数字表示该路段每小时按箭头方向行驶的已知车流量(单位：辆)，变量表示该路段每小时按箭头方向行驶的未知车流量.

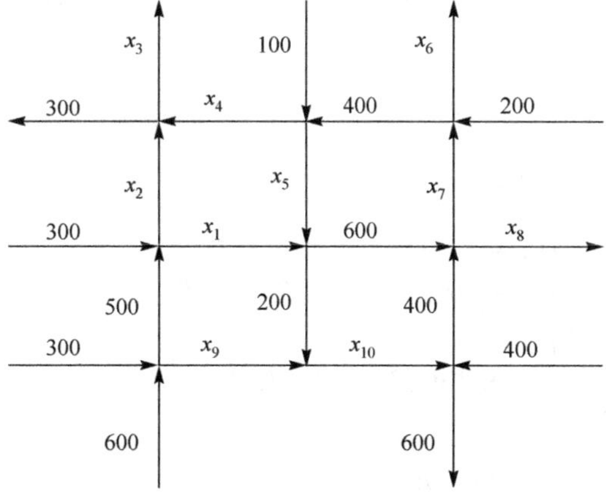

图 2-1　某城市单行线流量图

问题：(1) 建立模型确定每条道路流量关系.

(2) 哪些未知流量可以确定？

(3) 为了唯一确定所有未知流量，还需要增加哪几条道路的流量统计？

2. 模型假设

(1) 每条道路都是单行线.

(2) 每条区间道路内无车辆进出，车辆数保持一致.

(3) 每个交叉路口进入和离开的车辆数目相等.

3. 模型建立

每条道路流量关系为线性方程组：

$$\begin{cases} x_2 - x_3 + x_4 = 300 \\ x_4 + x_5 = 500 \\ -x_6 + x_7 = 200 \\ x_1 + x_2 = 800 \\ x_1 + x_5 = 800 \\ x_7 + x_8 = 1000 \\ x_9 = 400 \\ -x_9 + x_{10} = 200 \\ x_{10} = 600 \\ x_8 + x_3 + x_6 = 1000 \end{cases}$$

二、MATLAB 求解线性方程组

MATLAB 求解线性方程组的方法或指令有多个，这里只从矩阵运算的角度探讨此问题.

1. 线性方程组

线性方程组的一般形式：

$$\begin{cases} a_{11}x_1 + a_{12}x_2 + \cdots + a_{1n}x_n = b_1 \\ a_{21}x_1 + a_{22}x_2 + \cdots + a_{2n}x_n = b_2 \\ \qquad\cdots\cdots \\ a_{m1}x_1 + a_{m2}x_2 + \cdots + a_{mn}x_n = b_m \end{cases}$$

矩阵形式为

$$AX = b$$

$$A = (a_{ij})_{m\times n}, \quad b = (b_i)_{m\times 1}$$

按方程数与未知数个数的关系划分为恰定方程 $n=m$、欠定方程 $n>m$、超定方程 $n<m$.

2. 特解

MATLAB 求线性方程组的特解的方法很简单：

$$x = A\backslash b$$

注：当系数矩阵 A 为不可逆的方阵时，此方法失效.

3. 通解

MATLAB 求线性方程组的通解的方法要复杂一些：先使用指令

```
rref([A b])
```

将线性方程组的增广矩阵化为简化阶梯形，而后使用自由变量的方法得到解的一般表达式.

若全部采用 MATLAB 指令求解线性方程组的通解，使用两个指令：

求特解　　　　　　linsolve(A, b)

求导出组基础解系　　null(A, 'r')

三、模型求解

线性方程组的增广矩阵为

$$\overline{A}=(A,b)=\begin{pmatrix} 0 & 1 & -1 & 1 & 0 & 0 & 0 & 0 & 0 & 0 & 300 \\ 0 & 0 & 0 & 1 & 1 & 0 & 0 & 0 & 0 & 0 & 500 \\ 0 & 0 & 0 & 0 & 0 & -1 & 1 & 0 & 0 & 0 & 200 \\ 1 & 1 & 0 & 0 & 0 & 0 & 0 & 0 & 0 & 0 & 800 \\ 1 & 0 & 0 & 0 & 1 & 0 & 0 & 0 & 0 & 0 & 800 \\ 0 & 0 & 0 & 0 & 0 & 0 & 1 & 1 & 0 & 0 & 1000 \\ 0 & 0 & 0 & 0 & 0 & 0 & 0 & 0 & 1 & 0 & 400 \\ 0 & 0 & 0 & 0 & 0 & 0 & 0 & 0 & -1 & 1 & 200 \\ 0 & 0 & 0 & 0 & 0 & 0 & 0 & 0 & 0 & 1 & 600 \\ 0 & 0 & 1 & 0 & 0 & 1 & 0 & 1 & 0 & 0 & 1000 \end{pmatrix}$$

将矩阵输入 MATLAB 中，使用指令

```
rref([A b])
```

可将增广矩阵化为简化阶梯形：

$$\overline{A}\to\begin{pmatrix}1&0&0&0&1&0&0&0&0&0&800\\0&1&0&0&-1&0&0&0&0&0&0\\0&0&1&0&0&0&0&0&0&0&200\\0&0&0&1&1&0&0&0&0&0&500\\0&0&0&0&0&1&0&1&0&0&800\\0&0&0&0&0&0&1&1&0&0&1000\\0&0&0&0&0&0&0&0&1&0&400\\0&0&0&0&0&0&0&0&0&1&600\\0&0&0&0&0&0&0&0&0&0&0\\0&0&0&0&0&0&0&0&0&0&0\end{pmatrix}$$

于是得到对应方程组为

$$\begin{cases}x_1=800-x_5\\x_2=x_5\\x_3=200\\x_4=500-x_5\\x_6=800-x_8\\x_7=1000-x_8\\x_9=400\\x_{10}=600\end{cases}$$

那么各未知流量的通解为

$$x=\begin{pmatrix}800\\0\\200\\500\\0\\800\\1000\\0\\400\\600\end{pmatrix}+k_1\begin{pmatrix}-1\\1\\0\\-1\\1\\0\\0\\0\\0\\0\end{pmatrix}+k_2\begin{pmatrix}0\\0\\0\\0\\0\\-1\\-1\\1\\0\\0\end{pmatrix}$$

所以，3 个未知流量 x_3,x_9,x_{10} 可以确定.

为了唯一确定未知流量，需要增添两条道路的流量统计，比如 x_5,x_8. 此时，k_1,k_2 取 x_5,x_8 的值.

第三节 投入产出模型

一、问题提出

1. 问题

某地区有三个重要产业：煤矿、发电厂、地方铁路.

经成本核算，每开采 1 元钱的煤，煤矿要支付 0.25 元电费、0.25 元运输费；生产 1 元钱的电力，发电厂要支付 0.65 元煤费、0.05 元电费、0.05 元运输费；创收 1 元钱的运输费，地方铁路要支付 0.55 元煤费、0.1 元电费.

在某一周内煤矿接到外地 50000 元金额的订单，发电厂接到外地 25000 元金额的订单，外界对地方铁路没有需求. 问：

(1) 三产业一周内总产值各为多少才能满足自身及外界需求？

(2) 三产业间相互支付多少金额？

(3) 三产业各创造多少新价值？

2. 分析

三产业：煤矿、发电厂、地方铁路之间相互依存，我们使用表格来表示，将相应数据填写在表格中，见表 2-5.

表 2-5 三产业投入产出分析表

产业	煤矿	发电厂	地方铁路	订单	总产值	新创价值
煤矿	0	0.65	0.55	50000	?	?
发电厂	0.25	0.05	0.10	25000	?	?
地方铁路	0.25	0.05	0	0	?	?

解决此类问题的理论被称为投入产出模型.

二、投入产出模型理论

1936 年，瓦西里·里昂惕夫(Wassily Leontief)在研究多个经济部门之间的投入产出关系时，提出了投入产出模型，并因为在投入产出分析方面的突出贡献，从而获得了 1973 年的诺贝尔经济学奖.

投入产出模型是反映国民经济系统内各部门之间的投入与产出的依存关系的数学模型. 投入是指各个经济部门在进行经济活动时的消耗，例如：原材料、设备、能源等. 产出是指各经济部门在进行经济活动时的成果，如产品等. 投入产出模型由两部分构成：平衡表、平衡方程，并且分价值型和实物型两种类型.

1. 投入产出表

投入产出表是反映一定时期各部门间相互联系和平衡比例关系的一种平衡表. 投入产出简表如表 2-6 所示.

表 2-6　投入产出简表

投入＼产出		消耗部门				最终产品	总产品
		1	2	…	n		
生产部门	1	x_{11}	x_{12}	…	x_{1n}	y_1	x_1
	2	x_{21}	x_{22}	…	x_{2n}	y_2	x_2
	⋮	⋮	⋮		⋮	⋮	⋮
	n	x_{n1}	x_{n2}	…	x_{nn}	y_n	x_n
新创价值		z_1	z_2	…	z_n		
总产值		x_1	x_2	…	x_n		

2. 平衡方程

(1)产品分配：生产与分配使用情况

$$\sum_{j=1}^{n} x_{ij} + y_i = x_i,\quad i = 1,2,\cdots,n$$

其中，x_{ij} 为部门间流量，y_i 为最终产品，x_i 为总产值.

(2)产品消耗或产值构成：价值形成过程

$$\sum_{i=1}^{n} x_{ij} + z_j = x_j,\quad j = 1,2,\cdots,n$$

其中，z_j 为新创价值.

(3)综合：

$$\sum_{i=1}^{m} y_i = \sum_{j=1}^{n} z_j$$

3. 平衡方程的矩阵形式

(1)直接消耗系数：代表部门间的单位流量

$$a_{ij} = \frac{x_{ij}}{x_j}$$

其中，a_{ij} 为直接消耗系数. 于是

$$x_{ij} = a_{ij} x_j$$

令

$$A=(a_{ij})_n,\quad X=\begin{pmatrix}x_1\\x_2\\\vdots\\x_n\end{pmatrix},\quad Y=\begin{pmatrix}y_1\\y_2\\\vdots\\y_n\end{pmatrix},\quad Z=\begin{pmatrix}z_1\\z_2\\\vdots\\z_n\end{pmatrix}$$

则有

$$(x_{ij})_n=(a_{ij})_n\begin{pmatrix}x_1&&&\\&x_2&&\\&&\ddots&\\&&&x_n\end{pmatrix}$$

(2)分配方程：

$$\sum_{j=1}^{n}x_{ij}+y_i=x_i,\quad i=1,2,\cdots,n$$

$$\sum_{j=1}^{n}a_{ij}x_j+y_i=x_i$$

$$AX+Y=X$$

$$(E-A)X=Y$$

于是，总产出向量为

$$X=(E-A)^{-1}Y$$

(3)消耗方程：

$$\sum_{i=1}^{n}x_{ij}+z_j=x_j,\quad j=1,2,\cdots,n$$

$$\sum_{i=1}^{n}a_{ij}x_j+z_j=x_j$$

$$\left(1-\sum_{i=1}^{n}a_{ij}\right)x_j=z_j$$

若令

$$W=\begin{pmatrix}x_1&&\\&\ddots&\\&&x_n\end{pmatrix},\quad I=\begin{pmatrix}1\\\vdots\\1\end{pmatrix}^{\mathrm{T}}$$

则有

$$(IAW)^{\mathrm{T}}+Z=X$$

于是，新创价值向量为

$$Z=X-(IAW)^{\mathrm{T}}$$

三、模型建立与求解

1. 模型

建立投入产出模型，如表 2-7 所示.

表 2-7　投入产出模型表

投入 \ 产出		消耗部门			最终产品	总产品
		煤矿	发电厂	地方铁路		
生产部门	煤矿	x_{11}	x_{12}	x_{13}	50000	x_1
	发电厂	x_{21}	x_{22}	x_{23}	25000	x_2
	地方铁路	x_{31}	x_{32}	x_{33}	0	x_3
新创价值		z_1	z_2	z_3		
总产值		x_1	x_2	x_3		

$$A=\begin{pmatrix}0 & 0.65 & 0.55\\ 0.25 & 0.05 & 0.10\\ 0.25 & 0.05 & 0\end{pmatrix},\quad Y=\begin{pmatrix}50000\\ 25000\\ 0\end{pmatrix}$$

求

$$X=\begin{pmatrix}x_1\\ x_2\\ x_3\end{pmatrix},\quad Z=\begin{pmatrix}z_1\\ z_2\\ z_3\end{pmatrix}$$

2. 求解

使用 MATLAB 求解.

首先，将矩阵 A，Y 输入 MATLAB 中.

(1) 三产业一周内总产值为

$$X=(E-A)^{-1}Y$$

MATLAB 中输入：

```
X = (eye(3)-A)\Y
round(X)
```

运行结果如下：

```
ans =
       102087
        56163
```

```
        28330
```

注：round 为四舍五入取整指令.

即三产业煤矿、发电厂、地方铁路一周内总产值分别为 102087 元、56163 元、28330 元.

(2) 三产业间相互支付金额为

$$(x_{ij})_n = (a_{ij})_n \begin{pmatrix} x_1 & & & \\ & x_2 & & \\ & & \ddots & \\ & & & x_n \end{pmatrix}$$

MATLAB 中输入：

```
P = A*diag(X)
round(P)
```

运行结果如下：

```
ans =
            0       36506       15582
        25522        2808        2833
        25522        2808           0
```

即煤矿分别支付给煤矿、发电厂、地方铁路的金额为 0 元、25522 元、25522 元；发电厂分别支付给煤矿、发电厂、地方铁路的金额为 36506 元、2808 元、2808 元；地方铁路分别支付给煤矿、发电厂、地方铁路的金额为 15582 元、2833 元、0 元.

(3) 三产业新创价值为

$$Z = X - (IAW)^{\mathrm{T}}$$

这个公式较麻烦，使用 MATLAB 可以更简单.

MATLAB 中输入：

```
Z = X'-sum(P)
round(Z)
```

运行结果如下：

```
ans =
        51044       14041        9916
```

即三产业煤矿、发电厂、地方铁路一周内新创价值分别为 51044 元、14041 元、9916 元.

习 题 二

1. 使用 MATLAB 求解：

(1) $\dfrac{123\times 456^{78}}{876\times 543^{75}}$ (保留到小数点后 10 位)；

(2) $\sin\left(\dfrac{\pi}{5}\right)$；

(3) $\arcsin(0.5)$；

(4) $\ln(2)$.

2. 使用 MATLAB 进行矩阵运算，设

$$A=\begin{pmatrix}1&1&1&1\\1&1&-1&-1\\1&-1&1&-1\\1&-1&-1&1\end{pmatrix},\quad B=\begin{pmatrix}3&-1&3&-1&-1\\-1&3&-3&1&2\\1&1&3&3&2\\3&1&1&-1&0\end{pmatrix},\quad b=\begin{pmatrix}1\\2\\0\\3\end{pmatrix}$$

(1) 求 Ab；

(2) 取 B 的前 4 列为 C，计算 $A+C$，$A-\dfrac{C}{3}$，A 与 C 对应元素乘积；

(3) 求 A 的行列式、逆矩阵、秩、特征值、特征向量；

(4) 求 C 的行列式、逆矩阵、秩、特征值、特征向量；

(5) 求 A 的伴随矩阵.

3. 生成主对角线元素为 1 到 100，其余元素均为 10 的 100 阶方阵.

4. 使用 MATLAB 验证 3σ 法则：

(1) 生成 1000 阶标准正态随机阵 $(a_{ij})_n$；

(2) 计算元素 $|a_{ij}|<3$ 的比例.

5. 使用 MATLAB 解线性方程组：$BZ=b$.

(1) $B=\begin{pmatrix}3&-1&3&-1&-1\\-1&3&-3&1&2\\1&1&3&3&2\\3&1&1&-1&0\end{pmatrix}$，$b=\begin{pmatrix}1\\2\\0\\3\end{pmatrix}$；

(2) $B=\begin{pmatrix}3&-1&3&-1\\-1&3&-3&1\\1&1&3&3\\3&1&1&-1\end{pmatrix}$，$b=\begin{pmatrix}1\\2\\0\\3\end{pmatrix}$；

(3) $B=\begin{pmatrix} 3 & -1 & 3 & -1 \\ -1 & 3 & -3 & 1 \\ 1 & 1 & 3 & 3 \\ 3 & 1 & 1 & -1 \end{pmatrix}$，$b=\begin{pmatrix} 1 \\ 2 \\ 3 \\ 0 \end{pmatrix}$.

6．求正交变换将二次型 $f(x_1,x_2,x_3)=2x_1x_2-2x_1x_3+2x_2x_3$ 化为标准形.

7. 设某工厂有三个车间，在某一个生产周期内各车间之间的直接消耗系数及最终需求如表 2-8 所示.

表 2-8　各车间之间的直接消耗系数及最终需求

车间	直接消耗系数			最终需求/万元
	一	二	三	
一	0.25	0.1	0.1	235
二	0.2	0.2	0.1	125
三	0.1	0.1	0.2	210

求：(1) 各车间的总产值；

(2) 各车间之间相互支付多少金额.

8. 某城市各部门之间一年的产品消耗量和外部需求量均以产品价值计算(单位：万元)，见表 2-9. 表 2-9 为某部门提供给各部门和外部需求的产品价值.

表 2-9　各部门和外部需求的产品价值

部门	农业	轻工业	重工业	建筑业	运输业	商业	外部需求
农业	45.0	162.0	5.2	9.0	0.8	10.1	151.9
轻工业	27.0	162.0	6.4	6.0	0.6	60.0	338.0
重工业	30.8	30.0	52.0	25.0	15.0	14.0	43.2
建筑业	0.0	0.6	0.2	0.2	4.8	20.0	54.2
运输业	1.6	5.7	3.9	2.4	1.2	2.1	33.1
商业	16.0	32.3	5.5	4.2	12.6	6.1	243.3

(1) 试列出投入产出简表，并求出直接消耗矩阵；

(2) 根据预测，从这一年度开始的五年内，农业的外部需求每年会下降 1%，轻工业和商业的外部需求每年会递增 6%，而其他部门的外部需求每年会递增 3%，试由此预测这五年内该城市各部门的总产值的平均每年增长率；

(3) 编制第五年度的计划投入产出表.

第三章　程 序 设 计

MATLAB 是一种用于数值计算、可视化及编程的高级语言.

MATLAB 是最"古老"的解释性语言之一. 在数学建模领域，MATLAB 的出现，让很多数学研究得到大力推进，而它的流行，也正得益于它的解释性. MATLAB 采用类似 C 语言的高级语言语法，容易阅读，加上它可以及时反映计算方法的结果，这让专业领域内的研究者，从较复杂的计算机语言中解脱出来，而只需要关心自身领域的内容.

MATLAB 的底层是 C 语言编写的，执行效率比 C 语言低，但 MATLAB 语法简单许多，使用 MATLAB 语言，编程和开发算法的速度比使用 BASIC、FORTRAN、C、C++等其他高级计算机语言大幅提高，这是因为无须执行诸如声明变量、指定数据类型以及分配内存等低级管理任务. 在很多情况下，支持向量运算和矩阵运算就无须使用 for 循环. 因此，一行 MATLAB 代码有时等同于数行 C 语言代码或 C++语言代码.

MATLAB 工具箱和附加产品可针对信号处理和通信、图像和视频处理、控制系统以及许多其他领域提供各种内置算法. 通过将这些算法与自己的算法结合使用，可以构建复杂的应用程序.

第一节　MATLAB 程序语言

一、M 文件

在执行 MATLAB 命令时，可以直接在命令行窗口中逐条输入而后执行. 当命令行很简单时，使用逐条输入方式还是比较方便的. 但当命令行很多时，显然再使用这种方式输入 MATLAB 命令，就会显得杂乱无章，不易于把握程序的具体走向，并且给程序的修改和维护带来了很大的麻烦. 针对此问题，MATLAB 提供了另一种输入命令并执行的方式：M 文件工作方式，即将要执行的命令全部写在一个文本文件中，这样既能使程序显得简洁明了，又便于对程序进行修改与维护.

所谓 M 文件就是由 MATLAB 命令编写的可在 MATLAB 语言环境下运行程序源代码的文件，它是一种 ASCII 型的文本文件，其扩展名为 .m. M 文件可直接采用 MATLAB 命令编写，就像在 MATLAB 的命令行窗口直接输入命令一样，因此调试起来也十分方便，并且增强了程序的交互性. 与其他文本文件一样，M 文件可以在任何文本编辑器中进行编辑、存储、修改和读取.

M 文件有两种形式：一种是命令集文件或称脚本文件(script)，另一种是函数文件(function).

1. 脚本文件

脚本文件是若干 MATLAB 命令的集合文件. 下面用一个简单例子说明如何编写和运行脚本文件.

例 3-1 使用 M 文件，求已知三边长度的三角形面积.

操作方法如下.

(1)创建新的 M 文件.

通过单击 MATLAB 工具栏 New Script 图标，新建一个 M 文件.

(2)在脚本窗口中编写如下代码：

```
a = 3, b = 4, c = 5,
p = (a+b+c)/2;
s = sqrt(p*(p-a)*(p-b)*(p-c))
```

(3)保存至文件 c01.m 中.

(4)运行.

运行有多种方式，常用的有两种. 命令行窗口中输入 c01 后按“回车”键，或在 M 文件窗口按 F5 键，执行结果显示在命令行窗口：

```
a =
     3
b =
     4
c =
     5
s =
     6
```

脚本的操作对象为 MATLAB 工作空间内的变量，并且在脚本执行结束后，脚本中对变量的一切操作均会被保留.

2. 函数文件

相对于脚本文件而言，函数文件略为复杂. 函数文件需要给定输入参数，并能够对输入变量进行若干操作，实现特定的功能，最后给出一定的输出结果或图形等，其操作对象为函数的输入变量和函数内的局部变量等. 其代码组织结构和调用方式与脚本文件截然不同.

函数文件的代码由两个部分组成：函数声明、函数体.

函数声明：指函数的定义行，是函数语句的第一行，在该行中将定义函数名、输入变量列表及输出变量列表等.

```
function [y1,..., yn] = myfun(x1,..., xn)
```

函数体：指函数代码段，也是函数的主体部分.

例 3-2　建立 MATLAB 函数文件. 定义函数

$$f(x,y)=100(y-x^2)^2+(1-x)^2$$

并计算 $f(1,2)$.

操作方法如下：

(1) 创建新的 M 文件；

(2) 在脚本窗口中编写如下代码：

```
function  f = fun(x, y)
f = 100*(y-x^2)^2+(1-x)^2;
```

(3) 保存至文件 fun.m 中.

(4) 调用.

命令行窗口中输入 fun(1, 2) 后按“回车”键，执行结果显示在命令行窗口：

```
ans =
       100
```

在 MATLAB 中调用函数文件时，系统查询的是相应的文件名而不是函数名，建议存储函数文件时文件名应与文件内主函数名一致，以便于理解和使用.

在 MATLAB 的 M 文件中，包括脚本文件和函数文件，可以定义多个子函数，或称嵌套函数，以方便在文件内部相互调用. 其使用格式为

```
    主文件代码
function SubFunction
    子函数代码
end
```

3. 实时脚本

MATLAB 在 R2016a 及更高版本中支持实时脚本，在 R2018a 及更高版本中支持实时函数. MATLAB 实时脚本和实时函数是交互式文档，它们在一个称为实时编辑器的环境中将 MATLAB 代码与格式化文本、方程和图像组合到一起. 此外，实时脚本可存储输出，并将其显示在创建它的代码旁.

二、流程控制语句

作为一种高级程序语言，如其他的程序设计语言一样，MATLAB 语言也给出了丰富的流程控制语句.

MATLAB 程序一般可分为三大类：顺序结构、分支结构、循环结构. 顺序结构是 MATLAB 程序结构的基本形式，依照自上而下的顺序进行代码的执行. 分支结构的控制语句为 if-else-end 及 switch-case 语句，循环结构的控制语句为 for 及 while 语句等.

1. if 语句

if 条件判断语句是分支结构的控制语句，是程序设计语言中流程控制语句之一，使用该语句，可以选择执行指定的命令. if 语句的调用格式有三种.

简单条件语句：

```
if expression
   statements
end
```

表达式 expression 为逻辑判断语句，如果 expression 中的所有元素为真(非零)，那么就执行 if 和 end 之间的 statements.

多选择条件语句：

```
if expression
   statements1
else
   statements2
end
```

如果在表达式 expression 中的所有元素为真(非零)，那么就执行 if 和 else 语言之间的 statements1，否则，就执行 else 和 end 语言之间的 statements2.

多条件条件语句：

```
if expression1
   statements1
elseif expression2
   statements2
……
else
   statements3
end
```

在以上的各层次的逻辑判断中，若其中任意一层逻辑判断为真，则将执行对应的执行语句，并跳出该条件判断语句，其后的逻辑判断语句均不进行检查.

例 3-3 分段函数

$$y=\begin{cases}-1, & x<0,\\ 0, & x=0,\\ 1, & x>0\end{cases}$$

输入一个 x 的值，输出符号函数 y 的值.

编写代码如下：

```
x = input('x = ');
if x<0
   y = -1
elseif x = = 0
   y = 0
else
   y = 1
end
```

运行该程序，提示：

```
x =
```

输入 3，回车，结果如下：

```
y =
     1
```

此函数也可以采用函数文件编写.

2. switch 语句

switch 语句也是分支结构的控制语句，常用于针对某个变量的不同取值来进行不同的操作. switch 语句的调用格式为

```
switch switch_expr
case case_expr1
   statement1
case case_expr2
   statement2
……
Otherwise
```

```
    statement3
end
```

其中，switch_expr 为选择判断量，case_expr 为选择判断值，statement 为执行语句.

例 3-4 编写代码如下：

```
month = input('month = ');
switch month
   case{3, 4, 5}
        season = 'spring'
   case{6, 7, 8}
        season = 'summer'
   case{9, 10, 11}
        season = 'autumn'
   otherwise
        season = 'winter'
end
```

运行该程序，提示：

```
month =
```

输入 3，回车，结果如下：

```
season =
         spring
```

3. for 语句

for 循环语句是流程控制语句中的基础，使用该循环语句可以按指定的次数重复执行循环体内的语句. for 循环语句的调用格式为

```
for index = values
   program statements
end
```

其中，index 为循环控制变量，values 为循环变量的取值，program statements 为循环体，index 顺序在 values 取值，每取值一次，执行一次 program statements.

MATLAB 中，values 为一个矩阵，其特殊情况为一个向量，最常见的形式是

```
index = a:t:b
```

即

循环变量 = 初始值：步长：终值

默认：步长 = 1

例 3-5　生成一个 6 阶矩阵，使其主对角线上元素皆为 1，与主对角线相邻元素皆为 2，其余皆为 0.

编写代码如下：

```
for i = 1:6
    for j = 1:6
        if i = = j
            a(i, j) = 1;
        elseif abs(i-j) = = 1
            a(i, j) = 2;
        else
            a(i, j) = 0;
        end
    end
end
a
```

运行结果如下：

```
a =
     1     2     0     0     0     0
     2     1     2     0     0     0
     0     2     1     2     0     0
     0     0     2     1     2     0
     0     0     0     2     1     2
     0     0     0     0     2     1
```

此矩阵直接输入到 MATLAB 中并不困难，但若将矩阵的阶数改为 100 或更大，则程序具有很大的优势.

例 3-6　观察代码

```
sum = zeros(6, 1);
for n = eye(6, 6)
    sum = sum+n;
end
sum
```

运行结果是多少？

循环变量的取值为矩阵的一列.

4. while 语句

while 循环语句与 for 循环语句不同的是，前者是以条件的满足与否来判断循环是否结束的，而后者则是以执行次数是否达到指定值为判断的. while 循环语句的调用格式为

```
while expression
  program statements
end
```

其中，expression 为循环判断的语句，program statements 为循环体.

例 3-7 求自然数的前 n 项之和.

编写代码如下：

```
n = input('n = ');
sum = 0; k = 1;
while k< = n
  sum = sum+k;
  k = k+1;
end
sum
```

运行该程序，n 取 100，结果如下：

```
sum =
     5050
```

需要说明的是，该程序是正确的，但却不是一个“好”的程序，“好”的程序应该清晰易懂、算法简单、存储量小.

修改代码如下：

```
n = input('n = ');
sum = 0;
for k = 1:n
  sum = sum+k;
end
sum
```

由于是 MATLAB，代码可以如下：

```
sum(1:n)
```

然而，在命令行窗口输入代码 sum(1:n)后按“回车”键，报错：

```
??? Index exceeds matrix dimensions.
```

解决方法：在命令行窗口输入

```
clear sum
```

按“回车”键，而后，输入代码 sum(1:n)后按“回车”键，正确！为什么？

读者可能会说，自然数的前 n 项之和太简单了，我知道公式，不用这么复杂. 如果该题目改成，求自然数的前 n 项 3 次方之和(或更高次方)，MATLAB 仍然没有问题：

```
sum((1:n).^3)
```

在 while 循环语句中，在语句内必须有可以修改循环控制变量的命令，否则该循环语言将陷入死循环中，除非循环语句中有控制退出循环的命令，如 break 语句.

MATLAB 提供了两个程序流控制指令 break 和 continue 用于控制循环语句. break 的作用是跳出循环，continue 的作用是结束本次循环，继续进行下次循环，这两个指令一般和 if 语句结合使用.

例 3-8 连续正奇数求和，从 1 开始一直到和达到 1000 为止. 问：加到哪一项？

编写代码如下：

```
clear
s = 0;
for i = 1:100
    n = 2*i-1;
    if s<1000
        s = s+n;
    else
        break
    end
end
s, n
```

运行结果如下：

```
s =
     1024
n =
     65
```

然而，执行代码

```
sum(1:2:65)
```

结果为

```
ans =
       1089
```

即，程序是错误的，为什么？
正确的代码应为

```
clear
s = 0;
for i = 1:100
   if s<1000
      n = 2*i-1;
      s = s+n;
   else
      break
   end
end
s, n
```

本题的简单代码为

```
clear
s = 0;n = -1;
while s<1000
   n = n+2;
   s = s+n;
end
s, n
```

第二节 算 法

本节介绍算法的基本概念和几个编程实例.

一、算法简介

算法(algorithm)是指由基本运算及规定的运算顺序所组成的整个解题方案和步骤，简单地说，就是计算的方法.

描述算法的方法有多种，常用的有自然语言、流程图等.

算法的研究是伴随着计算机的发展而发展的，复杂的算法需计算机编程实现.

例 3-9 计算 $\sqrt{a}$, $a \geqslant 0$，如 $\sqrt{2}$.

解　欲求 $x=\sqrt{a}$，则有 $x^2=a$．令 $f(x)=x^2-a$，则 x 满足 $f(x)=0$．由近似计算可得 $f(x)\approx f(x_0)+f'(x_0)(x-x_0)=x_0^2-a+2x_0(x-x_0)$，所以

$$x\approx\frac{1}{2}\left(x_0+\frac{a}{x_0}\right)$$

于是得到迭代公式：$x_{k+1}=\dfrac{1}{2}\left(x_k+\dfrac{a}{x_k}\right)$，此公式称为牛顿迭代公式. 取 $a=2, x_0=1$，

$$x_1=1.5$$

$$x_2=1.41666666666667$$

$$x_3=1.41421568627451$$

$$x_4=1.41421356237469$$

$$x_5=1.41421356237309$$

比较：

$$\sqrt{2}=1.4142135623731\cdots$$

可以看出，迭代公式具有较好的收敛性. 使用此公式计算的算法如下：

步骤 1　输入初值 a, x_0, ε，$k=1$；

步骤 2　计算 $x=\dfrac{1}{2}\left(x_0+\dfrac{a}{x_0}\right)$；

步骤 3　若 $|x-x_0|<\varepsilon$，转到步骤 4，否则，令 $x_0=x$，转到步骤 2；

步骤 4　输出结果 x.

注：ε 为计算精度.

流程图见图 3-1.

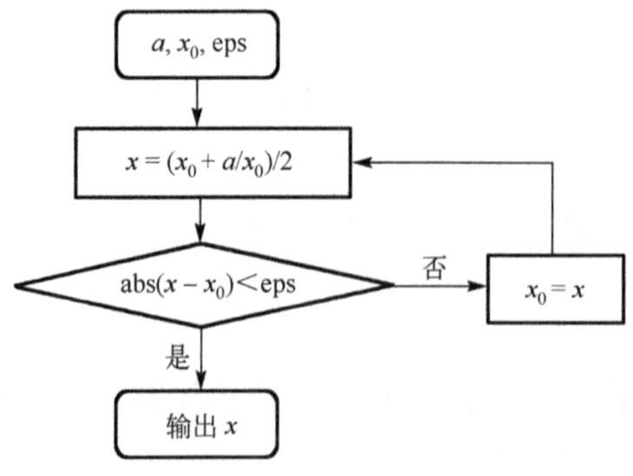

图 3-1　开方算法流程图

编写 MATLAB 程序代码如下：

```
function [x, k] = sqroot(a, x0, eps)
x = (x0+a/x0)/2;
k = 0;
while abs(x-x0)> = eps
    x0 = x;
    x = (x0+a/x0)/2;
    k = k+1;
end
end
```

其中，k 为迭代次数. 调用此函数：

```
[x,k] = sqroot(2,1,1e-100)
```

运行结果如下：

```
x =
    1.41421356237309
k =
    5
```

同一问题可用不同算法解决，而一个算法的质量优劣将影响到算法乃至程序的效率. 一个算法的评价主要从时间复杂度和空间复杂度来考虑.

二、几个编程实例

1. 斐波那契数列

斐波那契(Fibonacci)数列指的是这样一个数列：

$$1, 1, 2, 3, 5, 8, 13, 21, \cdots$$

这个数列从第三项开始，每一项都等于前两项之和.

例 3-10 生成长度为 n 的斐波那契数列.

解 斐波那契数列通项满足

$$F(1)=F(2)=1$$
$$F(n)=F(n-1)+F(n-2),\quad n\geqslant 3$$

编写代码 fb.m 如下：

```
function f = fb(n)
if n = = 1
    f = 1;
elseif n = = 2
```

```
        f = [1 1];
    else
        f = [1 1];
        for i = 3:n
            f(i) = f(i-1)+f(i-2);
        end
    end
```

在命令行窗口输入 fb(10)，按“回车”键，结果如下：

```
    ans =
          1     1     2     3     5     8    13    21    34    55
```

斐波那契数列，又称黄金分割数列. 当 n 趋向于无穷大时，前一项与后一项的比值越来越逼近黄金分割 0.618. 可以编程验证这一结果，编写代码如下：

```
    c = fb(11);
    b = c(1:10)./c(2:11)
    a = fb(101);
    a(100)/a(101);
    vpa(ans)
    vpa((-1+sqrt(5))/2)
```

运行结果如下：

```
    b =
        1.0000    0.5000    0.6667    0.6000    0.6250    0.6154
        0.6190    0.6176    0.6182    0.6180
    ans =
         0.61803398874989490252573887119070
```

2. 素数

例 3-11　求 $n = 100$ 以内的所有素数.

解　所谓素数是指大于 1 的自然数中除 1 和它本身以外，不能被其他自然数整除的数. 因此判断一个整数 i 是否是素数，只需把 i 被 $2\sim\sqrt{i}$ 之间的每一个整数去除，如果都不能被整除，那么 i 就是一个素数.

使用 for 语句构造循环，若不满足条件使用 break 退出，用矩阵记录素数. 算法流程如图 3-2 所示.

编写代码如下：

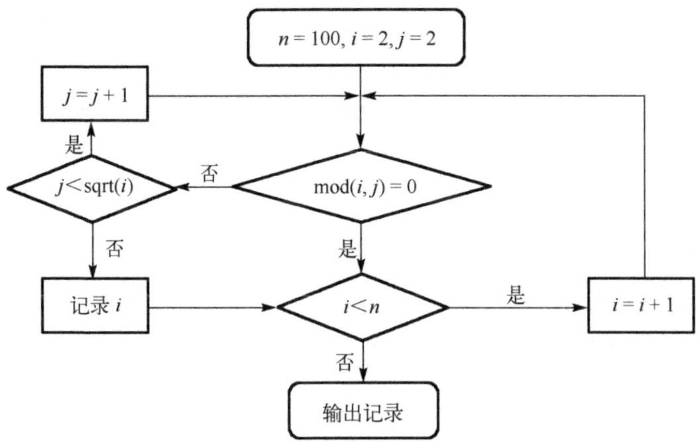

图 3-2 素数算法流程图

```
n = 100;
prime = [];
for i = 2:n
    k = 0;
    for j = 2:sqrt(i)
        if mod(i, j) = = 0
            k = 1;
            break;
        end
    end
    if k = = 0
        prime = [prime i];
    end
end
prime
```

运行结果如下：

```
prime =
          2    3    5    7   11   13   17   19   23   29   31
         37   41   43   47   53   59   61   67   71   73   79
         83   89   97
```

MATLAB 自带的素数生成指令为 primes，其算法虽然更优，但算法已不是我们通常理解的算法，感兴趣的读者可自己思考. 某版本代码如下：

```
function p = primes(n)
if length(n)~ = 1
```

```
    error('MATLAB:primes:InputNotScalar', 'N must be a scalar');
  end
  if n < 2, p = zeros(1, 0, class(n)); return, end
  p = 1:2:n;
  q = length(p);
  p(1) = 2;
  for k = 3:2:sqrt(n)
    if p((k+1)/2)
       p(((k*k+1)/2):k:q) = 0;
    end
  end
  p = p(p>0);
```

3. 验证哥德巴赫猜想

哥德巴赫猜想：任意大于 2 的偶数均可表示成两个素数之和.

例 3-12　验证哥德巴赫猜想.

解　构造循环，检验大于 2 的偶数是否等于两个素数之和，若存在不满足，显示

```
Goldbach conjecture error
```

否则，显示矩阵：第一行为大于 2 的偶数，第二、三行为对应的两个素数及

```
Goldbach conjecture right
```

使用 MATLAB 自带的素数生成指令：primes，isprime.

编写代码如下：

```
n = 1000;
m = [];
for i = 4:2:n
    p = primes(i);
    q = 0;
    for j = 1:length(p)
        if isprime(i-p(j))
            m = [m [i p(j) i-p(j)]'];
            q = 1;
            break
        end
    end
    if ~q
        disp('Goldbach conjecture error')
```

```
            break
        end
    end
    m
    if q
        disp('Goldbach conjecture right')
    end
```

运行结果如下(部分结果):

```
    m =
         992      994      996      998      1000
          73        3        5        7         3
         919      991      991      991       997
    Goldbach conjecture right
```

第三节　贷 款 问 题

本节涉及金融计算中货币的时间价值计算问题.

贷款是银行或其他金融机构按一定利率和必须归还等条件出借货币资金的一种信用活动形式.

一、贷款计算

1. 等额本息

等额本息贷款计算是典型的规则现金流的计算问题，其计算公式如下：

$$\mathrm{PV}=\sum_{t=1}^{n}\frac{P}{(1+r)^t}=\frac{P}{r}\left(1-\frac{1}{(1+r)^n}\right)$$

其中，PV代表现值，P代表现金流数额，r代表利率，n代表期数.

例 3-13　求现金流数额、期数、利率.

解　通过恒等变换可得，已知PV，r，n，现金流数额为

$$P=\frac{\mathrm{PV}\times r}{1-\dfrac{1}{(1+r)^n}}$$

已知PV，P，r，贷款期数为

$$n=\log_{1+r}\frac{P}{P-\mathrm{PV}\times r}$$

利率 r 不易简单求得，需要解方程.

例如，贷款 500000 元，4 年还清，每月 13000 元，年利率为多少？

使用 MATLAB 计算，编写代码如下：

```
pv = 500000, n = 4, p = 13000
syms r
solve(p/r*(1-1/(1+r)^(n*12))-pv)
vpa(ans)
rate = ans(1)*12
```

运行的最终结果如下：

```
rate =
      0.11317539148923925694590917216941
```

2. 等额本金

等额本金是指在还款期内把贷款数总额等分，每月偿还同等数额的本金和剩余贷款在该月所产生的利息.

例 3-14　贷款 100000 元，等额本金还款，1 年还清，年利率 5.5%，求每月还款数额.

解　使用 MATLAB 特有的矩阵计算功能，容易得到.

编写代码如下：

```
format short g
pv = 100000;n = 12;r = 0.055;
t = pv/n;
p = (pv:-t:t)*r/12+t
```

运行结果如下：

```
p =
    8791.7      8753.5      8715.3      8677.1      8638.9
    8600.7      8562.5      8524.3      8486.1      8447.9
    8409.7      8371.5
```

二、贷款计划

例 3-15　小李夫妇买房需向银行贷款 60 万元，按月分期等额偿还房屋抵押贷款，假设年利率是 5.65%，贷款期为 20 年. 小李夫妇每月能有 8000 元的结余.

(1) 小李夫妇是否有能力买房？月供多少？

(2) 小李夫妇若将每月结余全部用来还贷，多长时间还清房贷？

(3) 小李夫妇向银行贷款后，有可能若干年后一次性还清贷款，小李想知道每月月供多少用来还本金？多少用来还贷款？本金还剩多少没有还清？

解　(1) 使用公式计算，编写代码如下：

```
pv = 600000, n = 20*12, r = 0.0565/12
p = pv*r/(1-1/(1+r)^n)
```

运行结果如下：

```
p =
     4178.3
```

即小李夫妇有能力买房，月供为 4178.3 元.

(2) 使用公式计算，编写代码如下：

```
p = 8000;
n = log(p/(p-pv*r))/log(1+r)/12
```

运行结果如下：

```
n =
     7.7279
```

即不到 8 年便还清房贷.

(3) 贷款的月供首先用来还清一个月产生的全部利息，剩余部分用来偿还部分本金，使用 MATLAB 编程求解，显示：还款年、月、当月偿还月利息、当月偿还本金、剩余本金.

编写代码如下：

```
A = [1 1 pv*r p-pv*r pv-p+pv*r];
for i = 2:n
    A(i, 1) = fix((i-1)/12)+1;             %年
    A(i, 2) = i-fix((i-1)/12)*12;          %月
    A(i, 3) = A(i-1, 5)*r;                 %当月偿还月利息
    A(i, 4) = p-A(i, 3);                   %当月偿还本金
    A(i, 5) = A(i-1, 5)-A(i, 4);           %剩余本金
end
A
```

运行结果(在第 10 年附近的部分结果)如下：

```
A =
    ……
    10           10        1833.7        2344.7   3.871e+05
```

```
        10          11         1822.6        2355.7    3.8475e+05
        10          12         1811.5        2366.8    3.8238e+05
        11           1         1800.4        2377.9    3.8e+05
        11           2         1789.2        2389.1    3.7761e+05
```

即在第 10 年末，小李夫妇欠银行的贷款金额为 382380 元.

MATLAB 金融工具箱包含了年金的计算函数，感兴趣的读者可参考相关资料学习.

习　题　三

1．建立 M 文件，输入公式

$$1+2-3\times 4\div 5$$

(1)保存，文件名为 1，按 F5 键执行此文件；

(2)另存为，文件名为 a1，按 F5 键执行此文件.

问：两个文件执行情况是否相同？正确答案为多少？为什么？

2．使用 MATLAB 进行函数计算，函数为

$$y=f(x)=2\mathrm{e}^{x+1}$$

(1)建立上述函数的 M 文件，并计算 $f(1)$；

(2)建立 M 脚本文件，计算 $f(1)$，将上述函数以子函数的形式定义为在此文件中.

3．编程计算 1+2+4+8+…+1024.

4．从 2 开始连续正偶数求和，总和不超过 10000，至多要加多少项？

5．求 A 的伴随矩阵.

$$A=\begin{bmatrix}-1 & 1 & 1 & 1\\ -1 & 1 & -1 & -1\\ 1 & -1 & 1 & -1\\ 1 & -1 & -1 & 1\end{bmatrix}$$

6．哥德巴赫猜想相关问题：10000 以内

(1)有多少素数？

(2)大于 2 的偶数分解成两素数之和时，分解表达式唯一的有多少个？

如：14 = 7+7 = 3+11 表达式不唯一，8 = 5+3 唯一(不计次序).

7．孪生素数猜想相关问题：孪生素数是指相差 2 的素数对，例如 3 和 5，5 和 7，11 和 13 等.

问：10000 以内有多少对孪生素数.

8．验证费马小定理：10000 以内，若 p 是质数，且 a, p 互质，那么 a 的$(p-1)$次方除以 p 的余数恒等于 1.

9．小明向银行贷款：贷款 2 万元，假设年利率为 5.5%，2 年还清. 问：

(1) 按月等额本金还款，小明每个月应还款多少？

(2) 按月等额本息还款，小明每个月应还款多少？

10．小李向某机构借款 100 万元，该机构要求小李按月等额本息还款，每月还款 3 万元，3 年还清，不考虑手续费，问：

(1) 小李借款的年利率是多少？

(2) 1 年零 3 个月时，小李获得一笔大额资金可以用来还款，此时，小李一次性还款额为多少？

第四章　符 号 运 算

符号运算又称计算机代数. 计算机不仅能够对数值进行一系列运算，也能够对含未知量的式子直接进行推导、演算，如对表达式进行因式分解、化简、微分、积分、解代数方程、求解常微分方程等. 本章介绍 MATLAB 符号运算基本功能，以及相关初等模型.

第一节　MATLAB 符号运算

MATLAB 2008b 版弃用 Maple 采用 MuPAD 作为符号计算引擎后，提供了更多的相关函数，这些函数主要包含在符号数学工具箱(Symbolic Math Toolbox)中.

本节介绍 MATLAB 符号运算基本功能，不拘泥于 MATLAB 的符号对象，将涉及符号与符号表达式的使用均称为符号运算.

一、符号与符号表达式

MATLAB 中有许多数据类型，包括数值数组、字符与字符串、日期与时间、分类数组、表格、结构体、元胞数组、函数句柄等.

涉及符号与表达式有符号型、字符串两种基本形式.

1. 感受符号

例 4-1　在 MATLAB 中，感受符号、符号表达式.

解　在 MATLAB 中，编写代码如下：

```
y = x^2
```

运行后报错，显示红色字体：

```
Unrecognized function or variable 'x'.
```

可以看出，MATLAB 中使用符号必须定义.

在 MATLAB 中，分别定义两种符号表达式：字符串和符号型：

```
y = 'x^2'                %字符串
syms x                   %符号型
z = x^2
```

运行结果显示：

```
y =
    'x^2'
z =
    x^2
```

若在 MATLAB 中，继续输入：

```
y+1
z+1
```

运行结果显示：

```
ans =
      121    95    51
ans =
      x^2 + 1
```

若在 MATLAB 中，继续输入：

```
limit(y)                         %计算函数在 0 点的极限
```

运行后报错，显示：

```
    Check for incorrect argument data type or missing argument in call
to function 'limit'.
```

若在 MATLAB 中，继续输入：

```
limit(z)                         %计算函数在 0 点的极限
```

运行结果显示：

```
ans =
      0
```

若在 MATLAB 中，继续输入：

```
fminbnd(y,1,2)                   %求函数 y 在[1,2]中的最小值
```

运行结果显示：

```
ans =
      1.0001
```

若在 MATLAB 中，继续输入：

```
fminbnd(z,1,2)                   %求函数 y 在[1, 2]中的最小值
```

运行后报错，显示：

```
Error using fcnchk
If FUN is a MATLAB object, it must have an feval method.
Error in fminbnd (line 198)
funfcn = fcnchk(funfcn,length(varargin));
```

说明：MATLAB 中使用符号必须定义. 符号对象有符号型、字符串两种基本形式.

符号型、字符串两种基本形式在 MATLAB 符号运算中，呈现不同的表现特征，比如：符号型支持四则运算，而字符串在四则运算中，进行的是 ASCII 的运算.

有些 MATLAB 的函数指令只支持符号型或字符串其中一种形式. 比如：fminbnd 指令支持字符串形式，limit 指令支持符号型形式.

2. 定义符号

(1) 定义符号变量.

MATLAB 中，定义符号变量的方式有

符号型变量	syms x y z f(x, y)
	x = sym('x%d', [2, 3])
字符串	x = 'x'
清除符号变量	clear

(2) 定义符号表达式.

MATLAB 中，定义符号表达式的方式有

符号型	syms x，f = …
字符串型	f = '…'

MATLAB 中，函数可以以多种形式定义，除以上两种定义符号表达式的方式外，还可以定义内联函数、句柄函数、函数文件、子函数等.

内联函数	f = inline('…')
句柄函数	f = @(x)…

符号表达式本身不能直接计算函数值，需使用 eval 指令计算函数值，内联函数、句柄函数可以直接计算函数值. 若使用内联函数、句柄函数的符号表达式，需定义自变量.

例 4-2　在 MATLAB 中，使用符号.

解　在 MATLAB 中，编写代码如下：

```
f1 = sym('1/3')
f1+1/2
```

运行结果显示：

```
f1 =
     1/3
ans =
      5/6
```

使用符号数值运算，可以进行精确计算.

输入：

```
syms x, f2 = exp(x^2)
f3 = 'exp(x^2)'
```

运行结果显示：

```
f2 =
     exp(x^2)
f3 =
     'exp(x^2)'
```

从结果中看不出变量的类型，需使用 who，whos 或在工作空间管理窗口查看得到.

输入：

```
f2(1)
f3(1)
```

运行结果显示：

```
ans =
      exp(x^2)
ans =
      'e'
```

输入：

```
f4 = inline( 'exp(x^2)')
f5 = @(x)exp(x^2)
```

运行结果显示：

```
f4 =
     Inline function:
     f4(x) = exp(x^2)
f5 =
     @(x)exp(x^2)
```

输入:

```
f4(2)
f5(2)
```

运行结果显示:

```
ans =
      54.5982
ans =
      54.5982
```

注: 在 MATLAB 中, 符号对象可以是表达式, 也可以是符号矩阵、符号方程.

二、符号运算操作

在 MATLAB 中, 利用符号变量可以构建符号表达式、符号函数、符号方程和符号矩阵等, 然后可以进行初等运算、微积分运算、解方程、求最优值等操作.

1. 初等运算

符号基本运算为四则运算: +, –, *, /, ^. 在 MATLAB 中, 符号型表达式支持四则运算, 函数复合与反函数的函数指令分别为 compose(f, g), finverse(f).

例 4-3 在 MATLAB 中, 进行符号初等运算.

解 MATLAB 代码如下:

```
syms x
f = x^2-4*x+3
g = x^2-1
f+g
f-g
f*g
f/g
f^2
compose(f, g)
finverse(g)
```

运行结果显示:

```
f =
    x^2 - 4*x + 3
g =
    x^2 - 1
```

```
ans =
    2*x^2 - 4*x + 2
ans =
    4 - 4*x
ans =
    (x^2 - 1)*(x^2 - 4*x + 3)
ans =
    (x^2 - 4*x + 3)/(x^2 - 1)
ans =
    (x^2 - 4*x + 3)^2
ans =
    (x^2 - 1)^2 - 4*x^2 + 7
ans =
    (x + 1)^(1/2)
```

MATLAB 符号工具箱中，包括了许多代数式化简和代换功能，常见的有 simplify 等，见表 4-1.

表 4-1　MATLAB 函数化简和代换指令

指令	功能	指令	功能
simplify	化简	collect	合并同类项
expand	展开	factor	分解因式
combine	合并	horner	嵌套表示

例 4-4　在 MATLAB 中，进行函数化简.

解　MATLAB 代码如下：

```
syms x
f = x^3+1+6*x*(x+1)
simplify(f)
factor(f)
expand(f)
collect(f)
combine(f)
horner(f)
```

运行结果显示：

```
f =
    6*x*(x + 1) + x^3 + 1
```

```
ans =
      6*x*(x + 1) + x^3 + 1
ans =
      [x + 1, x^2 + 5*x + 1]
ans =
      x^3 + 6*x^2 + 6*x + 1
ans =
      x^3 + 6*x^2 + 6*x + 1
ans =
      6*x*(x + 1) + x^3 + 1
ans =
      x*(x*(x + 6) + 6) + 1
```

MATLAB 还有一个很有用的指令，即增加表达式的可读性，符号表达式以排版的格式显示：

```
pretty
```

输入：

```
pretty(f)
```

运行结果显示：

```
                    3
 6 x (x + 1) + x  + 1
```

2. 微积分运算

(1) 极限.

求极限：$\lim\limits_{x\to a} f(x)$

格式：limit(f, x, a, option)

说明：函数 f 表达式可为符号型. 极限变量 x 可缺省，默认变量为 x 或唯一符号变量. 趋势点 a 可缺省，默认值为 0. option 为 'left' 左极限或 'right' 右极限，可缺省.

例 4-5　求 $\lim\limits_{x\to 0}\dfrac{\sin(x)}{x}$ 等九个极限的值.

解　MATLAB 代码如下：

```
syms  x a
limit(sin(x)/x)
limit(sin(x)/x,a)
limit(sin(x)/x,x,a)
```

```
limit(sin(x)/x,a,x)
limit(sin(x)/x,inf)
limit(exp(1/x),x,0,'right')
limit(exp(1/x),x,0,'left')
limit(exp(1/x),x,0)
limit(sin(1/x))
```

运行结果显示：

```
ans =
      1
ans =
      sin(a)/a
ans =
      sin(a)/a
ans =
      sin(x)/x
ans =
      0
ans =
      Inf
ans =
      0
ans =
      NaN
ans =
      NaN
```

注：不同版本结果显示不尽相同.

(2) 导数.

求导：$f^{(n)}(x)$

格式：diff(f, x, n)

说明：函数 f 表达式可为符号型、字符串. 自变量 x 可缺省，默认变量为 x 或唯一符号变量. 阶数 n 可缺省，默认为 1.

例 4-6　对函数 $x\ln x$ 求导.

解　MATLAB 代码如下：

```
syms x a
f = x*log(x)
diff(f)
```

```
diff(f,2)
diff(f,a,2)
```

运行结果显示：

```
f =
    x*log(x)
ans =
     log(x) + 1
ans =
     1/x
ans =
     0
```

(3) 积分.

求积分：$\int_a^b f(x)\mathrm{d}x$

格式：int(f, x)，int(f, x, a, b)

说明：函数 f 表达式可为符号型、字符串. 积分变量 x 可缺省，默认变量为 x 或唯一符号变量. a, b 分别为积分上、下限.

例 4-7　求 $\int_0^{2\pi} 3x\sin(x)\mathrm{d}x$，$\int_0^{2\pi} \frac{\sin(x)}{x}\mathrm{d}x$，$\int_0^1 \mathrm{d}x\int_0^x \mathrm{d}y\int_0^{xy} xy\cos(z)\mathrm{d}z$ 等积分的值.

解　MATLAB 代码如下：

```
syms x
f = 3*x*sin(x)
int(f)
int(f,0,2*pi)
int(sin(x)/x,0,2*pi)
vpa(ans,5)
g = x*y* cos(z)
int(int(int(g,z,0,x*y),y,0,x),x,0,1)
```

运行结果显示：

```
f =
    3*x*sin(x)
ans =
     3*sin(x) - 3*x*cos(x)
ans =
     (-6)*pi
ans =
```

```
      sinint(2*pi)
ans =
      1.4182
g =
     x*y*cos(z)
ans =
      sinint(1)/2 - sin(1)/2
```

3. 其他

MATLAB 还可进行许多符号运算，比如级数运算等.

(1) 级数.

求和运算，格式：

sum(A)	矩阵求和
cumsum(A)	矩阵累计求和
symsum(f, k, m, n)	符号求和，f 为表达式，变量 k 在 m 至 n 取值

泰勒展开式，格式：

taylor(f, x, x0, 'order', n)

说明：函数 f 在 x0 点展成泰勒展开式，显示至 n 次项，x0, 'order', n 可缺省.

例 4-8　演示 MATLAB 函数.

解　MATLAB 代码如下：

```
a = fix(10*rand(6));
sum(a(:))

syms n k
symsum(k)
s = symsum(k,1,n)
n = 100,eval(s)

syms x n k
s = symsum(k^2,1,n)
factor(s)

symsum(x^k/factorial(k), k, 0,inf)

syms x
f = exp(x)
taylor(f)
```

```
taylor(f,x)
taylor(f,x,2)
taylor(f,x,'Order',10)
```

运行结果显示：

```
ans =
      189
ans =
      k^2/2 - k/2
s =
     (n*(n + 1))/2
n =
     100
ans =
      5050
s =
     (n*(2*n + 1)*(n + 1))/6
ans =
      [ 1/6, n, 2*n + 1, n + 1]
ans =
      exp(x)
f =
     exp(x)
ans =
      x^5/120 + x^4/24 + x^3/6 + x^2/2 + x + 1
ans =
      x^5/120 + x^4/24 + x^3/6 + x^2/2 + x + 1
ans =
      exp(2) + exp(2)*(x - 2) + (exp(2)*(x - 2)^2)/2 + (exp(2)
      *(x - 2)^3)/6 + (exp(2)*(x - 2)^4)/24 + (exp(2)*(x - 2)^5)/120
ans =
      x^9/362880 + x^8/40320 + x^7/5040 + x^6/720 + x^5/120 + x^4/24
      + x^3/6 + x^2/2 + x + 1
```

(2)函数插值.

拟合，格式：

p = polyfit(x,y,n)　　n 次多项式拟合，返回多项式系数

polyval(p,x)　　多项式计算

插值，格式：

interp1 (x,y,xi,'method')　　　　一维插值

interp2 (x,y,z,xi,yi,'method')　　　二维插值

说明：插值方法有 nearest(最近邻点插值)、linear(线性插值)、spline(三次样条插值)等.

例 4-9　函数插值.

解　MATLAB 代码如下：

```
x0 = 0:0.2:2;
y0 = [-.447 1.978 3.11 5.25 5.02 4.66 4.01 4.58 3.45 5.35 9.22];
plot(x0,y0,'ok','MarkerFaceColor','g','MarkerSize',8,'LineWidth',...
     1.3)
hold on
xx = 0.1:0.2:2;
p1 = polyfit(x0,y0,1)
yy1 = polyval(p1,xx);
p2 = polyfit(x0,y0,2)
yy2 = polyval(p2,xx);
p3 = polyfit(x0,y0,3)
yy3 = polyval(p3,xx);

plot(xx,yy1,'-b',xx,yy2,'m',xx,yy3,'r')

t1 = interp1(x0,y0,xx,'nearest')
t2 = interp1(x0,y0,xx,'linear')
t3 = interp1(x0,y0,xx,'spline')
t4 = interp1(x0,y0,xx,'pchip')

plot(xx,t1,'r.')
plot(xx,t2,'.')
plot(xx,t3,'p')
plot(xx,t4,'r+')
```

运行结果显示(部分结果)：

```
p1 =
     2.7497    1.4486
p2 =
     -0.5200    3.7897    1.1366
p3 =
```

```
       7.0864  -21.7793   20.0035   -0.9043
t1 =
       1.9780    3.1100    3.1100    5.0200    4.6600    4.0100
       4.5800    3.4500    5.3500    9.2200
t2 =
       0.7655    2.5440    4.1800    5.1350    4.8400    4.3350
       4.2950    4.0150    4.4000    7.2850
t3 =
       1.1953    2.4375    4.2832    5.3396    4.8561    4.2235
       4.3760    3.9826    3.9500    7.2425
t4 =
       0.9565    2.5518    4.3651    5.1701    4.8628    4.2771
       4.2950    4.0150    4.0814    6.9967
```

第二节　围棋中的两个问题

一、问题提出

围棋起源于中国，是一种策略性两人棋类游戏，也是一种中华传统体育项目.

围棋棋子分黑白两色，棋盘由纵、横各 19 条平行线组成，交叉点为落子点，对局双方各执一色棋子，黑先白后，交替下子，每次只能下一子.

棋子的气：一个棋子在棋盘上，与它直线紧邻的空点是这个棋子的“气”. 棋子直线紧邻的点上，如果有同色棋子存在，则它们便相互连接成一个不可分割的整体. 它们的气也应一并计算. 棋子直线紧邻的点上，如果有异色棋子存在，这口气就不复存在. 如所有的气均为对方所占据，便呈无气状态. 无气状态的棋子不能在棋盘上存在，也就是——提子.

提子：把无气之子提出盘外的手段叫“提子”. 提子的方式有两种：一是下子后，对方棋子无气，应立即提取. 二是下子后，双方棋子都呈无气状态，应立即提取对方无气之子. 拔掉对手一颗棋子之后，就是禁着点(也叫禁入点). 棋盘上的任何一子，如某方下子后，该子立即呈无气状态，同时又不能提取对方的棋子，这个点，叫作“禁着点”，禁止被提方下子.

最后，在无一方中盘认输的情况下，黑棋和白棋比较，占位多者为胜. 因为黑方先行存在一定的优势，所以所有规则都采用了贴目制度.

事实上，在历史上围棋的规则经历了数次变化，比如最早在两千多年前的棋盘仅有 11 道，现代出土文物中还有一些是较罕见的 15×15，17×17 路棋盘.

例 4-10　关于围棋的两个问题的思考：

(1) 设计棋盘多少路是最佳的?

(2) 先手贴后手多少目是最合理的?

二、模型分析

1. 围棋的死活

活棋和死棋是指，终局时，经双方确认，没有两只真眼的棋且不在双活状态下的，都是死棋，应被提取. 终局时，经双方确认，有两只真眼或两只真眼以上都是活棋，不能提取. 所谓的真眼就是都有子连着，且对方下子不能威胁到自己.

比如：图 4-1 中所有白棋组成的白棋块就是活棋.

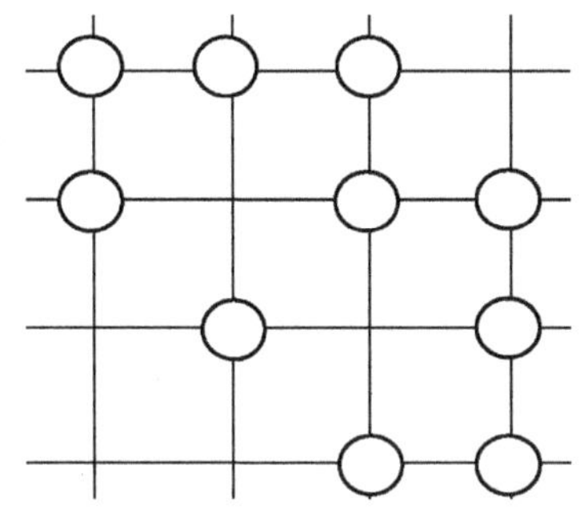

图 4-1　活棋示例

上述白棋块虽然是活棋，但落子效率较低而不美观，被称为愚型. 那么如何提高落子效率呢？首先考虑哪一线棋子的成活速度最快，更确切地说是用最少的点来走成活棋.

围棋棋盘是由纵横交错的线组成的方形交叉点域，我们把四条边界称为一线，与边界相邻的四条线称为二线. 这样，依次根据与边界的距离，而称各线为三线、四线.

一棋块虽不是活型棋块，但当对方进攻此棋块时，总可以通过正确应对而最终成为活棋，则此棋块称为准活型棋块.

准活型棋块的概念显然有其实际意义. 事实上，对弈开局时棋手们只是把棋走成大致的活型，而并非耗费子力去把棋块走成真正的成活型.

二线、三线、四线棋子最快准活型如图 4-2 所示.

2. 目效率

令 n_i,m_i 分别表示第 i 线形成准活型棋块所用的最少子数、此块棋子所占目数，则

$$n_2=8,\quad n_3=7,\quad n_4=8$$

$$m_2=4,\quad m_3=6,\quad m_4=6$$

定义：对于活型棋块，以其棋子数除以所占目数的值称为目效率.

$$E=\frac{m}{n}$$

则边线做活的目效率为

$$E_2=\frac{1}{2},\quad E_3=\frac{6}{7},\quad E_4=\frac{2}{3}$$

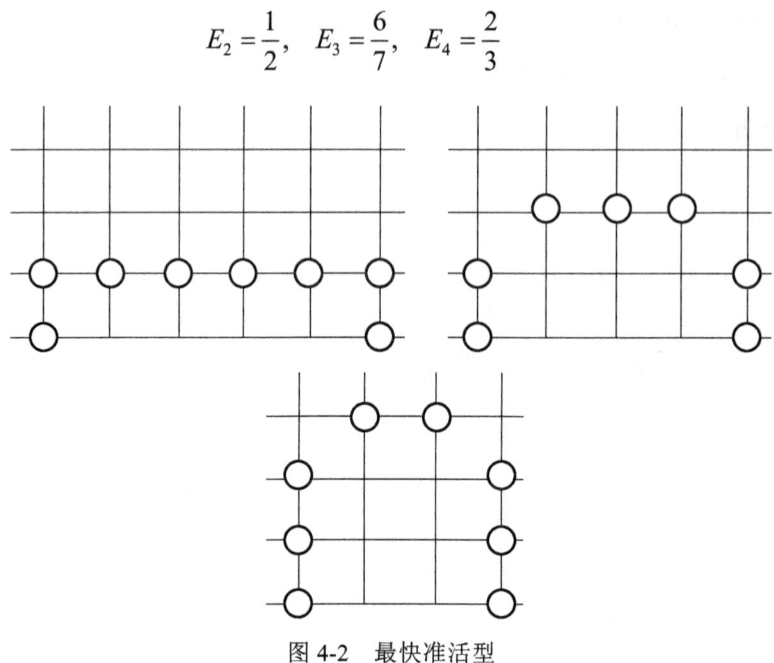

图 4-2　最快准活型

目效率表示单位棋子所占的目数，即表示此棋块平均占有目数的能力，用目效率来表示一块成活型棋块的效率.

边线做活的目效率最大值为 E_3，因此，从控制边的能力来说，三线具有最快成活的特点，从而成为围棋盘上最重要的一线.

棋类对决，有攻有守，攻守之间有一种平衡，而且随时可以转换. 因此，先手一方即使先进行攻击也未必得胜. 围棋之所以可以“公平”对弈，说明先下的一方占的便宜不会太大.

围棋中对抗的两种力量抗争的最终目的是多占地盘. 从做活和占地两个角度来看，边部因空间受阻而易受攻击，但可利用边部成目快的特点迅速做活，并以此为基础再图发展，中腹则由于四方皆可发展，不容易受到攻击，做活便退居其次，而先去抢占空间. 由此可见，边部和中腹将成为围棋中的两种对抗的势力. 两种势力所具有的价值应该相同，这样二者才能够真正抗衡.

三、模型建立与求解

1. 棋盘路数

由于三线控制边部的优势，控制中腹的重任无疑落到了紧邻的四线上. 问题转化为：怎样设计方形棋盘(即每边选取多少道)使三线围成的边部与四线围成的中腹具有相同的地位或最小的差异?

决策变量：棋盘每边有 x 道.

三线边部最少落子数为 $n=4(x-5)$，所占目数 $m=8(x-2)$，于是目效率为

$$E_3=\frac{2(x-2)}{x-5}$$

四线中腹最少落子数为 $n=4(x-7)$，所占目数 $m=(x-8)^2$，于是目效率为

$$E_4=\frac{(x-8)^2}{4(x-7)}$$

目标：
$$\begin{aligned}\min E(x)&=\left|E_4-E_3\right|\\&=\left|\frac{(x-8)^2}{4x-28}-\frac{2(x-2)}{x-5}\right|\\&=\left|\frac{1}{4}\frac{x^3-29x^2+216x-432}{(x-5)(x-7)}\right|\end{aligned}$$

利用 MATLAB 的绘图功能，绘制函数图形，代码如下：

```
syms x
E = (x-8)^2/(x-7)/4-2*(x-2)/(x-5)
collect(E)
factor(ans)
ezplot(abs((x^3-29*x^2+216*x-432)/(x-5)/(x-7)/4),[5,30])
x = 18
eval(E)
x = 19
eval(E)
```

结果如图 4-3 所示.

为了实用的需要，围棋棋盘不宜太大或太小，取 $10\leqslant x\leqslant 25$，从图 4-3 中可以看出，当 $10\leqslant x\leqslant 25$ 时，函数有唯一极小点，由于 x 取整数解，所以有

$$x_{\min}=19,\quad E_{\min}(x)=0.0923$$

即围棋棋盘最佳道数选择是 19 道.

2. 贴目规则

从上面的结果来看，虽然 19 道的设置是最佳的，然而由于 $E_{\min}(x)=E_4-E_3=0.0923>0$，说明对三线边部的棋手仍然是不公平的，于是围棋规则中又存在一

条规则，即贴目. 贴目，是围棋术语，指黑方由于先手，在布局上占有一定的优势，为了公平起见，在最后计算双方所占地的多少时，黑棋必须扣减一定的目数或子数.

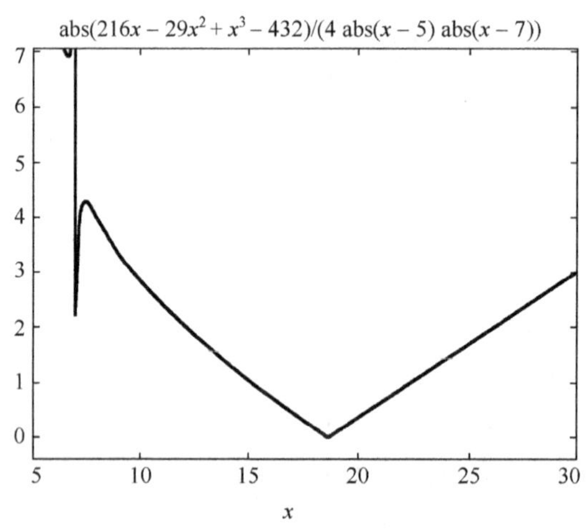

图 4-3　目标函数图像

假设对三线边部的棋手贴目 y，则

$$E(19)=\left|E_4-E_3\right|$$
$$=\left|\frac{(x-8)^2}{4x-28}-\frac{8(x-2)+y}{4(x-5)}\right|=\left|\frac{121}{48}-\frac{136+y}{56}\right|$$

令 $E(19)=0$，则有

$$y\approx 5.2$$

即先手需在终局时贴出 5.2 目.

2001 年底以前，围棋终局计算胜负时，中国实行黑棋贴 2 又 3/4 子的规则，日本实行黑棋贴 5 目半的规则. 与我们的计算结果一致.

可以看出，贴目的计算结果与比赛规则之间仍有误差，此规则对执黑先行者仍然有利. 一项研究显示，截至 2001 年底的 5 年间，在日本棋院进行的 1.5 万盘正式公开棋赛对局中，(黑贴 5 目半的情况下) 黑棋胜率达到了 51.86%. 执黑执白的胜率之差尽管不到 4%，但在争夺激烈的围棋世界，这样的差距足以致命.

于是，在国际棋赛中实力明显占优的韩国率先在大多数棋赛中改用 6 目半制. 中国也从 2002 年春天起，全部改贴 3 又 3/4 子(相当于 7 目半). 日本棋院对于实行了 50 年的黑棋贴 5 目半的制度也进行了改革，将部分比赛向中韩靠拢，实行 6 目半. 日本围棋 2003 年开始全部采用黑棋贴 6 目半规则.

习　题　四

1．使用 MATLAB 计算：

(1) 因式分解 $y=2x^5-x^4+6x^2-7x+2$；

(2) $\lim\limits_{x\to 0^+}(\cos x)^{\frac{1}{x^2}}$；

(3) $y=\mathrm{e}^{-x^2}$，求 y''；

(4) $\int_0^{\infty} t\mathrm{e}^{-2t}\mathrm{d}t$；

(5) $\iint\limits_D \frac{1}{1+x^2+y^2}\mathrm{d}x\mathrm{d}y$，其中 $D: x^2+y^2\leqslant 1$.

2．使用 MATLAB 计算：

(1) $\sum\limits_{n=1}^{100}\frac{1}{n}$；

(2) 将 $\arcsin x$ 在 0 点展开(10 项)，并利用此公式计算 π.

3. 在函数 $y=x\sin 2x, -5\leqslant x\leqslant 5$ 上，均匀取 11 个点，用这 11 个点作插值计算 $x=-4.5,-3.5,\cdots,3.5,4.5$ 时 y 的值.

第五章　图 形 设 计

MATLAB 具有强大的绘图功能. MATLAB 可通过绘图函数和图形编辑窗口来创建和修改图形，还可直接对图形句柄进行底层的绘图操作. 本章介绍绘制二维和三维图形的绘图函数以及常见的图形控制函数的使用方法.

第一节　曲 线 绘 图

一、平面曲线

1. 数值绘图

MATLAB 中，最基本而且应用最为广泛的绘图指令为数值绘图指令 plot，其使用格式见表 5-1.

表 5-1　MATLAB 绘图指令 plot 的基本格式

功能	格式	说明
定义自变量的取值向量	x = […] x = a:t:b x = linspace(a, b, n)	输入或生成
定义函数的取值向量	y = […] y = f(x)	注意数组的对应运算：点乘、点除、点次方
绘制二维折线图指令	plot(x, y) plot(x)	参数只有 x 时，横轴为数据序号

例 5-1　绘图 $y=x\sin(x)$.

解　MATLAB 代码如下：

```
x = -15:15;
y = x.*sin(x);
plot(x,y)
```

运行此代码，弹出 MATLAB 图形窗口，见图 5-1.

MATLAB 默认的图片保存文件扩展名为 fig，常见的图片浏览器打不开此文件，于是可将图片文件另存为扩展名为 jpg，bmp，png 等类型的图片文件.

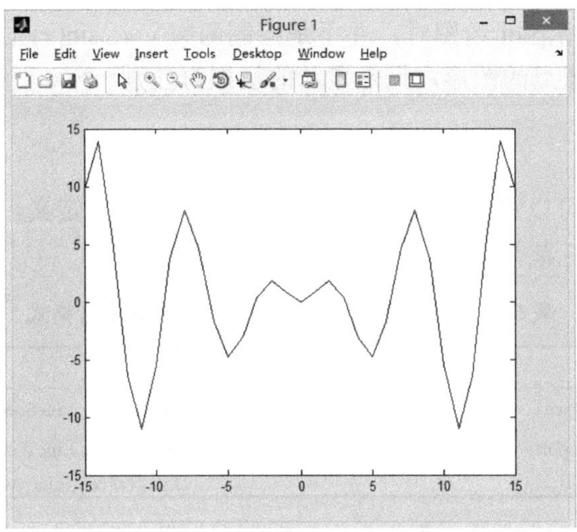

图 5-1　MATLAB 图形窗口

若将代码改成：

```
x = -15:15;
y = x.*sin(x);
plot(x,y,'.')
```

图形显示为图 5-2(a).

若将代码改成：

```
x = -15:0.1:15;
y = x.*sin(x);
plot(x,y,'.')
```

图形显示为图 5-2(b).

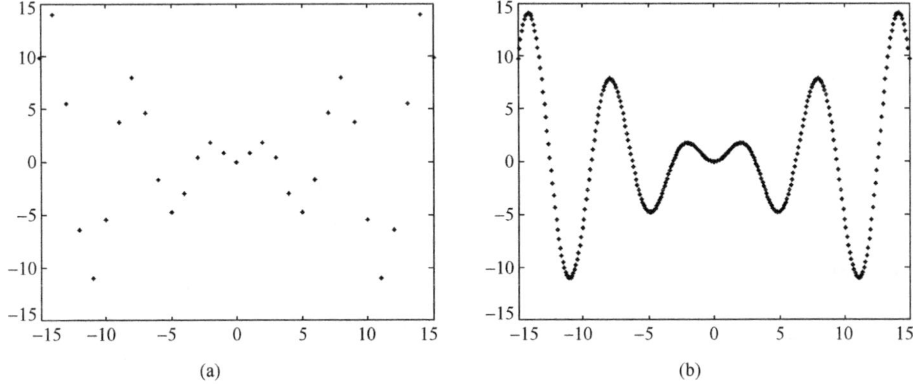

图 5-2　MATLAB 图形显示(例 5-1)

可以看出，使用 plot 绘图时，并不是绘制函数 $y=x\sin(x)$ 的图形，而是绘制函数 $y=x\sin(x)$ 在取值点的图形，只是显示的线型有差别.

2. 线型与颜色

绘图指令 plot 可以通过参数设置对曲线的线型等进行定义，其使用格式与参数选项分别见表 5-2 与表 5-3.

表 5-2　MATLAB 绘图指令 plot 的参数设置格式

函数	功能	说明
plot(x, y, LineSpec)	绘制指定线型曲线	线型选项：LineSpec
plot(x, y, LineSpec, 'PropertyName', PropertyValue)	绘制指定属性曲线	属性控制：LineWidth, MarkerEdgeColor, MarkerFaceColor, MarkerSize

表 5-3　MATLAB 绘图指令 plot 的参数选项

符号	功能	符号	功能	符号	功能
-	solid(实线)	v	triangle (down) (三角形)	g	green(绿色)
:	dotted(点线)	^	triangle (up) (三角形)	r	red(红色)
-.	dashdot(点划线)	<	triangle (left) (三角形)	c	cyan(青色)
--	dashed(虚线)	>	triangle (right) (三角形)	m	magenta(紫红)
.	point(点)	s	square(方形)	y	yellow(黄色)
o	circle(圆圈)	d	diamond(菱形)	k	black(黑色)
x	x-mark (x 标记)	p	pentagram(五角星)	w	white(白色)
+	plus(加号)	h	hexagram(六角星)		
*	star(星号)	b	blue(蓝色)		

例 5-2　使用 plot 参数设置绘图.

解　MATLAB 代码如下：

```
x = linspace(-6*pi,6*pi,200);
y = x.*sin(x);
plot(x,y,'r*')

x = [-1.2 0 1.3 1.4 1.6 2.1 2.3 2.9 3.4 4.5 5.6 ];
plot(x,'p', 'LineWidth',2,'MarkerEdgeColor','r',...
          'MarkerFaceColor','g','MarkerSize',12)
```

图形显示为图 5-3.

3. 函数绘图

MATLAB 函数绘图指令的使用格式见表 5-4.

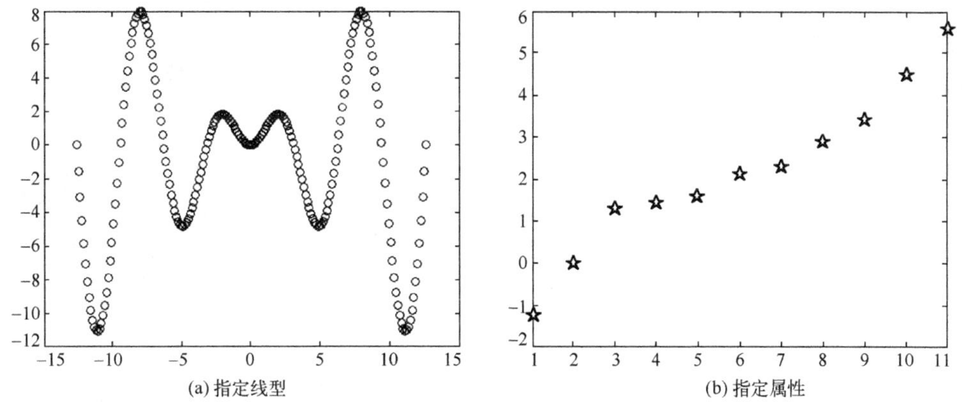

图 5-3 MATLAB 图形显示(例 5-2)

表 5-4 MATLAB 函数绘图指令

函数	功能	说明
fplot(f, [a, b]) fplot(f, [a, b], LineSpec)	函数绘图	f：句柄函数，向量化变量输入，支持参数方程绘图，支持线型设置
ezplot(f) ezplot(f, [a, b])	快捷绘图	f：字符串或符号型，支持隐函数绘图，不支持线型设置

例 5-3 绘图 $y=\sin(x^2)/x$ (绘制点图).

解 分别使用 plot，fplot 绘图，MATLAB 代码如下：

```
fplot(@(x) sin(x.^2)./x,[-8 8],'.')
x = -8:0.04:8;
y = sin(x.^2)./x;
plot(x,y,'.')
```

从图 5-4 中可以看出，两指令绘图效果不尽相同.

例 5-4 绘图

(1) $x^2-y^2=1$；

(2) $\begin{cases} x=\cos(3t), \\ y=\sin(2t). \end{cases}$

解 MATLAB 代码如下：

```
ezplot('x^2-y^2 = 1')
xt = @(t) cos(3*t);
yt = @(t) sin(2*t);
fplot(xt,yt)
```

图形显示为图 5-5.

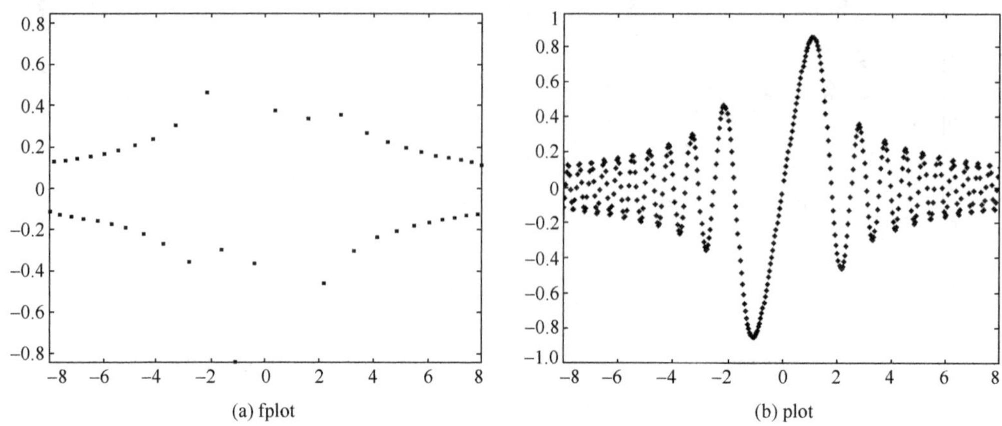

(a) fplot　　(b) plot

图 5-4　MATLAB 图形显示(例 5-3)

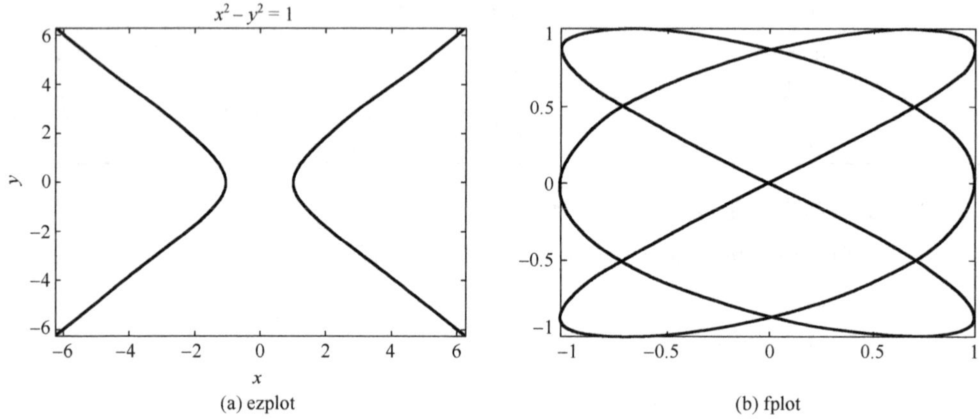

(a) ezplot　　(b) fplot

图 5-5　MATLAB 图形显示(例 5-4)

例 5-5　绘图 $y=\tan(5x)$.

解　分别使用 plot，fplot，ezplot 绘图，MATLAB 代码如下：

```
x = 0:0.1:5;
y = tan(5*x);
plot(x,y)
fplot(@(x)tan(5*x),[0,5])
ezplot('tan(5*x)',[0,5])
```

图形显示为图 5-6.

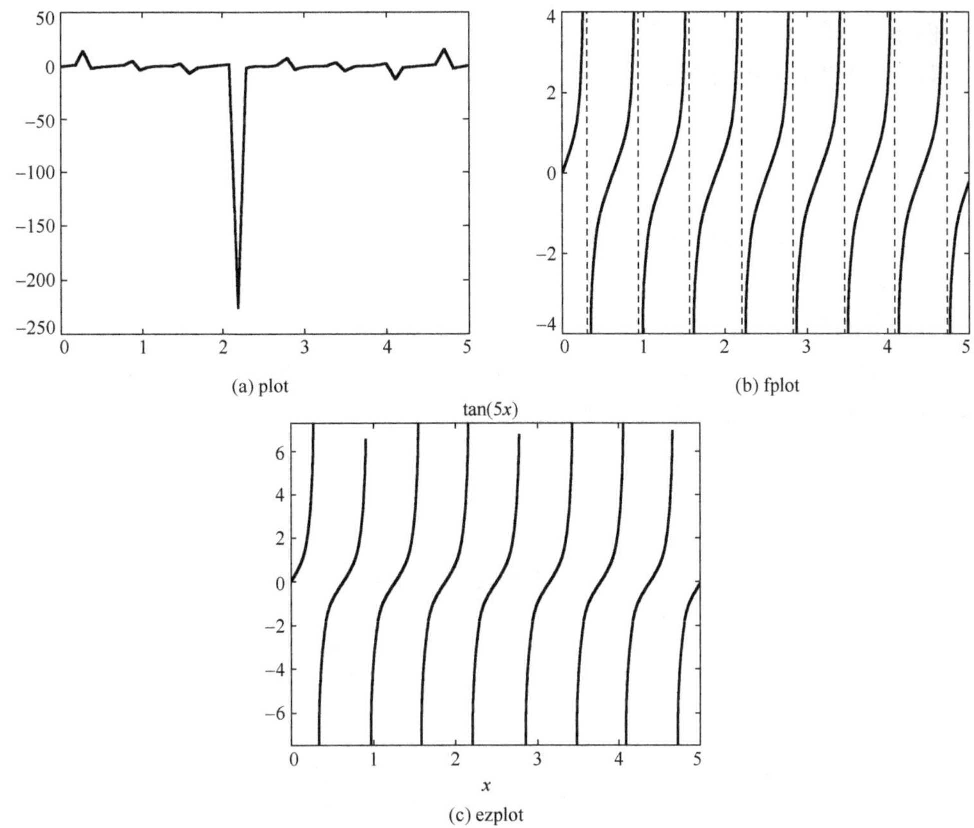

图 5-6 MATLAB 图形显示(例 5-5)

二、三维曲线

1. 数值绘图

与二维绘图指令 plot 相对应，MATLAB 中，三维曲线的绘图指令为 plot3，其使用格式见表 5-5.

表 5-5 MATLAB 绘图指令 plot3 的使用格式

功能	格式	说明
定义参数的取值	t = …	向量
定义坐标的取值	x = x(t) y = y(t) z = z(t)	注意数组的对应运算：点乘、点除、点次方
数值绘图	plot3(x, y, z) plot3(x, y, z, LineSpec)	支持线型设置

例 5-6　观察空间曲线绘图效果.

解　MATLAB 代码如下：

```
t = (0:0.02:2)*pi;
x = sin(t);y = cos(t);z = cos(2*t);
plot3(x,y,z,'b-',x,y,z,'bd')
view([-82,58]),box on
ax = gca;
ax. Boxstyle = 'full'
```

其中，plot3 指令使用了多个绘图功能，包括图形叠绘(后面介绍)、view 视角设置、box on 坐标加边框、属性设置为“full”. 图形显示为图 5-7.

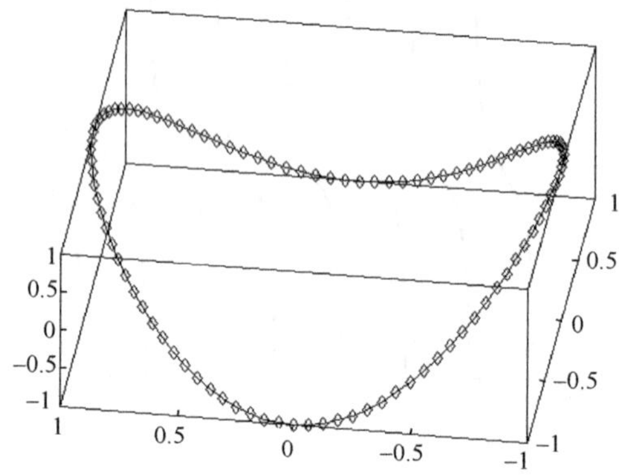

图 5-7　MATLAB 图形显示(例 5-6)

2. 函数绘图

与二维绘图指令 ezplot 相对应，MATLAB 中，三维曲线的函数绘图指令为 ezplot3，其使用格式见表 5-6.

表 5-6　MATLAB 绘图指令 ezplot3 的使用格式

功能	函数	说明
函数绘图	ezplot3(x, y, z) ezplot3(x, y, z, [a, b])	x, y, z：含参字符串或符号型

例 5-7　绘图：

$$\begin{cases} x = \mathrm{e}^{\frac{t}{10}} \\ y = \sin(t)\cos(t) \\ z = t \end{cases}$$

解　MATLAB 代码如下：

```
ezplot3('exp(t/10)','sin(t)*cos(t)','t',[0,6*pi])
```

图形显示为图 5-8.

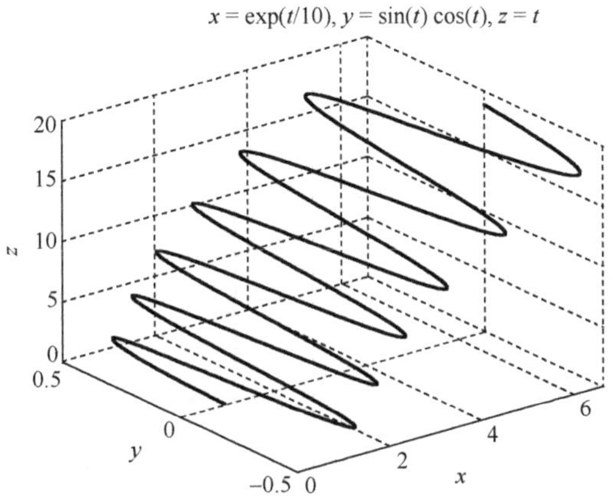

图 5-8　MATLAB 图形显示(例 5-7)

第二节　曲 面 绘 图

一、三维曲面

1. 数值绘图

MATLAB 提供了 surf 指令和 mesh 指令来绘制三维曲面图. 其调用格式见表 5-7.

表 5-7　MATLAB 曲面绘图指令

功能	格式	说明
建立由(x, y)构成的网格点	[x, y] = meshgrid(a:t:b) [x, y] = meshgrid(x, y)	矩阵
定义曲面函数的取值	z = z(x, y)	注意矩阵的对应运算：点乘、点除、点次方
绘制表面图	surf(z) surf(x, y, z)	各线条之间的补面用颜色填充
绘制网格图	mesh(x) mesh(x, y, z)	各线条之间的补面为白色

例 5-8　绘图：$z = x^2 + y^2$.

解　此曲面为旋转抛物面，MATLAB 代码如下：

```
[x,y] = meshgrid(-1:0.1:1);
z = x.^2+y.^2;
surf(x,y,z)
mesh(x,y,z)
```

图形显示为图 5-9.

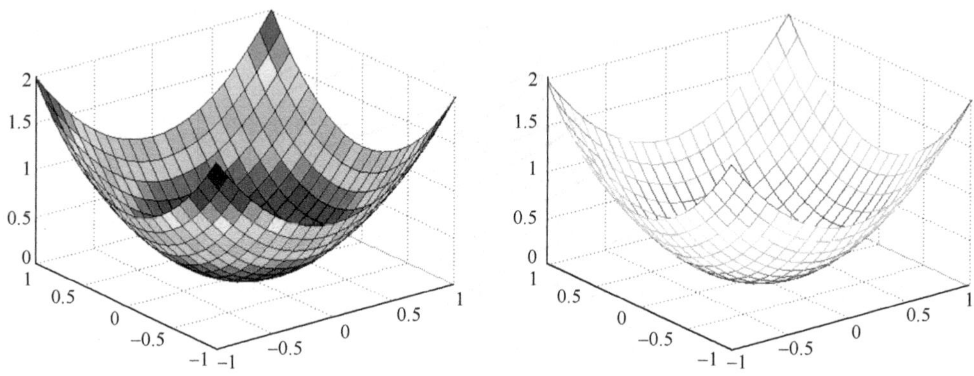

图 5-9　MATLAB 图形显示(例 5-8)

值得注意的是：通常我们画旋转抛物面为一个“碗”，此处怎么成“吊床”了？

例 5-9　讨论 (x, y) 构成的网格点问题.

解　x, y 各取三点，并计算 z 值，MATLAB 代码为

```
x = 0:1:2
y = 0:1:2
z = x.^2+y.^2
```

结果为

```
x =
     0     1     2
y =
     0     1     2
z =
     0     2     8
```

事实上，在空间中只得到三个点 $(0,0,0),(1,1,2),(2,2,8)$，不可能画出空间曲面图. 使用 meshgrid 指令将 (x, y) 取的点织成网格，

```
[x,y] = meshgrid(x,y)
```

得到九点：

```
x =
     0     1     2
     0     1     2
     0     1     2
y =
     0     0     0
     1     1     1
     2     2     2
```

使用此九点画图

```
z = x.^2+y.^2
surf(x,y,z)
```

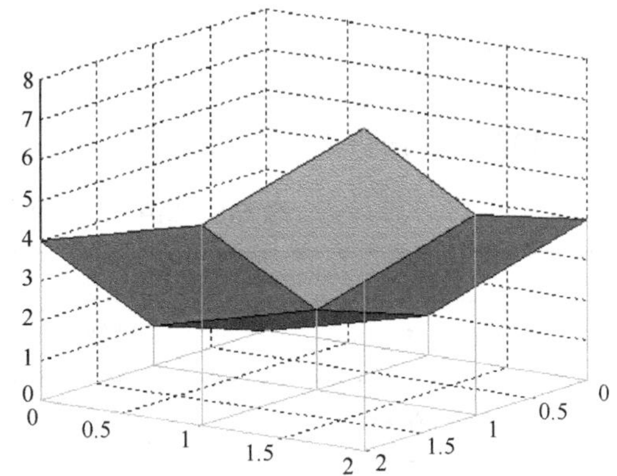

图 5-10　MATLAB 图形显示(例 5-9)

图形显示为图 5-10.

例 5-10　绘制平面 $y=x$.

解　通过选取平面上的 4 点，构建二阶矩阵，绘制平面图，MATLAB 代码为

```
x = [0 1;0 1]
y = [0 1;0 1]
z = [0 0;1 1]
surf(x,y,z)
```

即可得到平面图形.

例 5-11　使用输入参数为 1 个矩阵的绘图指令格式.

解　MATLAB 代码为

```
x = [1 2 3 4;1 2 4 8;1 3 6 9]
mesh(x)
y = peaks;                              %生成一个 49 阶的高斯分布矩阵
surf(y)
```

图形显示为图 5-11.

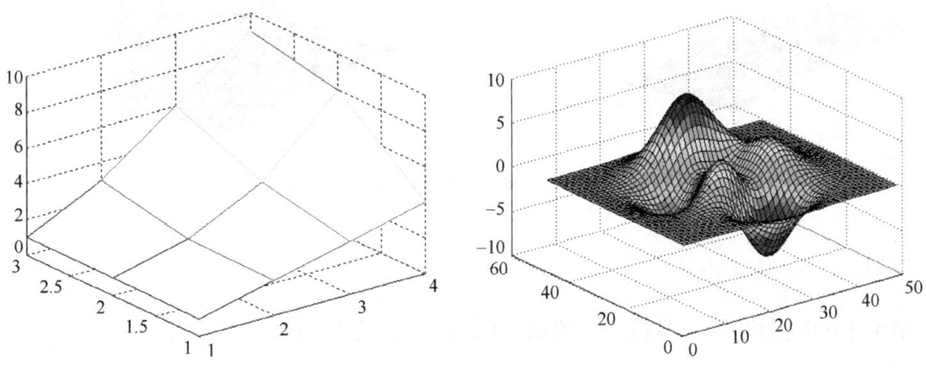

图 5-11　MATLAB 图形显示(例 5-11)

2. 函数绘图

MATLAB 提供了曲面图形的函数绘图指令. 其调用格式见表 5-8.

表 5-8 MATLAB 曲面图形的函数绘图指令

功能	函数	说明
绘制表面图	ezsurf(f) ezsurf(f, [a, b])	f：含参字符串或符号型
绘制网格图	ezmesh(f) ezmesh(f, [a, b])	f：含参字符串或符号型

例 5-12 函数绘图与数值绘图比较.

$$z = \text{real}(\arctan(x + \text{i}y))$$

解 MATLAB 代码为

```
ezsurf('real(atan(x+i*y))')
[x,y] = meshgrid(linspace(-2*pi,2*pi,60));
z = real(atan(x+i.*y));
surf(x,y,z)
axis tight
```

图形显示为图 5-12.

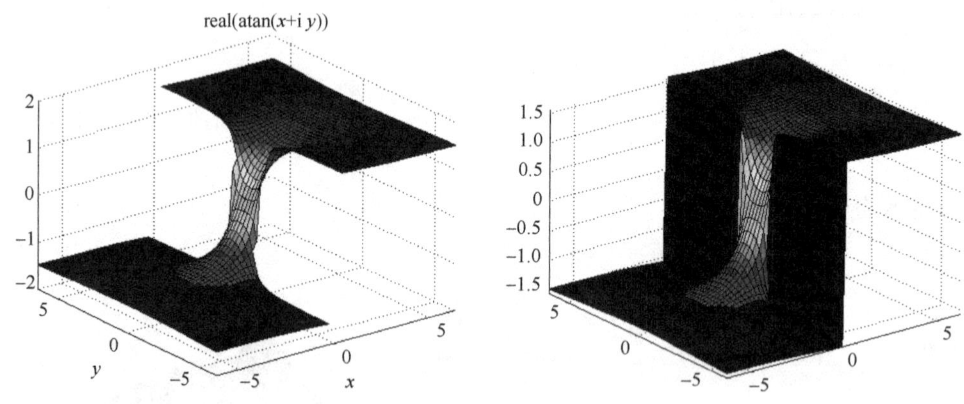

图 5-12 MATLAB 图形显示(例 5-12)

二、修饰

MATLAB 提供了许多曲面图形的修饰指令. 其调用格式见表 5-9.

表 5-9　MATLAB 曲面图形修饰

功能	函数	说明
着色	shading options	着色方法选项有 interp, flat, faceted
透视	hidden options	透视选项有 on，off
颜色控制	surf(x, y, z, t)	t：控制节点
色图	colormap (CM)	色彩设置选项有 jet, hot, cool, hsv, gray, copper, pink, bone, flag, spring, summer, autumn, winter, parula, lines, colocube, prism

例 5-13　绘图并使用修饰

$$z = \frac{\sin(\sqrt{x^2+y^2})}{\sqrt{x^2+y^2}}$$

解　MATLAB 代码为

```
[x,y] = meshgrid(-8:.1:8);
R = sqrt(x.^2+y.^2)+eps;
z = sin(R)./R;
surf(z)
shading  interp
axis  off
```

图形显示为图 5-13.

例 5-14　显示颜色控制效果.

解　MATLAB 代码为

```
[x,y] = meshgrid(-5:5);
z = x;
t = rand(11);
surf(x,y,z,t)
```

图形显示为图 5-14. 每次代码运行的效果会不一样.

例 5-15　体会色图控制效果.

解　MATLAB 代码为

```
[x,y] = meshgrid(-8:.5:8);
R = sqrt(x.^2+y.^2)+eps;
z = sin(R)./R;
surf(z)
shading  interp
axis  off
colormap(cool)
```

图形显示为图 5-15. 色图选项不同，效果会不一样.

图 5-13 MATLAB 图形显示(例 5-13)

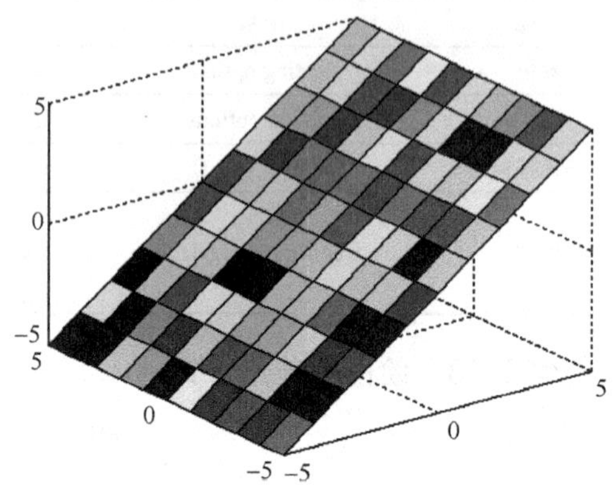

图 5-14 MATLAB 图形显示(例 5-14)

图 5-15 MATLAB 图形显示(例 5-15)

第三节 其 他 绘 图

一、图形控制

1. 图形的叠绘

MATLAB 显示多个图形有四种形式，见表 5-10.

表 5-10 MATLAB 显示多个图形

功能	函数	说明
同一窗口叠绘	w = [f;g];plot(x, w)	二维折线图
	plot(x, y, LineSpec, x, z, LineSpec,...)	二维折线图
	hold on	保持图形
	hold off	关闭保持图形功能
同一窗口多个子图	subplot(m, n, p)	分块绘图
指定图形窗口绘图	figure(k)	图形窗口
窗口控制	clf	删除图形
	close	关闭图形窗口

例 5-16 绘图 $y = k\cos(x), k = 0.4:0.1:1, x \in [0, 2\pi]$.

解 MATLAB 代码如下：

```
x = 0:0.1:2*pi;
k = 0.4:0.1:1;
y = cos(x)'*k;
plot(x,y)
```

图形显示为图 5-16.

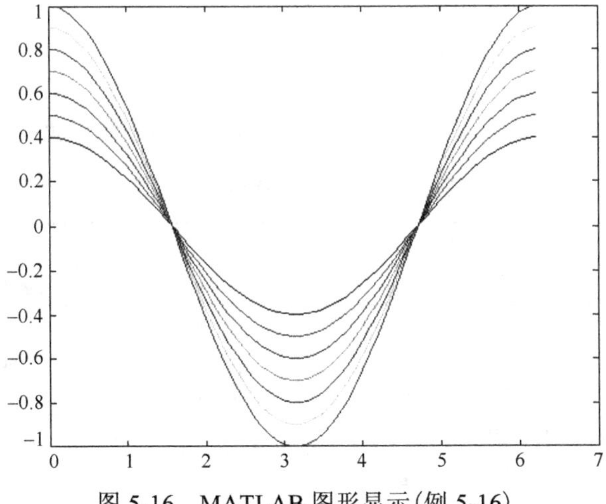

图 5-16 MATLAB 图形显示(例 5-16)

例 5-17 用图形表示连续调制波形 $y = \sin(t)\sin(9t)$ 及其包络线.

解 MATLAB 代码如下：

```
t = (0:pi/100:pi)';
y1 = sin(t)*[1,-1];
```

```
y2 = sin(t).*sin(9*t);
t3 = pi*(0:9)/9;
y3 = sin(t3).*sin(9*t3);
plot(t,y1,'r--',t,y2,'b',t3,y3,'bo')
axis([0,pi,-1,1])
```

图形显示为图 5-17.

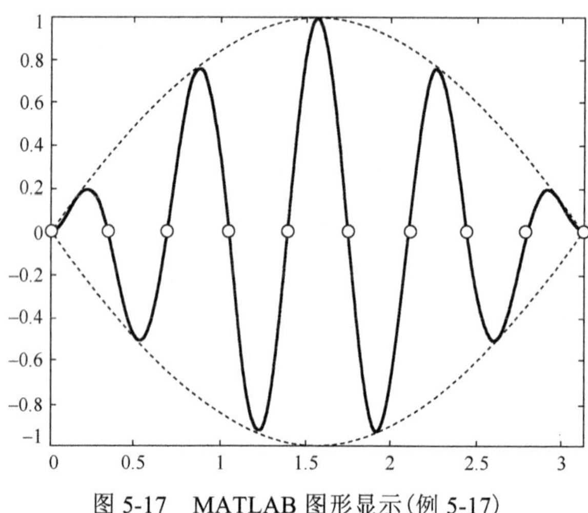

图 5-17　MATLAB 图形显示(例 5-17)

2. 图形的标记和坐标控制

MATLAB 提供了对图形进行标记、对坐标进行控制的功能，相关指令见表 5-11.

表 5-11　MATLAB 图形控制

功能	函数	说明
坐标范围	axis(limits)	limits 为坐标范围的向量形式
坐标控制	axis options	选项有 auto, manual, tight, fill, ij, xy, equal, image, square, vis3d, normal, off, on
坐标轴标注	title('f 曲线图')	加图名
坐标轴标注	xlabel('x 轴'), ylabel('y 轴'), zlabel('z 轴')	坐标轴加标志
坐标标注	text(x, y, 'string') text(x, y, z, 'string')	定位标注
视角控制	view([az, el]) view([vx, vy, vz])	设置：方位角、仰角 设置：坐标

二、特殊图形

MATLAB 还提供了许多其他的绘图指令，如表 5-12 所示.

表 5-12　MATLAB 其他绘图指令

功能	函数	说明
极坐标	polar(theta, rho, LineSpec)	绘图
	h = polar(...)	取值
球面	sphere(n)	单位球
	[X, Y, Z] = sphere(n)	取值

例 5-18　极坐标绘图.

$$r=\cos(2\theta)$$

$$r=2(1+\cos\theta)$$

解　MATLAB 代码如下：

```
t = 0:0.02:2*pi;
subplot(1,2,1)
polar(t,cos(2*t),'g*')
subplot(1,2,2)
polar(t,2*(1+cos(t)),'r*')
```

图形显示为图 5-18.

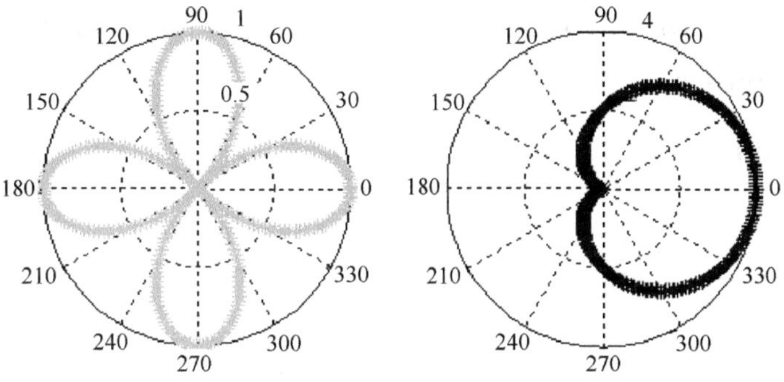

图 5-18　MATLAB 图形显示(例 5-18)

例 5-19　绘制球面.

解　MATLAB 代码如下：

```
sphere(30)
axis  equal
shading interp
```

图形显示为图 5-19.

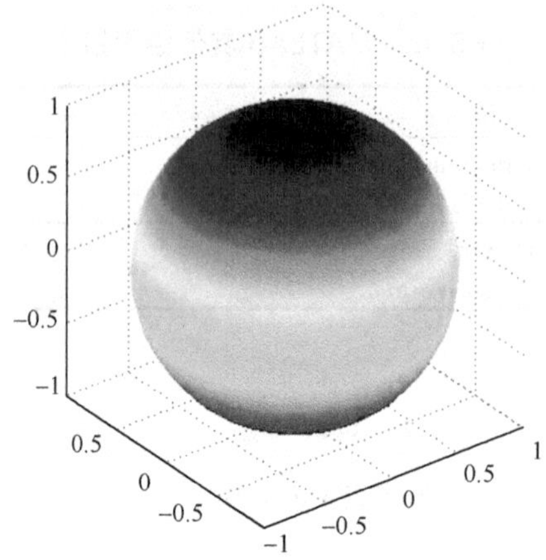

图 5-19　MATLAB 图形显示(例 5-19)

三、进一步讨论

MATLAB 函数指令不能实现所有绘图功能，有时需要编程来扩展其功能，下面通过两个例子来说明.

例 5-20　再次讨论 $z=x^2+y^2$.

解　通常画旋转抛物面为一个“碗”，需要 (x,y) 在圆内取值. 即 r,θ 两个量均匀取值，一个是圆内均匀取圆环，另一个是圆周上均匀取点，$x=r\cos\theta,\ y=r\sin\theta$.

MATLAB 代码如下：

```
n = 30;
k = 0;
for r = 0:1/n:1
    k = k+1;
    x(k,:) = r*cos(linspace (0,2*pi,n));
    y(k,:) = r*sin(linspace (0,2*pi,n));
end
z = x.^2+y.^2;
surf(x,y,z)
axis equal
shading interp
colormap(winter)
%axis off
```

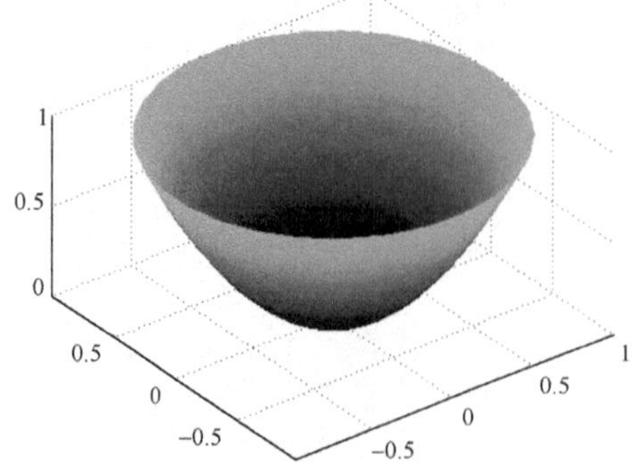

图 5-20　MATLAB 图形显示(例 5-20)

图形显示为图 5-20.

例 5-21　在同一空间直角坐标系中，绘制曲面图单叶双曲面、椭圆锥面.

解 单叶双曲面、椭圆锥面标准方程分别为

$$\frac{x^2}{a^2}+\frac{y^2}{b^2}-\frac{z^2}{c^2}=1, \quad \frac{x^2}{a^2}+\frac{y^2}{b^2}-\frac{z^2}{c^2}=0$$

令 $a=1,b=1,c=2$. 若取 $-2\leqslant x,y\leqslant 2$，计算 z 值，绘制单叶双曲面，

```
[x,y] = meshgrid(-2:0.2:2);
z = real(sqrt(2*(x.^2+y.^2-1)));
surf(x,y,z)
```

图形显示为图 5-21.

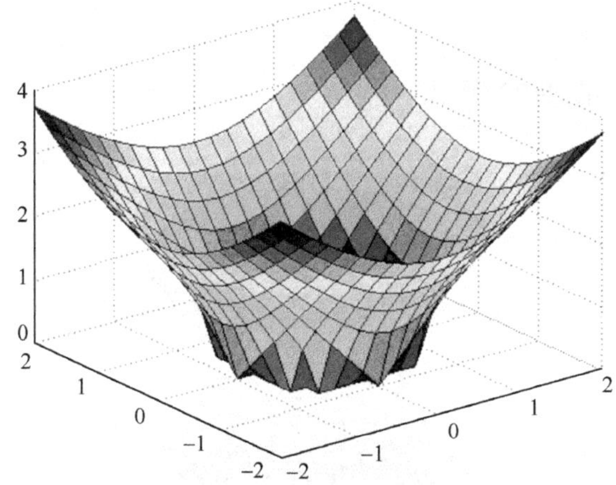

图 5-21 MATLAB 图形显示(例 5-21)

这显然不是我们想得到的. 于是，采用编程的方式，绘制 MATLAB 图形. 编写代码如下：

```
n = 10;m = 30;
k = 0;
for i = -2:1/n:2
    k = k+1;
    x(k,:) = linspace(-sqrt(1+i^2/2),sqrt(1+i^2/2),2*n+1);
    y(k,:) = real(sqrt(1+i^2/2-x(k,:).^2));
    z(k,:) = ones(1,2*n+1)*i;
end
x = [x -x];y = [y -y];
z = [z z];
mesh(x,y,z)
hidden off
hold on
```

```
clear x y z
k = 0;
for i = -2:1/n:2
    k = k+1;
    x(k,:) = linspace(-sqrt(i^2/2),sqrt(i^2/2),2*n+1);
    y(k,:) = real(sqrt(i^2/2-x(k,:).^2));
    z(k,:) = ones(1,2*n+1)*i;
end
 x = [x -x];y = [y -y];
z = [z z];
surf(x,y,z)
colormap jet
```

运行结果显示如图 5-22 所示.

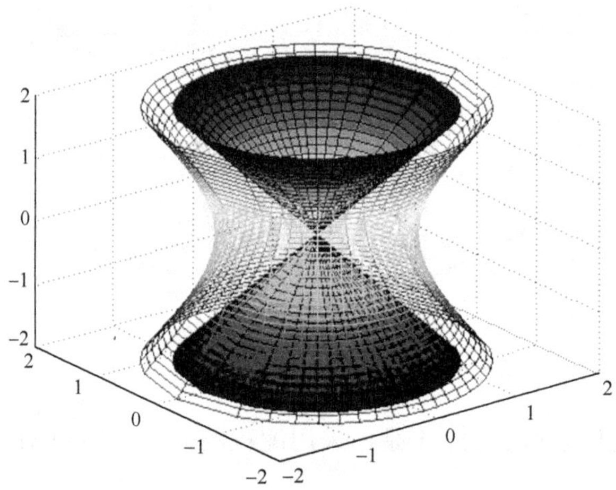

图 5-22　MATLAB 图形显示(例 5-21)

习　题　五

1．使用 MATLAB 绘图：

(1) 曲线 $y=\dfrac{\sin x^2}{x+1},0<x<5$ (红色，'o' 线，标记 xy 轴、曲线名)；

(2) 曲线 $x=t\cos(2t),y=t\sin(2t)$ (参数方程曲线，t 为参数) (蓝色，*点线)；

(3) 空间曲线 $x=\sin t,y=\cos t,z=t$；

(4) 曲面 $z=\sqrt{|xy|}$ ($x,y\in[-2,2]$，去掉网格，无刻度，色系选项为“cool”).

2．使用 MATLAB 绘图：

(1) 曲线 $r=\sqrt[4]{\sin(5\theta)}, 0\leqslant\theta\leqslant 2\pi$ (极坐标曲线，红色，'.'点线)；

(2) 在同一窗口中绘制曲线 $0\leqslant x\leqslant 20$，

$$y_1=\mathrm{e}^{-0.1x}\sin x\ (红色，'.'点线)，\quad y_2=\mathrm{e}^{-x}\sin 5x\ (蓝色，点划线)$$

(3) 曲面 $z=xy\sin(xy)(-2\leqslant x,y\leqslant 2)$；

(4) 上题中加入一个原点为球心、半径为 1 的球(去掉网格，无刻度，色系选项为“flag”).

3．使用 MATLAB 绘制曲面：

$$z=-17x^2+16y|x|-17y^2\quad(-10\leqslant x,y\leqslant 10)$$

带填充颜色等高线图(100 个等高线，去掉等高线，色系选项为“jet”).

注：MATLAB 指令为 contourf，通过使用 help 学习该指令使用方法.

4．使用 MATLAB 绘图：

(1) $y=\begin{cases}x\sin x, & x\geqslant 0,\\ x^2, & x<0\end{cases}$ $(x\in[-3,3]$，红色，*点线)；

(2) 绘制双叶双曲面表面图 $x^2+\dfrac{y^2}{4}-z^2=-1$，上底与下底为椭圆形.

第六章　方 程 模 型

方程求解在数学理论研究、实际应用中都是一类非常重要的问题. 对于工程技术和社会经济领域中的许多问题，当不考虑时间因素的变化，只作为静态问题处理时，这些问题常常可以建立代数方程模型；当考虑时间因素的变化，作为动态问题处理时，这些问题常常可以建立微分方程模型. 方程求解也是 MATLAB 软件在符号运算与数值运算中均被关注的一个重要问题. 本章介绍 MATLAB 代数方程与微分方程的求解函数，以及几个方程模型的建立和求解.

第一节　MATLAB 求解方程

MATLAB 方程求解包括代数方程和微分方程的符号求解与数值求解.

一、代数方程

1. 代数方程的符号求解

MATLAB 中，代数方程的符号求解函数使用格式及说明见表 6-1.

表 6-1　MATLAB 代数方程的符号求解函数

格式	说明
solve(eq)	eq 支持符号型
solve(eq, var)	var 为自变量，可缺省
solve([eq1, eq2, …, eqn]) solve([eq1, eq2, …, eqn], [var1, var2, …, varn])	求解方程组时输出的结果为结构型数据，可以使用变量数组来接收

例 6-1　解方程：

(1) $2x^4+x^2+7x-3=0$；

(2) $\begin{cases} x+2y+2z=10, \\ 2x-y+z=0. \end{cases}$

解　以下介绍 MATLAB 求解代码.

(1) 方程求解采用不同的形式，代码如下：

```
syms x
f = 2*x^4+x^2+7*x-3
```

```
solve(f, x)
solve(f == 0)
vpa(ans, 5)
```

运行结果相同:

```
ans =
     root(z^4 + z^2/2 + (7*z)/2 - 3/2, z, 1)
     root(z^4 + z^2/2 + (7*z)/2 - 3/2, z, 2)
     root(z^4 + z^2/2 + (7*z)/2 - 3/2, z, 3)
     root(z^4 + z^2/2 + (7*z)/2 - 3/2, z, 4)
ans =
     -1.5463
      0.5738 + 1.4506i
      0.5738 - 1.4506i
      0.3987
```

注: root 表示多项式的根, 可以用 vpa 显示其数值解. 多项式方程可以使用 roots 指令求解，其代码为

```
roots([2 0 1 7 -3])
```

运行结果如下:

```
ans =
     -1.5463 + 0.0000i
      0.5738 + 1.4506i
      0.5738 - 1.4506i
      0.3987 + 0.0000i
```

(2)线性方程组在第二章中已讨论过，现在我们使用符号求解的方式来求解，代码如下:

```
solve([x+2*y+2*z == 10, 2*x-y+z == 0])
```

运行结果如下:

```
ans =
     struct with fields:
       x: 2 - (4*z)/5
       y: 4 - (3*z)/5
```

结果为结构型数据，可以采用结构型数据的显示方式，编写代码:

```
s = solve([x+2*y+2*z == 10, 2*x-y+z == 0])
s.x
s.y
```

运行结果如下：

```
s =
    struct with fields:
      x: 2 - (4*z)/5
      y: 4 - (3*z)/5
ans =
      2 - (4*z)/5
ans =
      4 - (3*z)/5
```

也可以使用变量数组来接收，编写代码：

```
[x, y] = solve([x+2*y+2*z == 10, 2*x-y+z == 0])
```

运行结果如下：

```
x =
    2 - (4*z)/5
y =
    4 - (3*z)/5
```

可以看出，使用 MATLAB 求解时，将 z 变量作为自由变量，得到的就是线性方程组的通解.

也可以设置变量，编写代码：

```
syms x y z
solve([x+2*y+2*z == 10, 2*x-y+z == 0], [y, z])
```

运行结果如下：

```
ans =
      struct with fields:
        y: (3*x)/4 + 5/2
        z: 5/2 - (5*x)/4
```

2. 代数方程的数值求解

MATLAB 中，代数方程的数值求解函数使用格式及说明见表 6-2.

表 6-2　MATLAB 代数方程的数值求解函数

格式	说明
fsolve(fun, x0) fzero(fun, x0)	方程 fun 支持字符串、句柄函数 x0 为初值，不能缺省 fzero 单变量，fsolve 可多变量

例 6-2　解方程 $\tan(2x)=\sin(x)$.

解　首先使用符号求解，MATLAB 代码如下：

```
syms x
g = tan(2*x) == sin(x)
solve(g)
vpa(ans, 5)
```

运行结果如下：

```
ans =
                              0
       -acos(1/2 - 3^(1/2)/2)
       -acos(3^(1/2)/2 + 1/2)
        acos(1/2 - 3^(1/2)/2)
        acos(3^(1/2)/2 + 1/2)
ans =
             0
       -1.9455
      -0.83144i
        1.9455
       0.83144i
```

使用图形显示解的情况，绘制 $\sin(x)$ 与 $\tan(2x)$ 函数曲线，编写代码如下：

```
ezplot('sin(x)')
hold on
ezplot('tan(2*x)')
```

运行后显示图形见图 6-1(显示图形为区间$[-2\pi, 2\pi]$上的函数曲线图形).

可以看出，两曲线交点有无穷多个，方程应有无穷多解.

若求方程在 $x=100$ 点附近的解，可使用方程的数值求解方法，代码如下：

```
g = 'tan(2*x)-sin(x)'
fsolve(g, 100)
fzero(g, 100)
```

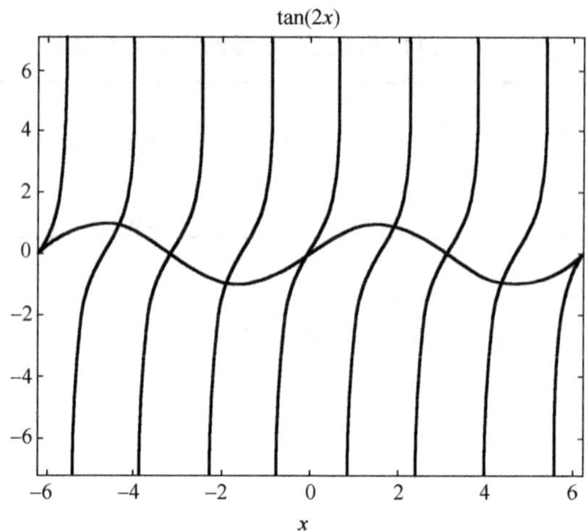

图 6-1　MATLAB 图形显示(例 6-2)

运行结果如下：

```
ans =
       100.5310
ans =
       97.3894
```

二、微分方程

1. 微分方程的符号求解

MATLAB 中，微分方程的符号求解函数使用格式及说明见表 6-3.

表 6-3　MATLAB 微分方程的符号求解函数

格式	说明
S = dsolve(eqn, cond)	微分方程符号解，eqn 支持符号型，支持 diff 记号，cond 初始条件，微分方程组求解结果为结构型数据，解为符号型

例 6-3　解微分方程 $y''=-4y$.

解　使用符号型，MATLAB 代码如下：

```
syms y(x)
dsolve(diff(y) == x)
```

运行结果如下：

```
ans =
       x^2/2 + C1
```

解初值问题，代码如下：

```
g = diff(y, 2) == -4*y
dsolve(g)
Dy = diff(y)
y = dsolve(g, y(0) == 1, Dy(pi/3) == 0 )
```

运行结果如下：

```
g(x) =
       diff(y(x), x, x) == -4*y(x)
ans =
       C1*cos(2*x) - C2*sin(2*x)
Dy(x) =
         diff(y(x), x)
y =
    cos(2*x) - 3^(1/2)*sin(2*x)
```

微分方程组求解结果为结构型数据，代码如下：

```
syms x(t) y(t)
dsolve(diff(x) == y, diff(y) == x)
[x, y] = dsolve(diff(x) == y, diff(y) == x)
syms x(t) y(t)
dsolve(diff(x) == y, diff(y) == x, x(0) == 0, y(0) == 1)
[x, y] = dsolve(diff(x) == y, diff(y) == x, x(0) == 0, y(0) == 1)
```

运行结果如下：

```
ans =
      struct with fields:
        y: C1*exp(t) + C2*exp(-t)
        x: C1*exp(t) - C2*exp(-t)
x =
    C1*exp(t) - C2*exp(-t)
y =
    C1*exp(t) + C2*exp(-t)
ans =
      struct with fields:
        y: exp(-t)/2 + exp(t)/2
        x: exp(t)/2 - exp(-t)/2
x =
```

```
        exp(t)/2 - exp(-t)/2
    y =
        exp(-t)/2 + exp(t)/2
```

2. 微分方程的数值求解

MATLAB 的 ODE 求解器求解一阶常微分方程，使用的算法为龙格-库塔(Runge-Kutta)法，函数使用格式及说明见表 6-4.

表 6-4　MATLAB 常微分方程的数值求解函数

格式	说明
[T, Y] = solver(odefun, tspan, y0)	solver：ode23, ode45, ode113, ode15s, ode23s, ode23t, ode23tb odefun：微分方程自由项函数句柄 tspan：区间 y0：初始值

例 6-4　求微分方程数值解：

(1) $y' = y, y(0) = 1$；

(2) $\begin{cases} x' = -x^3 - y, & x(0) = 1, \\ y' = x - y^3, & y(0) = 0.5. \end{cases}$

解　(1) 自由项函数为句柄函数或内联函数，MATLAB 代码如下：

```
fun = @(x, y)y
[x, y] = ode45(fun, [0, 4], 1)
plot(x, y)
```

运行结果为向量：

```
x =
          0
     0.0502
     0.1005
     0.1507
     0.2010
     ……
y =
     1.0000
     1.0515
     1.1057
     1.1627
     1.2226
     ……
```

利用向量点作图可看出解函数的图形，见图 6-2.

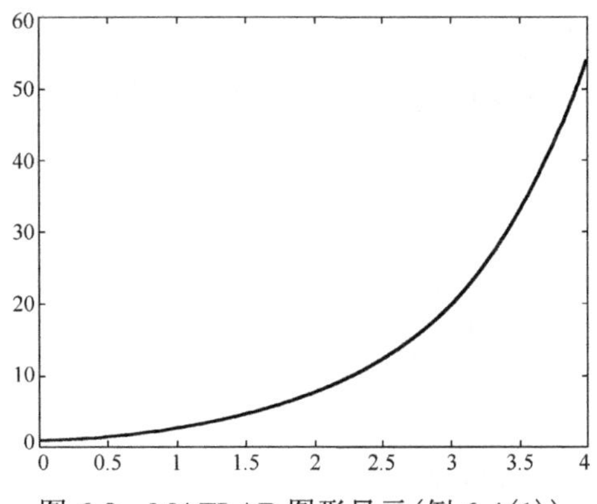

图 6-2　MATLAB 图形显示(例 6-4(1))

(2) 自由项函数设置为子函数，求解微分方程代码如下：

```
[t, x] = ode45(@fun4, [0, 30], [1;0.5])
plot(t, x)
function f = fun4(t, x)
f = [-x(1)^3-x(2);x(1)-x(2)^3]; %列
end
```

运行结果为向量，利用向量点作图可看出解函数的图形，见图 6-3.

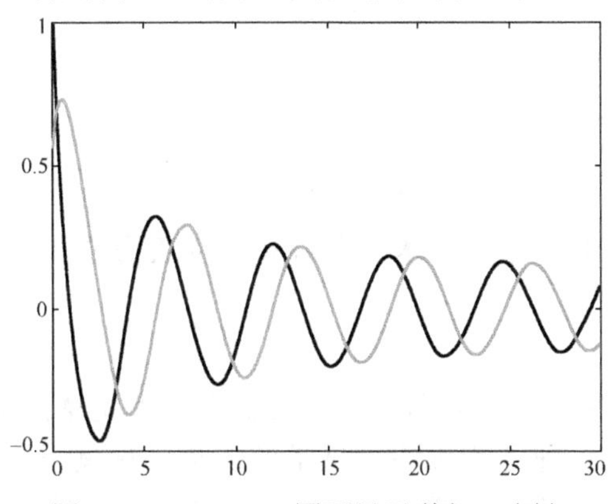

图 6-3　MATLAB 图形显示(例 6-4(2))

第二节　简单物理模型

一、物体温度变化

例 6-5　室温 20℃，某物体从 100℃下降到 60℃需要 20 分钟. 试问该物体下降到 30℃，还需要多长时间？

分析　关键：温度变化规律.

冷却定律：物体的冷却速度与物体和环境的温差成正比.

解　设 t 时刻物体的温度为 $T(t)$，冷却速度为 $\dfrac{\mathrm{d}T}{\mathrm{d}t}$. 根据冷却定律，有

$$\begin{cases}\dfrac{\mathrm{d}T}{\mathrm{d}t}=-k(T-20)\\ T(0)=100\end{cases}$$

其中，k 为冷却系数.

利用 MATLAB 求解，代码为

```
syms T(t) k
T = dsolve(diff(T) == -k*(T-20), T(0) == 100)
```

得到结果为

$$T(t)=20+80\mathrm{e}^{-kt}$$

由于物体从 100℃下降到 60℃需要 20 分钟，所以

$$T(20)=20+80\mathrm{e}^{-20k}=60$$

$$k=\frac{1}{20}\ln 2$$

于是有

$$T(t)=20+80\mathrm{e}^{-\frac{t}{20}\ln 2}$$

代入 $T(t)=30$，得 $t=60$，即该物体下降到30℃，还需要 40 分钟.

二、下滑时间

例 6-6　长为 6m 的链条从桌面上由静止状态开始无摩擦地沿桌子边缘下滑. 设运动开始时，链条有 1m 垂于桌面下，试求链条全部从桌子边缘滑下需多少时间？

分析　关键：位移变化规律和运动方程，牛顿第二定律 $F=ma$.

解　建立一维坐标如图 6-4 所示，原点位于链条终点的初始位置.

令 t 时刻链条终点位置为 $x(t)$，链条质量为

$$m=\rho(1+x)$$

其中，ρ 为链条线密度. 链条受力为

$$F=mg=\rho(1+x)g$$

链条运动加速度为

$$a = x''$$

根据牛顿第二定律可得

$$F = \rho(1+x)g = 6\rho x''$$

即

$$6x'' - gx - g = 0$$

初始状态下，

$$x(0) = 0, \quad x'(0) = 0$$

于是得到链条运动距离的二阶微分方程

$$\begin{cases} 6x'' - gx - g = 0 \\ x(0) = 0 \\ x'(0) = 0 \end{cases}$$

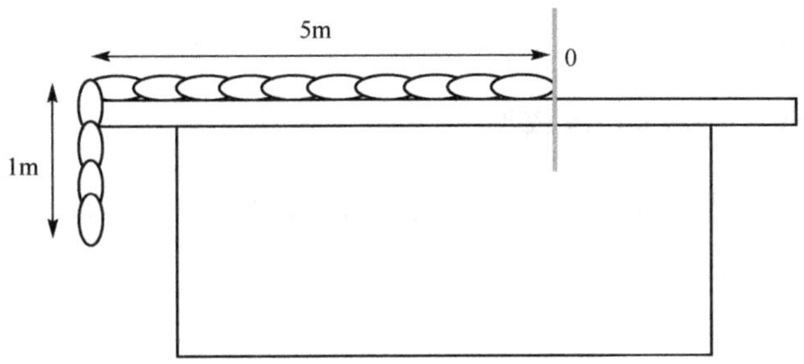

图 6-4　链条下滑问题坐标显示图

利用 MATLAB 求解代码为

```
syms x(t) g
Dx = diff(x)
x = dsolve(6*diff(x, 2)-g*x-g == 0, x(0) == 0, Dx(0) == 0)
pretty(x)
solve(1/(2*exp((6^(1/2)*g^(1/2)*t)/6)) + ...
      exp((6^(1/2)*g^(1/2)*t)/6)/2 - 1-5)
pretty(ans)
```

得到结果为

$$x = \frac{1}{2}(e^{\sqrt{\frac{g}{6}}t} + e^{-\sqrt{\frac{g}{6}}t}) - 1$$

当 $x = 5$ 时，得

$$t = \sqrt{\frac{6}{g}}\ln(6 + \sqrt{35})$$

第三节　人口模型

人口模型的最基本问题是人口预测. 例如，1998 年末，中国的总人口约为 12.5 亿，自然增长率为 9.53‰，由此预测 2000 年末中国的总人口为

$$12.5\times(1+0.00953)^2\approx 12.7394\ (亿)$$

2000 年末全国总人口为 126743 万人. 预测 2003 年末中国的总人口为

$$12.5\times(1+0.00953)^5\approx 13.1071\ (亿)$$

2005 年 1 月 6 日，中国总人口达到 13 亿.

设基年人口为 x_0，k 年后为 x_k，年增长率为 r，则人口增长模型为

$$x_k = x_0(1+r)^k$$

此模型为最简单的人口模型.

一、指数增长模型——Malthus 模型

英国经济学家、人口学家马尔萨斯(Malthus，1766—1834)于 1798 年在《人口原理》一书中提出了闻名于世的 Malthus 人口模型.

1. 模型假设

基本假设：人口的自然增长率是一个常数，或说单位时间内人口增长量与当时人口成正比.

2. 模型建立

设 t 时刻人口为 $x(t)$，人口自然增长率为 r. 由于自然增长率是指单位时间内人口增长量与人口之比，所以，

$$\frac{\Delta x(t)}{x(t)\Delta t}=r$$

因此

$$\frac{\Delta x(t)}{\Delta t}=rx(t)$$

等式两边取极限：$\Delta t\to 0$，得

$$x'(t)=rx(t)$$

令基年人口为 x_0，得到人口模型为微分方程

$$\begin{cases} x'(t) = rx(t) \\ x(0) = x_0 \end{cases}$$

3. 模型求解

该微分方程为一阶可分离变量的微分方程，易得 $x(t) = x_0 \mathrm{e}^{rt}$ 为指数函数. 所以，Malthus 模型又称为指数增长模型.

4. 评述

由于 $\mathrm{e}^r \approx 1 + r$，因此 $x(t) = x_0 \mathrm{e}^{rt} \approx x_0 (1+r)^t$，可见，最简单的人口模型 $x_k = x_0 (1+r)^k$ 是指数增长模型的离散形式.

Malthus 模型能够比较准确地预测短期内人口变化的规律，但长期来看，任何地区人口都不可能无限增长，并且从人口现状来看，人口的增长速度一直在减缓. 显然 Malthus 模型描述人口变化已过分粗糙，需要进行改进，即修改模型的基本假设.

二、阻滞增长模型——Logistic 模型

1. 模型假设

对指数增长模型的假设进行否定，即否定人口的自然增长率是一个常数这一假设，最简单的形式就是假设其为一次函数.

基本假设：人口的自然增长率 r 是人口 $x(t)$ 的线性函数.

2. 模型建立

令人口自然增长率 r 的线性函数为

$$r(x) = r - sx \qquad (s, r > 0)$$

设最大人口容量(自然资源和环境条件所能容纳的最大人口数量)为 x_m，则有

$$r(x_m) = 0$$

代入线性函数表达式可得

$$s = \frac{r}{x_m}$$

于是，

$$r(x) = r - \frac{r}{x_m} x = r\left(1 - \frac{x}{x_m}\right)$$

所以，

$$x'(t)=r(x)x(t)=r\left(1-\frac{x}{x_m}\right)x$$

考虑基年人口 x_0，得到人口模型为微分方程

$$\begin{cases} x'(t)=rx(t)\left(1-\dfrac{x(t)}{x_m}\right) \\ x(0)=x_0 \end{cases}$$

3. 模型求解

上述微分方程为一阶可分离变量的微分方程.

利用 MATLAB 求解代码为

```
syms x(t) r x0 xm
x1 = dsolve(diff(x) == r*x, x(0) == x0)
x2 = dsolve(diff(x) == r*x*(1-x/xm), x(0) == x0)
pretty(x2)
```

得到结果为

$$x(t)=\frac{x_m}{1+\left(\dfrac{x_m}{x_0}-1\right)e^{-rt}}$$

4. 评述

Logistic 模型是荷兰生物数学家弗赫斯特(Verhulst)于 1838 年提出的，该模型能大体上描述人口及许多物种，如森林中树木的增长、池塘中鱼的增长、细胞的繁殖等变化规律，并在社会经济领域有广泛的应用，如耐用消费品的销售量等. 基于这个模型能够描述一些事物的符合逻辑的客观规律，人们常称它为 Logistic 模型.

通过图形我们来分析 Malthus 模型与 Logistic 模型的关系. 使用 MATLAB 绘图功能，代码为

```
figure(1), clf
r = 0.01;xm = 1;x0 = 0.01;
syms x t
hold on
ezplot(r*x*(1-x/xm), [0, 1])
```

```
ezplot(r*x, [0, 1])
text(0.7, 8.5*10^-3, 'Malthus')
text(0.7, 2.5*10^-3, 'Logistic')

figure(2), clf
ezplot(eval(x1), [0, 1000]), hold on
ezplot(eval(x2), [0, 1000])
text(320, 0.8, 'Malthus')
text(520, 0.6, 'Logistic')
```

运行后显示图形，见图 6-5 与图 6-6.

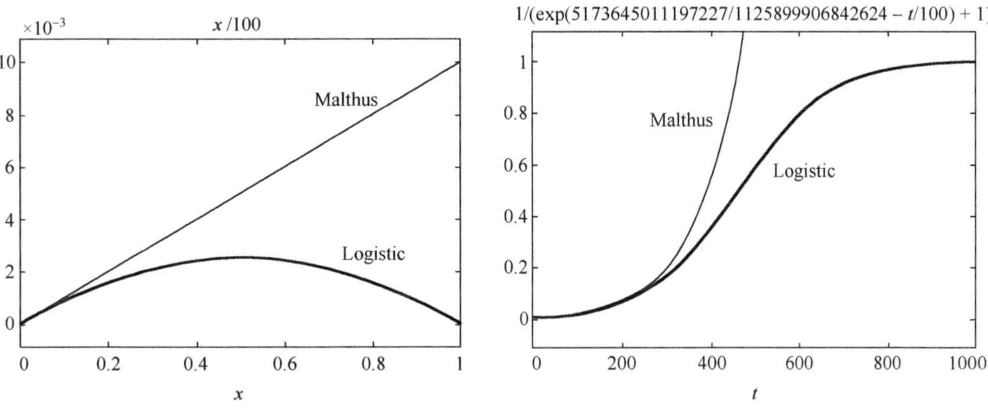

图 6-5　两模型人口变化率 $x'(t) \sim t$ 图形　　图 6-6　两模型人口数量 $x(t) \sim t$ 函数图

图形显示，人口变化初期，Malthus 模型与 Logistic 模型刻画的人口数量非常接近，但随着时间的变化，两模型将产生较大的差异，从长期来看，Logistic 模型给出的结果相对合理.

两模型仅给出了人口总数的信息，但这一信息是远远不能满足各方面需求的，若想得到人口变化的更多信息，还需进一步建模分析.

三、模型的参数估计、检验和预报

应用 Malthus 模型进行人口分析时，先要作参数估计，估计参数 r. 应用 Logistic 模型进行人口分析时，先要估计参数 r 与 x_m. 常用的统计方法为最小二乘法.

1. 选取数据

以实际人口数据为例，表 6-5 为 1960—2021 年世界、中国、印度、美国的人口数据(单位：万人).

表 6-5　1960—2021 年世界、中国、印度、美国的人口数据　（单位：万人）

年份	世界	中国	印度	美国
1960	303216	66707	45055	18067
1961	307160	66033	45964	18369
1962	312456	66577	46908	18654
1963	318966	68234	47883	18924
1964	325515	69836	48885	19189
1965	332205	71519	49912	19430
1966	339210	73540	50963	19656
1967	346162	75455	52040	19871
1968	353278	77451	53151	20071
1969	360655	79603	54308	20268
1970	368198	81832	55519	20505
1971	376052	84111	56787	20766
1972	383690	86203	58109	20990
1973	391298	88194	59477	21191
1974	398849	90035	60880	21385
1975	406251	91640	62310	21597
1976	413543	93069	63763	21804
1977	420779	94346	65241	22024
1978	428134	95617	66750	22259
1979	435678	96901	68300	22506
1980	443296	98124	69895	22723
1981	451116	99389	71538	22947
1982	459239	100863	73224	23166
1983	467433	102331	74943	23379
1984	475600	103683	76683	23583
1985	483918	105104	78436	23792
1986	492475	106679	80198	24013
1987	501256	108404	81968	24229
1988	510129	110163	83747	24450
1989	518998	111865	85533	24682
1990	528006	113519	87328	24962
1991	536814	115078	89127	25298
1992	545258	116497	90931	25651
1993	553789	117844	92740	25992
1994	562209	119184	94560	26313
1995	570675	120486	96392	26628
1996	578966	121755	98237	26939
1997	587228	123008	100090	27266

续表

年份	世界	中国	印度	美国
1998	595400	124194	101948	27585
1999	603448	125274	103806	27904
2000	611432	126265	105658	28216
2001	619366	127185	107500	28497
2002	627272	128040	109332	28763
2003	635186	128840	111152	29011
2004	643153	129608	112962	29281
2005	651172	130372	114761	29552
2006	659271	131102	116549	29838
2007	667418	131789	118321	30123
2008	675700	132466	120067	30409
2009	683955	133126	121773	30677
2010	692185	133771	123428	30933
2011	700376	134504	125029	31158
2012	708925	135419	126578	31388
2013	717550	136324	128084	31606
2014	726185	137186	129560	31839
2015	734768	137986	131015	32074
2016	743357	138779	132452	32307
2017	751918	139622	133868	32512
2018	760243	140276	135264	32684
2019	768344	140775	136642	32833
2020	776350	141110	138000	33150
2021	783663	141236	139340	33189

数据来源：根据世界银行公开数据汇总，网址为 https: //data.worldbank.org.cn. 世界银行统计数据可能和我国公布的数据有出入，为保持来源原貌未做修改.

使用 MATLAB，将数据录入 MATLAB 矩阵 p 中，保存为 data.m. 而后使用绘图指令显示人口的变化形态，代码为

```
t = p(:,1);
plot(t,p(:,2),t,p(:,3),'r',t,p(:,4),'k',t,p(:,5),'m')
text(1995,650000,'世界')
text(1995,150000,'中国')
text(1995,100000,'印度')
text(1995,50000,'美国')
axis([1960 2021 0 800000])
```

运行后显示图形，见图 6-7.

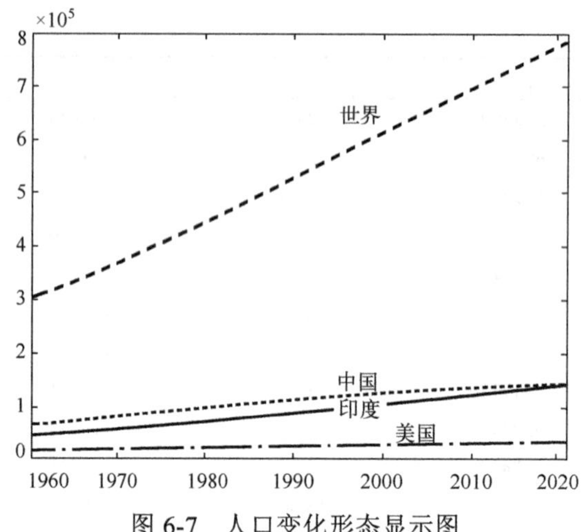

图 6-7　人口变化形态显示图

从图 6-7 中可以看出，世界、中国、印度、美国的人口数据均在增长，局部特征不明显. 于是，观察人口自然增长率的变化.

$$r(t)=\frac{\Delta x(t)}{x(t)}$$

其中，$r(t)$ 为以年计算的人口自然增长率，$x(t)$ 为人口数量.

使用 MATLAB 计算、绘图，代码为

```
q = (p(2:n,2:5)-p(1:(n-1),2:5))./p(1:(n-1),2:5);
q = [p(2:n,1) q]
t2 = q(:,1);
plot(t2,q(:,2),t2,q(:,3),'r',t2,q(:,4),'k',t2,q(:,5),'m')
text(1995,0.020,'印度')
text(1995,0.015,'世界')
text(1980,0.013,'中国')
text(1980,0.009,'美国')
axis([1960 2021 -0.012 0.03])
```

运行后显示图形，见图 6-8.

从图 6-8 中可以看出，世界人口相对平稳，故我们采用世界人口数据进行模型分析.

2. 参数估计

(1) Malthus 模型参数估计.

建立最小二乘法参数计算模型，对 Malthus 模型参数 r 进行参数估计：

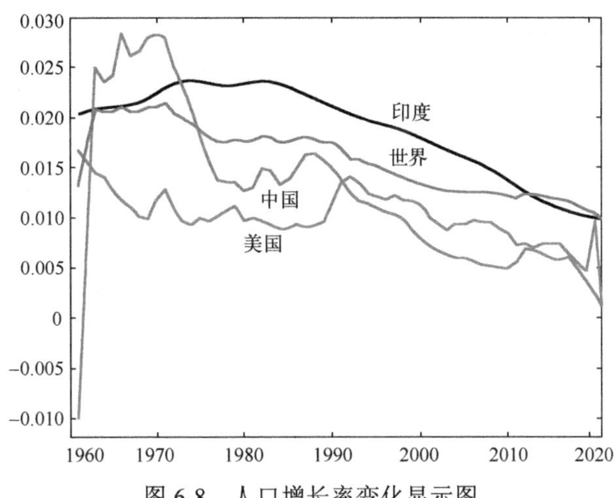

图 6-8　人口增长率变化显示图

$$\min \varphi(r) = \sum_{t=1}^{T} (x_i - f(x_1, r))^2 = \sum_{t=1}^{T} (x_t - x_1 \mathrm{e}^{rt})^2$$

其中，t 为时间，T 为总时间，x_t 为人口样本数据，r 为人口自然增长率.

使用 MATLAB 计算，在 MATLAB 的 M 文件中，建立离差平方和运算子函数，代码为

```
function y = fun1(r,p)
t = p(:,1)-p(1,1);
x = p(:,2);
y = sum((x(1)*exp(r*t)-x).^2);
end
```

绘图，观察离差平方和是否有最小值，代码为

```
data
r = 0.01:0.001:0.03;
for i = 1:length(r)
    y(i) = fun1(r(i),p);
end
plot(r,y)
```

使用最优化指令 fminbnd 指令，求参数值，代码为

```
r = fminbnd(@(r)fun1(r,p),0.01,0.02)
```

得到最终结果为

```
r =
    0.0166
```

(2) Logistic 模型参数估计.

建立最小二乘法参数计算模型，对 Logistic 模型参数 r ，x_m 进行参数估计：

$$\min\varphi(r,x_m)=\sum_{t=1}^{T}(x_t-f(x_1,r,x_m))^2=\sum_{t=1}^{T}\left(x_t-\frac{x_m}{1+\left(\dfrac{x_m}{x_1}-1\right)\mathrm{e}^{-rt}}\right)^2$$

其中，t 为时间，T 为总时间，x_t 为人口样本数据，r 为人口自然增长率，x_m 为人口最大容量.

使用 MATLAB 计算，在 MATLAB 的 M 文件中，建立离差平方和运算子函数，代码为

```
function y = fun2(x,p)
t = p(:,1)-p(1,1);
x0 = p(:,2);
y = sum((x(2)./(1+(x(2)/x0(1)-1)*exp(-x(1)*t))-x0).^2);
end
```

绘图，观察离差平方和是否有最小值，代码为

```
data
r = 0.01:0.001:0.06;
xm = 600000:20000:2000000;
for i = 1:length(r)
    for j = 1:length(xm)
        z(i,j) = fun2([r(i),xm(j)],p);
    end
end
surf(r,xm,z')
contour(r,xm,z',100)
```

使用最优化指令 fminunc 指令，编程搜索参数值，代码为

```
r = fminunc(@(x)fun2(x,p),[0.02,1000000])
f0 = inf;
for i = 0.01:0.01:0.06
    for j = 800000:50000:2000000
        [r,f] = fminunc(@(x)fun2(x,p),[i,j]);
        if f<f0
            f0 = f;
            r0 = r;
        end
    end
end
r = r0
```

得到最终结果为

```
r =
    0.027224    1.25e+06
```

3. 数据检验

将参数估计的结果代入 Malthus 模型中，计算世界人口预测数据，并与实际数据比较，代码为

```
plot(p(:,1),p(:,2),p(:,1),p(1,2)*exp(r*(p(:,1)-…
p(1,1))),'r.')
text(1963,760000,'Malthus 模型')
text(1963,700000,'- 实际数据')
text(1963,640000,'* 预测数据')
axis([1960 2021 200000 850000])
```

将参数估计的结果代入 Logistic 模型中，计算世界人口预测数据，并与实际数据比较，代码为

```
plot(p(:,1),p(:,2),p(:,1),r(2)./(1+(r(2)/p(1,2)-1)*…
exp(-r(1)*(p(:,1)-p(1,1)))),'r.')
text(1963,760000,'Logistic 模型')
text(1963,700000,'- 实际数据')
text(1963,640000,'* 预测数据')
axis([1960 2021 200000 850000])
```

运行后显示图形分别为图 6-9 与图 6-10.

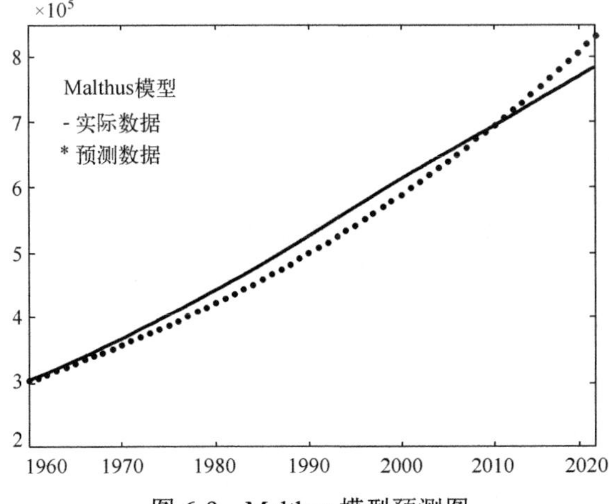

图 6-9 Malthus 模型预测图

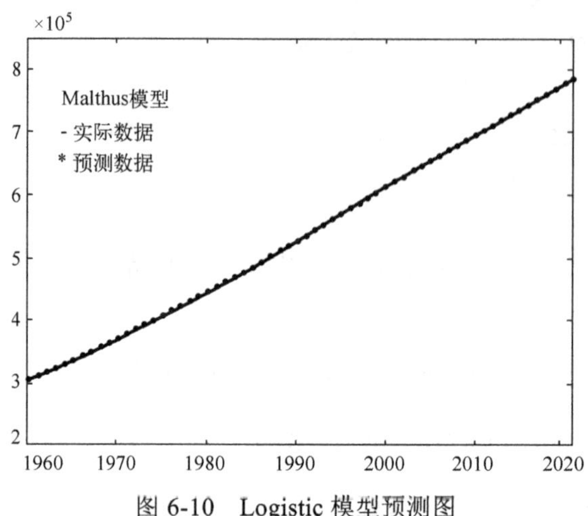

图 6-10　Logistic 模型预测图

从图中可以看出，Malthus 模型预测效果不太理想，并且偏差越来越大，Logistic 模型预测效果比较理想.

4. 人口预测

采用 Logistic 模型预测未来人口变化.

(1) 世界人口预测.

采用近几年(2015—2021)人口数据，运用最小二乘法，计算世界人口数据的 Logistic 模型参数值，MATLAB 代码为

```
data
p1 = p(56:62,1:2);
r = fminunc(@(x)fun2(x,p1),[0.02,2000000])
r = fun0(p1)
function r = fun0(p)
f0 = inf;
for i = 0.01:0.05:0.06
    for j = 100000:10000:2000000
        [r,f] = fminunc(@(x)fun2(x,p),[i,j]);
        if f<f0
            f0 = f;
            r0 = r;
        end
    end
end
r = r0;
```

```
end
function y = fun2(x,p)
t = p(:,1)-p(1,1);
x0 = p(:,2);
y = sum((x(2)./(1+(x(2)/x0(1)-1)*exp(-x(1)*t))-x0).^2);
end
```

运行结果显示世界人口数据的 Logistic 模型参数值为

```
r =
    0.047939    9.80e+05
```

代入 Logistic 模型，预测未来几年世界人口. MATLAB 代码为

```
t = p(56:62,1);
t2 = (2015:2030)';
x = p(56:62,2)';
plot(t,x,'b',t2,r(2)./(1+(r(2)/x(1)-1)*exp(-r(1)*...
     (t2-2015))),'r.')
hold on
plot([2015 2030],[800000 800000],'--')
plot([2023.1 2023.1],[720000 800000],'--')
```

运行后显示图形，见图 6-11.

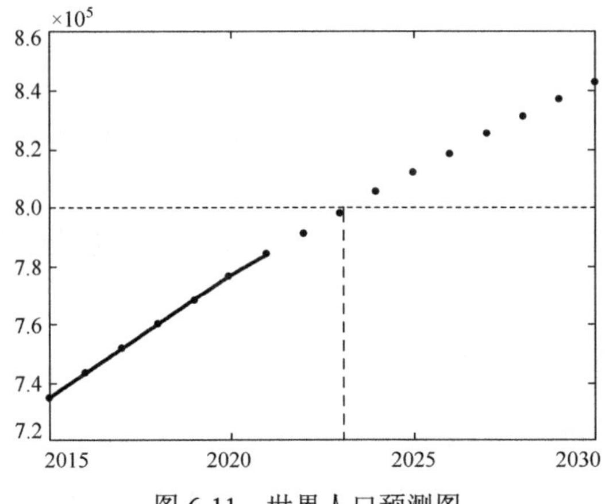

图 6-11　世界人口预测图

根据模型预测，大致在 2023 年初，世界人口将达到 80 亿. 2022 年 11 月 15 日，联合国宣布，世界人口达到 80 亿.

(2) 中印两国人口变化.

采用近几年(2015—2021)人口数据，运用最小二乘法，计算中国、印度两国人

口数据的 Logistic 模型参数值，MATLAB 代码为

```
data
p1 = p(56:62,[1 3]);
r1 = fminunc(@(x)fun2(x,p1),[0.02,1000000])
r1 = fun0(p1)
p2 = p(56:62,[1 4]);
r2 = fminunc(@(x)fun2(x,p2),[0.02,1000000])
r2 = fun0(p2)
function r = fun0(p)
f0 = inf;
for i = 0.01:0.01:0.06
    for j = 100000:10000:500000
        [r,f] = fminunc(@(x)fun2(x,p),[i,j]);
        if f<f0
            f0 = f;
            r0 = r;
        end
    end
end
r = r0;
end
function y = fun2(x,p)
t = p(:,1)-p(1,1);
x0 = p(:,2);
y = sum((x(2)./(1+(x(2)/x0(1)-1)*exp(-x(1)*t))-x0).^2);
end
```

运行结果显示中国、印度两国人口数据的 Logistic 模型参数值分别为

```
r1 =
      0.24456   1.4237e+05
r2 =
      0.035598      1.9e+05
```

代入 Logistic 模型，预测未来几年两国人口. MATLAB 代码为

```
t = p(56:62,1);
t2 = (2015:2025)';
x = p(56:62,3)';
plot(t,x,'b',t2,r1(2)./(1+(r1(2)/x(1)-1)*exp(-r1(1)*...
```

```
        (t2-2015))),'r.')

hold on
x = p(56:62,4)';
plot(t,x,'b',t2,r2(2)./(1+(r2(2)/x(1)-1)*exp(-r2(1)*...
     (t2-2015))),'r.')

text(2016,140000,'中国')
text(2016,132000,'印度')
plot([2023 2023],[120000 145000],'--')
```

运行后显示图形，见图 6-12.

从图 6-12 中可以看出，印度人口的增长速度高于中国. 根据模型预测，大致在 2023 年初，印度人口将超过中国.

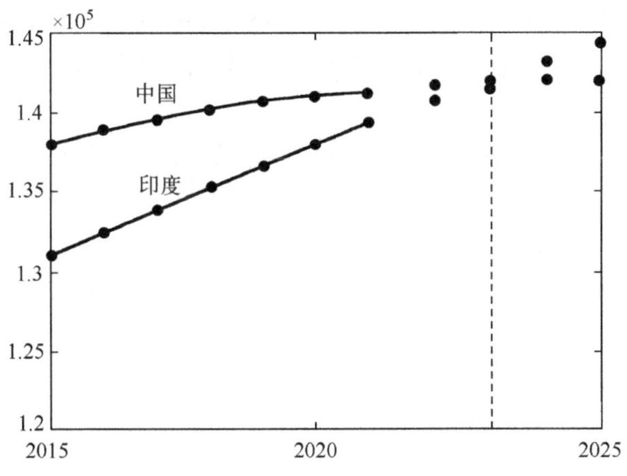

图 6-12　中国、印度两国人口变化预测图

习 题 六

1．使用 MATLAB 解代数方程：

(1) $23x^5+105x^4-10x^2+17x=0$；

(2) $\begin{cases} xy^2+z^2=0, \\ x-y=1, \\ x^2-5y-6=0. \end{cases}$

2．使用 MATLAB 解微分方程：

(1) $xy'=y\ln(xy)-y$；

(2) $\begin{cases} y'' - y' + 2y = \mathrm{e}^x, \\ y(0) = 0.5, y'(0) = 1. \end{cases}$

3．解微分方程 $\begin{cases} x'' - (1 - x^2)x' + x = 0, \\ x(0) = 2, x'(0) = 0, \end{cases}$ $t \in [0,20]$，并画图. 提示：令 $y = x'$，得到一阶微分方程组，使用 ode23 求解.

4．一起交通事故发生 3 个小时后，警方测得司机血液中酒精的含量是 56 / 100(mg/mL)，又过两个小时，含量降为 40 / 100(mg/mL)．试判断：当事故发生时，司机是否为醉酒驾驶(不超过 80/100 (mg/mL))．

5．现有一体重 60kg 的人，口服某药 0.1g 后，经 3 次检测得到数据如下：服药后 3 小时血药浓度为 763.9ng/mL，18 小时血药浓度为 76.39ng/mL，20 小时血药浓度为 53.4ng/mL. 设相同体重的人的药物代谢的情况相同. 问：体重 60kg 的人

(1) 第一次服药 0.1g 剂量后的最高血药浓度是多少？

(2) 为保证药效，在血药浓度降低到 437.15ng/mL 时应再次口服药物，其剂量应使最高浓度等于第一次服药后的最高浓度，求第二次口服的时间与第一次口服的时间的间隔和剂量.

6．在世界卫生组织等权威机构报告中收集全世界及各个国家的新冠疫情的数据，包括确诊数据、死亡数据、疫苗注射数据以及相关数据等.

参考相关资料，学习并使用传染病模型，对新冠疫情的走势进行模拟，给出相关模拟结果，包括确诊人数、因感染而死亡的人数，并与实际数据比较说明模拟效果.

第七章　线性规划模型

运筹学包括数学规划、图论与网络、排队论、存储论、对策论、决策论、模拟论等. 数学规划(mathematical programming)有时也被称为最优化理论(optimality theory)，是运筹学的一个重要分支，也是现代数学的一门重要学科. 其基本思想出现在19世纪初，并由美国经济学家罗伯特·多夫曼(Robert Dorfman)于20世纪40年代末提出. 数学规划的研究对象是数值最优化问题,这是一类古老的数学问题. 古典的微分法已可以用来解决某些简单的非线性最优化问题. 直到20世纪40年代以后，由于大量实际问题的需要和电子计算机的高速发展，数学规划才得以迅速发展起来，并成为一门十分活跃的新兴学科. 今天，数学规划的应用极为普遍，它的理论和方法已经渗透到自然科学、社会科学和工程技术中.

第一节　MATLAB 求解线性规划

线性规划(linear programming，LP)是数学规划中研究较早、发展较快、应用广泛、方法较成熟的一个重要分支，广泛应用于军事作战、经济分析、经营管理和工程技术等领域.

一、线性规划

1. 线性规划的一般形式

数学规划问题包含三个要素：

决策变量　$x=(x_1,x_2,\cdots,x_n)$

目标函数　$\min F=f(x)$

约束条件　$\text{s.t. } x\in A(\subset \mathbb{R}^n)$

注：约束条件 $x\in A$ 一般用等式或不等式方程表示

$$h_i(x_1,x_2,\cdots,x_n)\leqslant 0,\quad i=1,2,\cdots,m$$

$$g_j(x_1,x_2,\cdots,x_n)=0,\quad j=1,2,\cdots,l$$

存在无约束条件的情况，比如，函数的极值问题.

根据问题的性质和处理方法的差异，数学规划可分成许多不同的分支，如线性规划、非线性规划、多目标规划、动态规划、参数规划、组合优化和整数规划、随机规划、模糊规划、非光滑优化、多层规划、全局优化、变分不等式与互补问题等.

线性规划问题是数学规划问题的常见类型. 线性规划的目标函数、约束条件均为线性函数，线性规划的一般形式为

$$\min F = c_1x_1 + c_2x_2 + \cdots + c_nx_n$$

$$\text{s.t.} \begin{cases} a_{11}x_1 + a_{12}x_2 + \cdots + a_{1n}x_n \leqslant b_1 \\ a_{21}x_1 + a_{22}x_2 + \cdots + a_{2n}x_n \leqslant b_2 \\ \qquad\qquad \cdots\cdots \\ a_{m1}x_1 + a_{m2}x_2 + \cdots + a_{mn}x_n \leqslant b_m \\ x_i \geqslant 0, \quad i = 1,2,\cdots,n \end{cases}$$

线性规划的矩阵形式为

$$\min F = CX$$

$$\text{s.t.} \begin{cases} AX \leqslant b \\ X \geqslant 0 \end{cases}$$

其中

$$C = (c_1, c_2, \cdots, c_n)$$

$$A = (a_{ij})_{m\times n}$$

$$b = (b_1, b_2, \cdots, b_m)^{\mathrm{T}}$$

2. 线性规划的求解方法

图解法 在中学阶段，我们学过线性规划的图解法，通过图解法求解可以帮助我们理解线性规划的一些基本概念. 这种方法仅适用于只有两个变量的线性规划问题.

单纯形法 求解线性规划问题的基本方法是单纯形法，单纯形法为 20 世纪十大算法之一，1947 年由美国数学家丹齐格(Dantzig)提出.

计算机应用 许多计算软件都有求解线性规划的功能，LINDO 系统公司开发的 LINGO 软件为求解规划问题的专业综合工具软件包，通用数学软件 MATLAB、Mathematica、Maple 等都具有解线性规划的功能，其他如 Excel、SAS 等软件也都具有求解线性规划的功能.

二、MATLAB 求解

MATLAB 的优化工具箱被放在 toolbox 目录下的 optim 子目录中，其中包括若干个常用的求解最优化问题的函数指令.

MATLAB 中，线性规划一般形式为

$$\min f^{\mathrm{T}} x$$
$$\text{s.t.} \begin{cases} Ax \leqslant b \\ \mathrm{Aeq} \cdot x = \mathrm{beq} \\ \mathrm{lb} \leqslant x \leqslant \mathrm{ub} \end{cases}$$

MATLAB 求解线性规划的函数指令为 linprog，其调用格式为

```
    [x, fval, exitflag, output, lambda] = linprog(f, A, b, Aeq, beq,
lb, ub, x0, options)
```

其中，输入参数 f 为效益系数，A 为不等式约束系数，b 为资源系数，Aeq 为等式约束系数，beq 为等式约束常数项，lb 为变量下界，ub 为变量上界，x0 为初值，options 为设置优化参数. 参数 A, b, Aeq, beq, lb, ub 可以缺省，也可以使用[ ]或 NaN 占位，但至少要包含一个约束条件.

输出参数 x 为最优解、fval 为最优值、exitflag 为退出标识、output 为优化信息、lambda 为 Lagrange 乘子.

例 7-1　求解线性规划

$$\min f = x_1 - x_2$$
$$\text{s.t.} \begin{cases} -2x_1 + x_2 \leqslant 2 \\ x_1 - 2x_2 \leqslant 2 \\ x_1 + x_2 \leqslant 5 \end{cases}$$

解　MATLAB 求解代码为

```
f = [1 -1];
A = [-2 1
     1 -2
     1 1];
b = [2  2  5];
x = linprog(f,A,b)
```

运行结果为

```
Optimization terminated.
x =
    1.0000
    4.0000
```

例 7-2　求解线性规划

$$\min f = -5x_1 - 4x_2 - 6x_3$$
$$\text{s.t.} \begin{cases} x_1 - x_2 + x_3 \leqslant 20 \\ 3x_1 + 2x_2 + 4x_3 \leqslant 40 \\ 3x_1 + 2x_2 \leqslant 30 \\ x_1, x_2, x_3 \geqslant 0 \end{cases}$$

解　MATLAB 求解代码为

```
f = [-5 -4 -6];
A = [1 -1 1
     3 2 4
     3 2 0];
b = [20 40 30];
lb = zeros(3,1);
[x,fval,exitflag,output,lambda] = linprog(f,A,b,[],[],lb)
```

运行结果为

```
Optimal solution found.
x =
          0
   15.0000
    2.5000
fval =
      -75
exitflag =
           1
output =
         struct with fields:
                iterations : 3
            constrviolation : 0
                   message : 'Optimal solution found.'
                 Algorithm : 'dual-simplex'
             Firstorderopt : 1.7764e-15
lambda =
         struct with fields:
             lower          : [3×1 double]
             upper          : [3×1 double]
             eqlin          : []
```

```
            ineqlin          : [3×1 double]
```

其中，lambda 为结构数组，可以通过以下格式显示内容.

```
lambda.ineqlin
```

运行结果为

```
ans =
           0
      1.5000
      0.5000
```

线性规划中的变量部分限制为整数，则称之为混合整数规划. MATLAB 中，混合整数规划的函数指令为 intlinprog，调用方式：

```
    [x, fval, exitflag, output] = intlinprog(f, intcon, A, b, Aeq, beq,
lb, ub, options)
```

其中，输入参数 intcon 用来声明整数变量的序号.

例 7-2 中，增加整数约束，MATLAB 求解指令如下，代码如下：

```
[x,fval] = intlinprog(f,1:3,A,b,[],[],lb)
```

运行结果为

```
x =
          0
    14.0000
     3.0000
fval =
   -74.0000
```

第二节　线性规划实例

一、选址问题

1. 问题

例 7-3　某公司有 6 个建筑工地，位置坐标为 (a_i,b_i)（单位：公里），水泥日用量为 r_i（单位：吨），具体取值见表 7-1.

表 7-1　建筑工地位置坐标、水泥日用量取值

i	1	2	3	4	5	6
a_i	1.25	8.75	0.5	5.75	3	7.25
b_i	1.25	0.75	4.75	5	6.5	7.75
r_i	3	5	4	7	6	11

现有两个料场，位于 $A(5,1),B(2,7)$，记 $(x_j,y_j),j=1,2$，日储量 q_j 各有 20 吨.

假设：料场和工地之间有直线道路.

问题：制订每天的供应计划，即从 A,B 两个料场分别向各工地运送多少吨水泥，使总的运输吨公里数最小.

2. 模型建立

设 w_{ij} 表示第 j 个料场向第 i 个施工点的材料运量.

目标函数为吨公里数最小：

$$\min Z=\sum_{i=1}^{m}\sum_{j=1}^{n}w_{ij}\sqrt{(x_j-a_i)^2+(y_j-b_i)^2}$$

其中，$\sqrt{(x_j-a_i)^2+(y_j-b_i)^2}$ 为料场到施工点的距离.

约束条件为满足需求：$\sum_{j=1}^{n}w_{ij}=r_i$ 或 $\sum_{j=1}^{n}w_{ij}\geqslant r_i$.

不超出供应：$\sum_{i=1}^{m}w_{ij}\leqslant q_j$.

一般约束：$w_{ij}\geqslant 0$.

于是得到线性规划模型：

$$\min Z=\sum_{i=1}^{m}\sum_{j=1}^{n}w_{ij}\sqrt{(x_j-a_i)^2+(y_j-b_i)^2}$$

$$\text{s.t.}\begin{cases}\sum_{j=1}^{n}w_{ij}=r_i & (i=1,2,\cdots,m)\\ \sum_{i=1}^{m}w_{ij}\leqslant q_j & (j=1,2,\cdots,n)\\ w_{ij}\geqslant 0\end{cases}$$

3. 模型求解

使用 MATLAB 求解.

目标函数 $\min Z=\sum_{i=1}^{m}\sum_{j=1}^{n}w_{ij}\sqrt{(x_j-a_i)^2+(y_j-b_i)^2}$ 的系数，一共有 12 项，不能简单计算出来，并且决策变量 w_{ij} 为二维变量，要转成一维，所以采用编程的方法，代码如下：

```
a = [1.25,8.75,0.5,5.75,3,7.25];
b = [1.25,0.75,4.75,5,6.5,7.75];
d = [3,5,4,7,6,11]; e = [20,20];
x = [5,2];y = [1,7];
for i = 1:length(a)
    for j = 1:2
        s(i,j) = ((x(j)-a(i))^2+(y(j)-b(i))^2)^(1/2);
    end
end
f = s(:);
```

约束条件：$\begin{cases}\sum_{j=1}^{n}w_{ij}=r_i \quad (i=1,2,\cdots,m),\\ \sum_{i=1}^{m}w_{ij}\leqslant q_j \quad (j=1,2,\cdots,n),\\ w_{ij}\geqslant 0\end{cases}$ 涉及的三个矩阵或向量代码为

```
A = [1 1 1 1 1 1 0 0 0 0 0 0; 0 0 0 0 0 0 1 1 1 1 1 1];
b = e;
Aeq = [1 0 0 0 0 0 1 0 0 0 0 0
       0 1 0 0 0 0 0 1 0 0 0 0
       0 0 1 0 0 0 0 0 1 0 0 0
       0 0 0 1 0 0 0 0 0 1 0 0
       0 0 0 0 1 0 0 0 0 0 1 0
       0 0 0 0 0 1 0 0 0 0 0 1 ];
beq = d;
lb = zeros(1,12);
```

调用求解线性规划指令：

```
[x,fval] = linprog(f,A,b,Aeq,beq,lb)
```

运行结果如下：

```
x =
    3
```

```
      5
      0
      7
      0
      1
      0
      0
      4
      0
      6
     10
fval =
         136.2275
```

即最优解为第 1 料场运到 6 工地的运量分别为 3, 5, 0, 7, 0, 1 吨，第 2 料场运到 6 工地的运量分别为 0, 0, 4, 0, 6, 10 吨，总的运输吨公里数最小为 136.2275 吨公里.

二、费用问题

1. 问题

例 7-4 有一园丁需要购买肥料 107 千克，而现在市场上有两种包装的肥料，一种是每袋 35 千克，价格为 14 元，另一种是每袋 24 千克，价格为 12 元. 问：园丁在满足需要的情况下，怎样才能使花费最节约？

2. 模型建立

决策变量：设两种包装分别购买 x_1, x_2 袋.

目标函数：花费最节约 $\min y = 14x_1 + 12x_2$.

约束条件：满足需求 $35x_1 + 24x_2 \geqslant 107$， $x_1, x_2 \geqslant 0$，且为整数.

于是得到线性规划模型：

$$\min y = 14x_1 + 12x_2$$

$$\text{s.t.} \begin{cases} 35x_1 + 24x_2 \geqslant 107 \\ x_1, x_2 \geqslant 0 \text{且为整数} \end{cases}$$

3. 模型求解

此问题称为整数线性规划问题，简称整数规划.

使用 MATLAB 线性规划指令求解，代码如下：

```
f = [14 12];
A = -[35 24];
b = -107;
lb = zeros(2,1);
[x,fval] = linprog(f,A,b,[],[],lb)
```

运行结果如下：

```
x =
     3.0571
     0.0000
fval =
        42.8000
```

结果不满足整数解条件.

由于运算量不大，可以采用编程搜索的方式：

```
smin = 1000;
for i = 0:4
    for j = 0:5
        s = 14*i+12*j;
        if 35*i+24*j> = 107&smin>s
            smin = s;
            x = [i,j];
        end
    end
end
x
smin
```

运行结果如下：

```
x =
     1     3
smin =
        50
```

即购买 35 千克、24 千克两种包装的肥料分别为 1 袋和 3 袋，最节约花费为 50 元.

若使用函数指令 intlinprog，代码如下：

```
intcon = [1 2]
[x,fval] = intlinprog(f,intcon,A,b,[],[],lb)
```

三、矿井开采问题

1. 问题

例 7-5 有一矿藏由 30 个正方形矿井组成，分四层，每层矿井上对应 4 个矿井，其结构如图 7-1 所示.

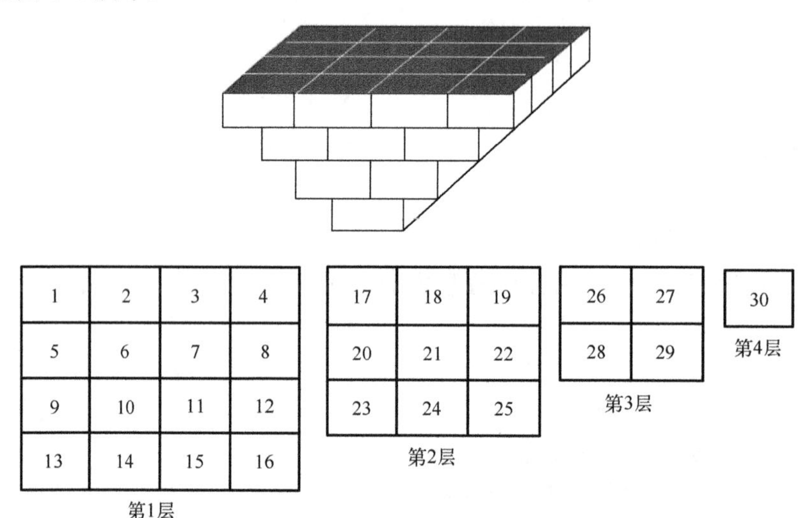

图 7-1　矿井结构与编号

其中，每个的开采价值为 c_i(可能为负)，开采要求：开采下一个，上面四个均需开采. 求解 30 个矿井，如何开采可获利最大？

2. 模型建立

令决策变量 $x_i = 0,1 \quad (i=1,2,\cdots,30)$ 分别代表第 i 个矿井开采、不开采，

目标函数：收益最大　　$\max y = \sum_{i=1}^{30} c_i x_i$

约束条件：开采下一个，上面四个均需开采.

$$x_{17} \leqslant x_1$$
$$x_{17} \leqslant x_2$$
$$\cdots$$
$$x_{30} \leqslant x_{29}$$

共 56 个不等式.

于是得到线性规划模型：

$$\max y=\sum_{i=1}^{30}c_ix_i$$

$$\text{s.t.}\begin{cases}-x_1+x_{17}\leqslant 0\\-x_2+x_{17}\leqslant 0\\\quad\cdots\cdots\\-x_{29}+x_{30}\leqslant 0\\x_1,x_2,\cdots,x_{30}=0,1\end{cases}$$

3. 模型求解

此问题称为 0-1 整数线性规划问题，简称 0-1 规划.

本问题若给出开采价值 c_i 的值，则可以使用 MATLAB 求解.

四、下料问题

1. 问题

例 7-6 某车间有长度为 180cm 的钢管(数量充分多)，今要将其截为三种不同长度，长度分别为 70cm 的管料 100 根，而 50cm，30cm 的管料分别不得少于 150 根、120 根. 问：应如何下料，才能最省？

2. 模型建立

决策变量需要分析后才能得到.

下料方式共有 8 种，见表 7-2.

表 7-2　材料的 8 种下料方式

截法		一	二	三	四	五	六	七	八	需求量
长度	70	0	0	0	0	1	1	1	2	100
	50	0	1	2	3	0	1	2	0	150
	30	6	4	2	1	3	2	0	1	120
余料		0	10	20	0	20	0	10	10	

决策变量：第 i 种下料方式进行 x_i 次.

目标函数：用料最少.

模型为线性规划模型：

$$\min y = \sum_{i=1}^{8} x_i$$

$$\text{s.t.} \begin{cases} x_5 + x_6 + x_7 + 2x_8 \geqslant 100 \\ x_2 + 2x_3 + 3x_4 + x_6 + 2x_7 \geqslant 150 \\ 6x_1 + 4x_2 + 2x_3 + x_4 + 3x_5 + 2x_6 + x_8 \geqslant 120 \\ x_1, x_2, \cdots, x_8 \geqslant 0, \text{且为整数} \end{cases}$$

思考：余料最省是否与用料最少等价，即是否可作为目标函数？约束条件是否可以改为等式？

3. 模型求解

使用 MATLAB 求解.

首先，编程求解下料方式：

```
p = [];
for i = 0:2
    for j = 0:3
        for k = 0:6
            s = i*70+j*50+k*30;
            if s< = 180 & 180-s<30
                p = [p [i;j;k;180-s]];
            end
        end
    end
end
p
```

调用函数 intlinprog，求解整数规划问题：

```
f = ones(1,8);
A = -p(1:3,:);
b = -[100 150 120];
lb = zeros(1,8);
[x,fval] = intlinprog(f,1:8,A,b,[],[],lb)
```

运行结果如下：

```
LP:                Optimal objective value is 102.857143.
Heuristics:          Found 1 solution using rounding.
                   Upper bound is 104.000000.
                   Relative gap is 1.09%.
```

```
Cut Generation:   Applied 1 strong CG cut.
                  Lower bound is 103.000000.
                  Relative gap is 0.00%.
Optimal solution found.
Intlinprog stopped at the root node because the objective value
is within a gap tolerance of the optimal value, options.AbsoluteGapTolerance
= 0 (the default value). The intcon variables are integer within tolerance,
options.IntegerTolerance = 1e-05 (the default value).
x =
         0
         0
         0
    3.0000
         0
   59.0000
   41.0000
         0
fval =
      103.0000
```

得到最省的下料为使用钢管 103 根.

第三节　生产安排问题

一、问题提出

例 7-7　某单位生产的产品由多个部件组成，并且每个部件都需要工人、技术员协同生产.

生产结构示意图见图 7-2.

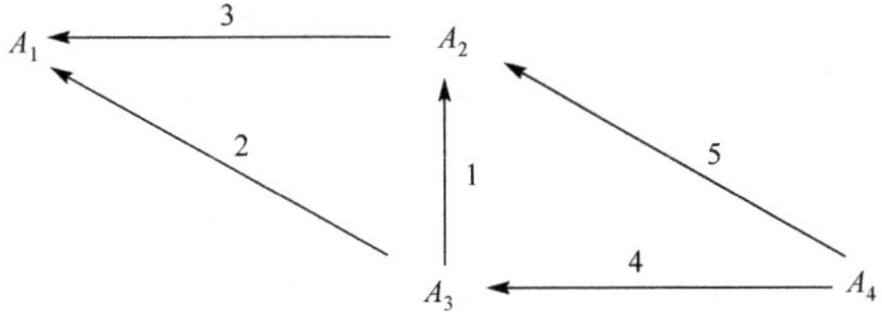

图 7-2　企业生产结构示意图

A_1是最终产品，A_2,A_3,A_4是中间产品，$A_j \xrightarrow{k} A_i$表示生产一个单位A_i需要消耗A_j产品k单位.

已知生产每个部件需要的人员、设备、加工时间数量见表 7-3.

表 7-3　资源使用情况表

项目	产品			
	A_1	A_2	A_3	A_4
工人/人	5	8	10	3
技术员/人	5	2	1	1
设备/台	2	13	4	2
加工时间/小时	4	3	5	2

问：在均衡连续生产条件下如何安排生产？

二、模型建立

本问题难点是：决策变量、目标函数不明确，约束条件定量表示.

决策变量：本问题涉及的量包括各产品的产量、各生产资源的数量、生产时间、产品之间的匹配量等. 由于各产品的产量随时间增加而增加，各产品的产量不可能是决策变量. 生产资源是固定量，由于生产资源之间存在关系，所以生产资源虽然是决策变量，但不是基本决策变量. 关键点：生产资源与产品的在线生产数量相关.

目标函数：单纯的产品数量不可能是目标，它可以是无穷大.

约束条件：均衡连续生产，"均衡"应指各产品是按需求比例生产的，生产的产品数量是相互匹配的，不会造成某一个产品产量偏多而产生积压. "连续"应指生产资源在工作时间内、固定的生产状态下不间断生产. 这些概念如何定量？

我们引入生产规模的概念.

"生产规模"指完成整个生产过程所需各资源总和，可以理解为生产流水线，包括生产所需的全部工人、技术员、设备. 显然，这些资源需在均衡连续的条件下进行，即在连续生产条件下，无人员、设备闲置. 资源受在线生产的产品数量控制，若生产一个产品需要的资源(工人、技术员、设备)称为一组，由于是连续生产，所以实际使用的资源数量不随时间的改变而改变. 于是有决策变量：生产各部件资源组数 x_i.

生产规模指完成整个生产过程所需各资源总和，代表单位时间生产最终产品的数量，也表示在线生产的最终产品的数量，即生产最终产品的数量的资源组数. 于是有目标函数：最终产品的数量的资源组数 $\min x_1$.

"均衡"指所有中间产品的库存与上期库存都相同，所以均衡生产条件就是投入产出配比，即单位时间内生产产品数 = 单位时间内产品需要数. 于是有约束条件：

$$\frac{x_j}{t_j}=\sum_{i=1}^{4}b_{ij}\frac{x_i}{t_i},\quad j=1,2,3,4$$

其中，x_i 为生产各部件资源组数、t_i 为生产时间、b_{ij} 为需要消耗系数.

于是得到线性规划模型：

$$\min x_1$$

$$\text{s.t.}\begin{cases}\dfrac{x_j}{t_j}=\sum\limits_{i=1}^{4}b_{ij}\dfrac{x_i}{t_i} & j=1,2,3,4\\ x_1\geqslant 1,x_j\geqslant 0,\text{均为整数}\end{cases}$$

三、模型求解

使用 MATLAB 求解，代码为

```
f = [1 0 0 0];
Aeq = [0 -5/3 -4/5 1/2
      -2/4 -1/3 1/5 0
      -3/4 1/3 0 0];
beq = [0 0 0];
lb = [1 0 0 0];
[x,fval] = linprog(f,[],[],Aeq,beq,lb)
[x,fval] = intlinprog(f,1:4,[],[],Aeq,beq,lb)
```

运行结果如下：

```
x =
     4.0000
     9.0000
    25.0000
    70.0000
fval =
       4.0000
```

结果满足整数条件，即达到最小生产规模时，生产各部件资源组数分别为 4，9，25，70.

所需生产资源(工人、技术员、设备)：

```
[5  8   10  3
 5   2   1   1
 2   13  4   2]*x
lcm(lcm(lcm(4,3),5),2)
```

运行结果如下：

```
ans =
       552
       133
       365
ans =
        60
```

即达到最小生产规模时，工人、技术员、设备的数量分别为 552，133，365，相应的最短生产周期是 60 小时.

习　题　七

1．使用 MATLAB 求解：

$$\min\ (2x+3y+5z)$$
$$\text{s.t.}\begin{cases}x+2y+2z\geqslant 30\\3x+y+2z\geqslant 20\\40\leqslant 2x+y+10z\leqslant 50\\x,y,z\geqslant 0\end{cases}$$

2．某车间有长度为 100cm 的钢管(数量充分多).

(1)今要将其截为长度分别为 55cm，45cm，35cm 的管料 45 根、61 根、99 根. 问：应如何下料，才能最省？

(2)今要将其截为长度分别为 10cm，20cm，25cm，30cm，40cm，50cm，65cm，75cm 的 8 种管料 45 根、32 根、93 根、53 根、113 根、65 根、24 根、98 根. 问：有多少种下料方式？应如何下料，才能最省？

3．设有一笔资金 M = 10 万元，未来 5 年内可以投资 4 个项目. 其中：项目 1 每年初投资，投资后第二年末才可回收资金，本利为 115%；项目 2 只能在第三年初投资，不超过 3 万元，到第五年末回收本利 125%；项目 3 在第二年初投资，不超过 4 万元，第五年末回收本利 140%；项目 4 每年初投资，年末回收本利 106%. 试确定 5 年内如何安排投资？

4．某厂生产三种产品Ⅰ，Ⅱ，Ⅲ. 每种产品要经过 A,B 两道工序加工. 设该厂有两种规格的设备能完成 A 工序，它们以 A_1,A_2 表示；有三种规格的设备能完成 B 工序，它们以 B_1,B_2,B_3 表示. 产品Ⅰ可在 A,B 任何一种规格设备上加工. 产品Ⅱ可在任何规格的 A 设备上加工，但完成 B 工序时，只能在 B_1 设备上加工；产品Ⅲ只能在 A_2 与 B_2 设备上加工. 已知在各种机床设备的单件工时，原材料费、产品销售价格(单价)、各种设备有效台时以及满负荷操作时机床设备的费用如表 7-4，要求安排最优的生产计划，使该厂利润最大.

表 7-4　单件工时等相关数据层

设备	产品			设备有效台时	满负荷操作时机床设备的费用/元
	Ⅰ	Ⅱ	Ⅲ		
A_1	5	10		6000	300
A_2	7	9	12	10000	321
B_1	6	8		4000	250
B_2	4		11	7000	783
B_3	7			4000	200
原材料费/(元/件)	0.25	0.35	0.50		
单价/(元/件)	1.25	2.00	2.80		

5. 有四个工人，要指派他们分别完成 4 项工作，每人做各项工作所消耗的时间如表 7-5.

表 7-5　工人完成工作消耗时间表

工人	工作			
	A	B	C	D
甲	15	18	21	24
乙	19	23	22	18
丙	26	17	16	19
丁	19	21	23	17

问：指派哪个人去完成哪项工作，可使总的消耗时间为最少？

6. 某战略轰炸机群奉命摧毁敌方军事目标. 已知该目标有四个要害部位，只要摧毁其中之一即可达到目的. 为完成此项任务的汽油消耗量限制为 48000 升、重型炸弹 48 枚、轻型炸弹 32 枚. 飞机携带重型炸弹时每升汽油可飞行 2 千米，携带轻型炸弹时每升汽油可飞行 3 千米. 又知每架飞机每次只能装载一枚炸弹，每出发轰炸一次除来回路程汽油消耗(空载时每升汽油可飞行 4 千米)外，起飞和降落每次各消耗 100 升. 有关数据如表 7-6 所示.

表 7-6　相关数据表

要害部位	离机场距离/千米	摧毁可能性	
		每枚重型炸弹	每枚轻型炸弹
1	450	0.10	0.08
2	480	0.20	0.16
3	540	0.15	0.12
4	600	0.25	0.20

试确定飞机轰炸的方案，使摧毁敌方军事目标的可能性最大.

第八章　非线性规划模型

非线性规划是具有非线性约束条件或目标函数的数学规划，是运筹学的一个重要分支. 本章讨论非线性规划模型及其 MATLAB 求解方法.

第一节　MATLAB 求解非线性规划

非线性规划(nonlinear programming，NLP)是 20 世纪 50 年代开始形成的一门新兴学科，在 20 世纪 70 年代又得到进一步的发展. 非线性规划在工程、管理、经济、科研、军事等领域都有广泛的应用，为最优设计提供了有利的工具.

一、非线性规划

1. 非线性规划的一般形式

$$
\begin{aligned}
&\min_x f(x)=f(x_1,x_2,\cdots,x_n)\\
&\text{s.t.}\ \cdots\cdots\\
&\qquad x\in D\subseteq\mathbb{R}^n
\end{aligned}
$$

非线性规划按约束条件可分为有约束优化、无约束优化，按决策变量的取值可分为连续优化、离散优化. 非线性规划的最优解可分为局部最优解、全局最优解，现有解法大多只是求出局部解.

2. 非线性规划的求解方法

在微积分课程中，我们接触过的无约束优化方法是求极值，即求函数最优化的局部解. 对于 n 元函数求极值

$$\min_x f(x)=f(x_1,x_2,\cdots,x_n)$$

极值存在的必要条件为

$$\nabla f(x^*)=(f_{x_1},f_{x_2},\cdots,f_{x_n})^{\mathrm{T}}=0$$

极值存在的充分条件为

$$\nabla f(x^*)=0,\quad \nabla^2 f(x^*)>0$$

其中，$\nabla^2 f=\left[\dfrac{\partial^2 f}{\partial x_i \partial x_j}\right]_n$ 为黑塞阵.

1951 年，库恩(Kuhn)和塔克(Tucker)发表的关于最优性条件(后来称为库恩-塔克条件)的论文是非线性规划正式诞生的一个重要标志；20 世纪 50 年代，数学家提出了可分离规划和二次规划的 n 种解法，它们大都是以丹齐格提出的解线性规划的单纯形法为基础的. 50 年代末到 60 年代末出现了许多解非线性规划问题的有效的算法，70 年代又得到进一步发展. 20 世纪 80 年代以来，随着计算机技术的快速发展，非线性规划方法取得了长足进步，在信赖域法、稀疏拟牛顿法、并行计算、内点法和有限存储法等领域取得了丰硕的成果.

非线性规划的求解方法有很多. 一维最优化方法有黄金分割法、斐波那契法、切线法、插值法等. 无约束最优化方法大多是逐次一维搜索的迭代算法，有最速下降法、牛顿法、共轭梯度法、变尺度法、方向加速法、拟牛顿法、单纯形加速法等. 约束最优化方法有拉格朗日乘子法、罚函数法、可行方向法、模拟退火法、遗传算法、蚁群算法、神经网络算法等.

一般说来，解非线性规划要比解线性规划问题困难得多. 而且，不同于线性规划有单纯形法这一通用方法，非线性规划目前还没有适于各种问题的一般算法，各个方法都有自己特定的适用范围.

二、MATLAB 求解

1. 一元无约束优化

MATLAB 优化工具箱中，一元无约束优化的求解函数及调用格式为

```
[x, fval] = fminbnd(fun, x1, x2)
```

其中，输入参数 fun 为目标函数，支持字符串、inline 函数、句柄函数；[x1, x2]为优化区间；输出参数 x 为最优解，fval 为最优值.

注：最优解为区间内全局最优解.

例 8-1　求函数 $y=2\mathrm{e}^{-x}\sin x$ 在区间[0,8]上的最大值、最小值.

解　MATLAB 求解代码如下.

使用字符串形式求解：

```
f = '2*exp(-x)*sin(x)';
%ezplot(f,[0,8]);
[xmin,ymin] = fminbnd(f,0,8)
f1 = '-2*exp(-x)*sin(x)';
[xmax,ymax] = fminbnd(f1,0,8)
```

```
ymax = -ymax
```

使用inline函数求解：

```
f2 = inline('2*exp(-x)*sin(x)')
[xmin,ymin] = fminbnd(f2,0,8)
```

使用函数文件，代码fun1.m为

```
function f = fun1(x)
f = 2*exp(-x)*sin(x);
```

采用字符串或句柄调用函数文件的方式求解：

```
[x1,f1] = fminbnd('fun1',0,8)
[x2,f2] = fminbnd(@fun1,0,8)
[x3,f3] = fminbnd('fun1(x)',0,8)
```

运行结果相同：

```
xmin =
        3.9270
ymin =
        -0.0279
xmax =
        0.7854
ymax =
        0.6448
```

2. *多元无约束优化*

MATLAB优化工具箱中，多元无约束优化的求解函数及调用格式为

```
[x, fval] = fminunc(fun, x0)
[x, fval] = fminsearch(fun, x0)
```

其中，fun为目标函数，支持字符串、inline函数、句柄函数；x0为初值；x为最优解；fval为最优值.

注：fminunc，fminsearch只支持函数fun的自变量为单变量符号x.

最优解为局部最优解.

例8-2　求函数 $f=100(y-x^2)^2+(1-x)^2$ 的最小值.

解　MATLAB求解代码为

```
f = '100*(x(2)-x(1)^2)^2+(1-x(1))^2';
[x,fval] = fminunc(f,[0,0])
```

```
[x,fval] = fminsearch(f,[0,0])
```

运行结果如下：

```
x =
   1.0000   1.0000
fval =
       1.9474e-011
x =
   1.0000   1.0000
fval =
       3.6862e-010
```

注：这两个函数的计算结果极大依赖初值，读者可以将初值改变为[100,100]，[−100,−100]，观察运行结果.

3. *有约束优化*

MATLAB 求解有约束优化的基本形式为

$$\min f(x)$$
$$\text{s.t.}\begin{cases} c(x)\leqslant 0 \\ \mathrm{ceq}(x)=0 \\ Ax\leqslant b \\ \mathrm{Aeq}\cdot x=\mathrm{beq} \\ \mathrm{lb}\leqslant x\leqslant \mathrm{ub} \end{cases}$$

调用格式为

```
[x, fval] = fmincon(fun, x0, A, b, Aeq, beq, lb, ub, nonlcon)
```

其中，输入参数 fun 为目标函数(支持字符串、inline 函数、句柄函数)，x0 为初值，A 为线性不等式约束系数，b 为线性不等式约束常数项，Aeq 为线性等式约束系数，beq 为线性等式约束常数项，lb 为变量下界，ub 为变量上界，nonlcon 为非线性约束函数句柄或函数名(输入为 x、输出为不等式约束 c 及等式约束 ceq 的函数). 参数 A, b, Aeq, beq, lb, ub, nonlcon 可以缺省，也可以使用[ ]或 NaN 占位. 输出参数 x 为最优解，fval 为最优值.

注：fmincon 只支持自变量用单变量符号 x 表示的函数.

最优解为局部最优解.

例 8-3　求解

$$\min f = x_1^2 + 4x_2^2$$
$$\text{s.t.} \begin{cases} 3x_1 + 4x_2 \geqslant 13 \\ x_1^2 + x_2^2 \leqslant 10 \\ x_1, x_2 \geqslant 0 \end{cases}$$

解　该问题含有 1 个线性不等式约束和 1 个非线性不等式约束，无线性等式约束和非线性等式约束. 建立 MATLAB 的 M 文件，将非线性约束定义为子函数，该问题的求解代码为

```
x0 = [10,10];
A = [-3,-4];b = -13;
lb = [0,0];
[x,f] = fmincon('x(1)^2+4*x(2)^2',x0,A,b,[],[],lb,[],...
                 @fun3)
function [c,ceq] = fun3(x)
c = x(1)^2+x(2)^2-10;
ceq = 0;
end
```

运行结果如下：

```
x =
    2.9991    1.0007
f =
    13.0000
```

例 8-4　求解

$$\min f = x_1^2 + 4x_2^2 + x_3^2$$
$$\text{s.t.} \begin{cases} 3x_1 + 4x_2 + x_3 \geqslant 13 \\ x_1^2 + x_2^2 - x_3 \leqslant 100 \\ 3x_1^3 + x_2^2 - 10\sqrt{x_3} \geqslant 20 \\ 3x_1 - x_2^2 + x_3 = 50 \\ x_1, x_2, x_3 \geqslant 0 \end{cases}$$

解　该问题含有多个非线性不等式约束. 建立 MATLAB 的 M 文件，将非线性约束定义为子函数，该问题求解代码为

```
x0 = [1,1,1];
A = [-3,-4,-1];b = -13;
lb = [0,0,0];
```

```
f = 'x(1)^2+4*x(2)^2+x(3)^2';
[x,f] = fmincon(f,x0,A,b,[],[],lb,[],@fun4)
function [c,ceq] = fun4(x)
c = [x(1)^2+x(2)^2-x(3)-100,-3*x(1)^3-x(2)^2+10*sqrt(x(3))+20];
ceq = 3*x(1)-x(2)^2+x(3)-50;
end
```

运行结果如下：

```
x =
    10.8390    0.0000   17.4831
f =
    423.1423
```

第二节　选址问题

一、问题提出

在例 7-3 中，我们讨论了选址问题，若将原问题中两个料场的位置更改为决策变量，我们又将如何解决？

例 8-5　某公司有 6 个建筑工地，位置坐标为 (a_i,b_i) (单位：公里)，水泥日用量为 r_i (单位：吨)，具体取值见表 8-1.

表 8-1　建筑工地位置坐标、水泥日用量取值

i	1	2	3	4	5	6
a_i	1.25	8.75	0.5	5.75	3	7.25
b_i	1.25	0.75	4.75	5	6.5	7.75
r_i	3	5	4	7	6	11

现要建立两个料场，日储量 $q_j(j=1,2)$ 各有 20 吨.

假设：料场和工地之间有直线道路.

问题：确定料场位置和每天的供应计划，使总的运输吨公里数最小.

二、模型建立

设 (x_j,y_j) 表示料场位置，w_{ij} 表示第 j 个料场向第 i 个施工点的材料运量.

模型为

$$\min Z=\sum_{i=1}^{m}\sum_{j=1}^{n}w_{ij}\sqrt{(x_j-a_i)^2+(y_j-b_i)^2}$$

$$\text{s.t.}\begin{cases}\sum_{j=1}^{n} w_{ij} = r_i \quad (i=1,2,\cdots,m)\\ \sum_{i=1}^{m} w_{ij} \leqslant q_j \quad (j=1,2,\cdots,n)\\ w_{ij} \geqslant 0\end{cases}$$

此模型与第七章选址问题的模型在形式上是一样的，但在这里决策变量为 (x_j, y_j) 和 w_{ij}，模型为非线性规划模型.

三、模型求解

1. 目标函数

$$\min Z = \sum_{i=1}^{m}\sum_{j=1}^{n} w_{ij}\sqrt{(x_j - a_i)^2 + (y_j - b_i)^2}$$

求解该模型，需要在 MATLAB 中编写函数表达式，并要解决两个问题：一是决策变量 (x_j, y_j)，w_{ij} 共有 16 个，要转换成一维向量；二是目标函数表达式含有 12 项，采用编程的方法得到.

建立 MATLAB 函数文件，代码 fun5.m 如下：

```
function f = fun5(x)
a = [1.25 8.75 0.5 5.75 3 7.25];
b = [1.25 0.75 4.75 5 6.5 7.75];
xx = [x(13) x(15)];
yy = [x(14) x(16)];
w = [x(1:6)' x(7:12)'];
f = 0;
for i = 1:6
    for j = 1:2
        f = f+w(i,j)*((xx(j)-a(i))^2+(yy(j)-b(i))^2)^.5;
    end
end
```

2. 约束条件

$$\begin{cases}\sum_{j=1}^{n} w_{ij} = r_i \quad (i=1,2,\cdots,m)\\ \sum_{i=1}^{m} w_{ij} \leqslant q_j \quad (j=1,2,\cdots,n)\\ w_{ij} \geqslant 0\end{cases}$$

约束条件均为线性，建立相关系数矩阵，代码如下：

```
d = [3,5,4,7,6,11]; e = [20,20];
A = [1 1 1 1 1 1 0 0 0 0 0 0 0 0 0 0; 0 0 0 0 0 0 1 1 1 ...
     1 1 1 0 0 0 0];b = e;
Aeq = [1 0 0 0 0 0 1 0 0 0 0 0 0 0 0 0
       0 1 0 0 0 0 0 1 0 0 0 0 0 0 0 0
       0 0 1 0 0 0 0 0 1 0 0 0 0 0 0 0
       0 0 0 1 0 0 0 0 0 1 0 0 0 0 0 0
       0 0 0 0 1 0 0 0 0 0 1 0 0 0 0 0
       0 0 0 0 0 1 0 0 0 0 0 1 0 0 0 0];
beq = d;
lb = [zeros(1,12) -inf -inf -inf -inf];
```

3. 调用指令求解

使用 MATLAB 由约束优化 fmincon 函数指令求解. 初值采用原有结果，代码如下：

```
x0 = [3 5 0 7 0 1 0 0 4 0 6 10,5 1,2 7];
[x,fval] = fmincon(@fun5,x0,A,b,Aeq,beq,lb)
```

运行结果如下：

```
x =
    2.9410    4.8404    3.8779    6.9431    1.3034    0.0221
    0.0590    0.1596    0.1221    0.0569    4.6966   10.9779
    5.7297    4.9757    7.2500    7.7500
fval =
      90.4921
```

目标函数最优值为 90.4921，相比原有例 7-3 问题的结果 136.2275 有较大改进.

由于此问题为非线性规划问题，所以得到的结果为局部最优解，如何得到全局最优解？

一个可行的办法是通过改变初值来调整局部最优解，通过定步长搜索初值的取值方法逼近最优解. 由于决策变量是 16 维的，不可能对其进行全部搜索，我们只搜索后 4 个变量：料场位置坐标.

MATLAB 求解代码如下：

```
tic
d = [3,5,4,7,6,11]; e = [20,20];
A = [1 1 1 1 1 1 0 0 0 0 0 0 0 0 0 0; 0 0 0 0 0 0 1 1 1 ...
```

```
     1 1 1 0 0 0 0];b = e;
Aeq = [1 0 0 0 0 0 1 0 0 0 0 0 0 0 0 0
       0 1 0 0 0 0 0 1 0 0 0 0 0 0 0 0
       0 0 1 0 0 0 0 0 1 0 0 0 0 0 0 0
       0 0 0 1 0 0 0 0 0 1 0 0 0 0 0 0
       0 0 0 0 1 0 0 0 0 0 1 0 0 0 0 0
       0 0 0 0 0 1 0 0 0 0 0 1 0 0 0 0];
beq = d;
lb = zeros(1,16);

m = 100;
for i1 = 1:1:8
   for j1 = 2:1:7
      for i2 = 1:1:8
         for j2 = 2:1:7
             x0 = [3 5 4 7 1 0 0 0 0 0 5 10 i1 j1,i2 j2];
          [x,fval] = fmincon(@fun5,x0,A,b,Aeq,beq,lb);
            if fval<m
               m = fval;
               xx = x;
            end
         end
      end
   end
end
xx,m
toc
```

其中，tic，toc 记录程序运行时间.

运行结果如下：

```
xx =
    2.9999    0.0004    4.0000    6.9991    5.9999    0.0000
    0.0001    4.9996    0.0000    0.0009    0.0001   11.0000
    3.2548    5.6525    7.2500    7.7500
m =
   85.2674
Elapsed time is 60.546138 seconds.
```

该问题的目标函数最优值为 85.2660，可以看出此程序的运行结果 85.2674 与最优值非常接近.

第三节　资产组合的有效前沿

资产组合的有效前沿的理论基础是美国经济学家马科维茨(Markowitz)于1952年创立的资产组合理论，这个模型奠定了现代金融学的基础. 马科维茨也因为在资产组合理论等方面的突出贡献获得诺贝尔经济学奖.

一、问题提出

对于理性的投资者而言，他们都是厌恶风险而偏好收益的. 对于相同的风险水平，他们会选择能提供最大收益率的组合；对于相同的预期收益率，他们会选择风险最小的组合. 能同时满足上述条件的投资组合称为有效组合，所有的有效组合或有效组合的集合，称为有效前沿(efficient frontier).

例 8-6　现有3种资产的投资组合，未来可实现的收益是不确定的，预测的资产未来可实现的收益率，称为预期收益率，其值为$r=(0.1,0.15,0.12)$. 未来投资收益的不确定性风险称为投资风险，可以用预期收益率的标准差来表示，称为预期标准差，其值为$s=(0.2,0.25,0.18)$，资产收益的相关系数矩阵为

$$\rho=\begin{pmatrix}1 & 0.8 & 0.4\\ 0.8 & 1 & 0.3\\ 0.4 & 0.3 & 1\end{pmatrix}$$

问题：(1)当资产组合收益率为0.12时，求解最优组合.

(2)有效前沿是什么？

二、模型建立

令资产投资比例为$x=(x_1,x_2,\cdots,x_n)^{\mathrm{T}}$. 记$n$种资产的收益率为$r=(r_1,r_2,\cdots,r_n)^{\mathrm{T}}$. 则资产组合的收益率为

$$\hat{r}=x_1r_1+x_2r_2+\cdots+x_nr_n=x^{\mathrm{T}}r=\sum_i x_ir_i$$

于是，资产组合的预期收益率

$$E(\hat{r})=E(x_1r_1+x_2r_2+\cdots+x_nr_n)=\sum_i x_iE(r_i)=x^{\mathrm{T}}E(r)$$

资产组合预期方差

$$\begin{aligned}\sigma^2&=D(\hat{r})=D(x_1r_1+x_2r_2+\cdots+x_nr_n)\\&=x_1^2D(r_1)+2x_1x_2\operatorname{cov}(r_1,r_2)+\cdots+2x_1x_n\operatorname{cov}(r_1,r_n)\end{aligned}$$

$$\begin{aligned}&+x_2^2D(r_2)+\cdots+2x_2x_n\operatorname{cov}(r_2,r_n)+\cdots+x_n^2D(r_n)\\=&x_1^2\sigma_1^2+2x_1x_2\sigma_{12}+\cdots+2x_1x_n\sigma_{1n}\\&+x_2^2\sigma_2^2+\cdots+2x_2x_n\sigma_{2n}+\cdots+x_n^2\sigma_n^2\\=&\sum_i\sum_j x_ix_j\sigma_{ij}=x^{\mathrm{T}}Vx\end{aligned}$$

其中，$V=(\sigma_{ij})_n$ 为资产收益的协方差矩阵，于是得到投资决策的规划模型：

$$\max E(\hat{r})=x^{\mathrm{T}}E(r)=\sum_i x_iE(r_i)$$

$$\min\sigma^2=x^{\mathrm{T}}Vx=\sum_i\sum_j x_ix_j\sigma_{ij}$$

$$\text{s.t.}\ \sum_i x_i=1$$

该模型被称为均值-方差(M-V)模型.

三、模型求解

1. 感受资产组合

可以通过图形来感受资产组合预期收益率、预期标准差的分布状况.

例 8-6 中，预期收益率 $r=(0.1,0.15,0.12)$，预期标准差 $s=(0.2,0.25,0.18)$，相关系数为 $\rho=\begin{pmatrix}1&0.8&0.4\\0.8&1&0.3\\0.4&0.3&1\end{pmatrix}$.

令资产权重 $x=(x_1,x_2,x_3)^{\mathrm{T}}$. 随机选取 x 的取值，观察收益与风险的关系. 算法如下：

步骤 1　随机生成 n 组三维向量，并将向量归一，作为资产权重；

步骤 2　计算每一个资产权重下的组合资产预期收益率、预期标准差；

步骤 3　以预期标准差为横轴、预期收益率为纵轴，绘图.

使用 MATLAB 模拟，代码 c07.m 如下：

```
r = [0.1 0.15 0.12];
s = [0.2  0.25 0.18];
c = [1 0.8 0.4; 0.8 1 0.3; 0.4 0.3 1];
s2 = diag(s)*c*diag(s)

x = rand(1000,3);
total = sum(x,2);
```

```
x = diag(1./total)*x;

PortReturn = x*r';
for i = 1:1000
    PortRisk(i,1) = x(i,:)*s2*x(i,:)';
end

plot(PortRisk, PortReturn,'.')
```

运行后图形显示如图 8-1 所示.

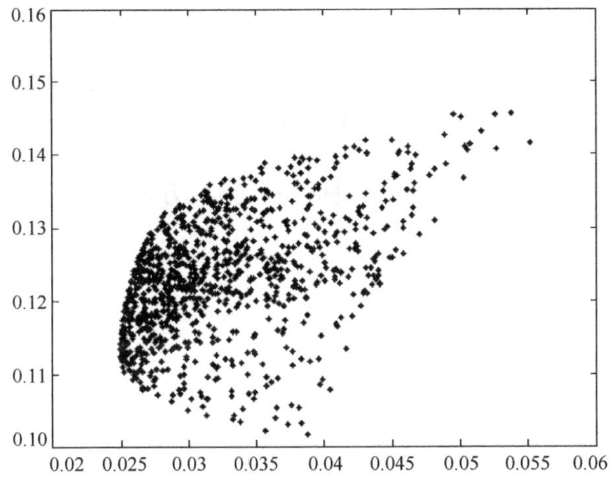

图 8-1 资产组合预期收益率与标准差的分布状态模拟图

投资组合的有效组合应处在投资点的边缘的位置上，这样才能做到收益一定方差最小，或方差一定收益最大. 从图 8-1 中可以看出，绝大多数投资组合都不处在有效的位置，需要优化才能获得较好的收益和方差.

2. 最优组合

M-V 模型为多目标规划问题，可以通过转化为单目标规划问题来求解，控制收益优化风险得到二次规划，二次规划可以求得全局最优解，即

$$\min \sigma^2 = \sum_i \sum_j x_i x_j \sigma_{ij} = x^{\mathrm{T}} V x$$

$$\text{s.t.} \begin{cases} E(\hat{r}) = x^{\mathrm{T}} E(r) = \sum_i x_i E(r_i) \geqslant \mu \\ \sum_i x_i = 1 \end{cases}$$

解　例 8-6(1)，投资决策的规划模型为

$$\min \sigma^2 = x^{\mathrm{T}} V x$$

$$\text{s.t.} \begin{cases} E(\hat{r}) = x^{\mathrm{T}} E(r) \geqslant \mu \\ \sum_{i=1}^{3} x_i = 1 \end{cases}$$

其中，

$$r = (0.1, 0.15, 0.12), \quad \mu = 0.12$$

$$V = \operatorname{diag}(s) \times \rho \times \operatorname{diag}(s), \quad \rho = \begin{pmatrix} 1 & 0.8 & 0.4 \\ 0.8 & 1 & 0.3 \\ 0.4 & 0.3 & 1 \end{pmatrix}, \quad s = (0.2, 0.25, 0.18)$$

使用 MATLAB 求解，首先建立目标函数(预期方差)的函数文件，代码 fun8.m 如下：

```
function y = fun8(x)
s2 = [0.0400    0.0400    0.0144
      0.0400    0.0625    0.0135
      0.0144    0.0135    0.0324];
y = x*s2*x';
```

下面使用 MATLAB 有约束优化指令 fmincon 求解，代码如下：

```
r = [0.1 0.15 0.12];
x0 = [1 1 1]/3
A = -r
b = -0.12
Aeq = ones(1,3)
beq = 1
lb = zeros(1,3)
[x,fval] = fmincon(@fun8,x0,A,b,Aeq,beq,lb)
```

运行结果如下：

```
x =
    0.2299    0.1533    0.6169
fval =
      0.0254
```

即当资产组合预期收益率为 0.12 时，最优投资组合中三种资产的投资比例为 0.2299，0.1533，0.6169，对应的预期方差为 0.0254.

将这一结果显示在图形上，MATLAB 代码如下：

```
c07
hold on
plot(fval,x*r','ro','MarkerFaceColor','w',...
     'MarkerSize',12,'LineWidth',2)
```

运行后图形显示如图 8-2 所示.

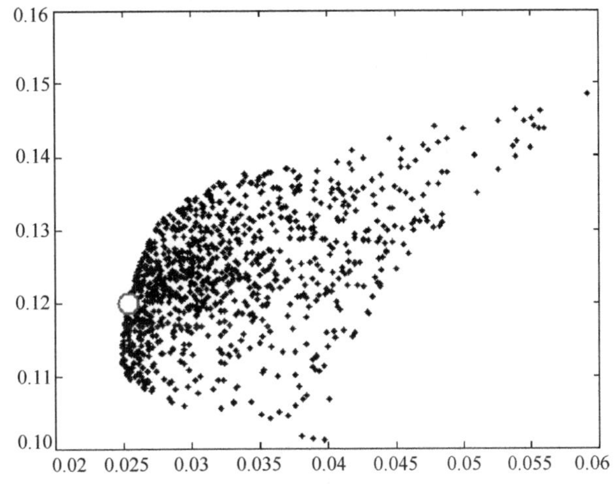

图 8-2　资产组合收益风险分布状态图中最优组合所在位置

其中，“o”位置为上述结果所在位置，处在有效位置上.

3. 有效前沿

有效前沿就是所有最优组合的集合，一般无法用函数表达，可采用均匀选取离散点的方式来表达结果.

解　例 8-6(2)，在[0.1,0.15]中均匀选取 $n=1000$ 个资产组合收益率期望值，通过求解 M-V 模型，得到投资组合有效前沿的 1000 个点，将相同的点合并，即为有效前沿的离散解.

使用 MATLAB 求解，代码如下：

```
n = 1000;
r = [0.1 0.15 0.12];
x0 = [1 1 1]/3;
```

```
A = -r;
Aeq = ones(1,3) ;
beq = 1;
lb = zeros(1,3);
k = 0;
[x1,fval] = fmincon(@fun8,x0,A,0,Aeq,beq,lb);
for i = 0.1:0.05/n:0.15
    b = -i;
    [x,fval] = fmincon(@fun8,x0,A,b,Aeq,beq,lb);
    k = k+1;
    Pr(k) = x*r';Ps2(k) = fval;
    if sum(x-x1(size(x1,1),:)>0.0001) == 1
        x1 = [x1;x];
    end
end
x1
```

运行结果(部分)如下：

```
x1 =
      0.3884    0.0239    0.5876
      0.3882    0.0242    0.5877
                            ……
           0    0.9933    0.0067
           0    0.9983    0.0017
```

我们通过绘图，可以显示有效前沿对应的预期收益率、预期标准差所在位置. 使用 MATLAB 绘图，代码如下：

```
c07
hold on
axis([0.0200    0.0650    0.1000    0.1520])
plot(Ps2,Pr,'k','linewidth',2)
```

运行后图形显示如图 8-3 所示.

其中，曲线代表资产有效前沿所在位置，处在资产组合收益风险的前端位置上，所以称为有效前沿.

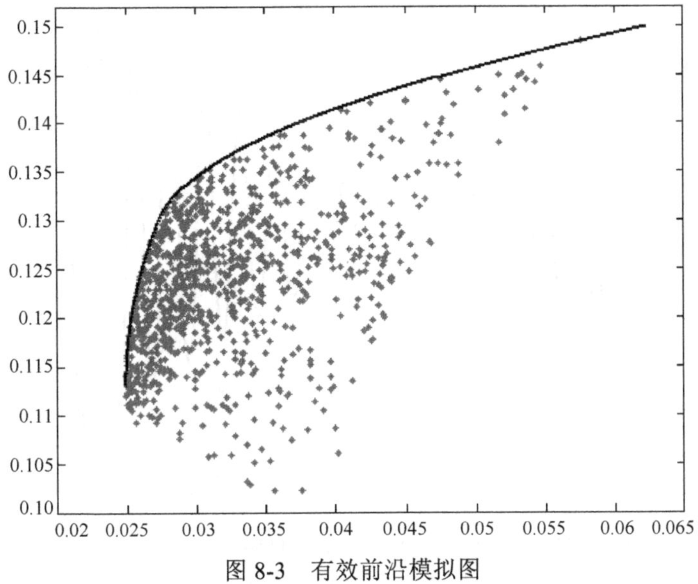

图 8-3　有效前沿模拟图

第四节　MATLAB 求解的进一步讨论

非线性规划的算法均具有一定局限性，我们通过两个实例来讨论.

例 8-7　给出测试函数：

$$f(x)=x\sin(10\pi x)+2,\quad x\in[-1,2]$$

测试一元无约束优化函数指令的效果.

解　使用 MATLAB，代码如下. 首先，绘制函数图像：

```
f = @(x)x.*sin(10*pi*x)+2;
fplot(f,[-1,2])
```

图形显示如图 8-4 所示. 从图 8-4 中可以看出：函数在区间 $[-1,2]$ 内的最小值为 $f_{\min}\approx 0$，最小值点为 $x_{\min}\approx 1.95$.

使用 fminbnd 求解：

```
[x,fval] = fminbnd('x*sin(10*pi*x)+2',-1,2)
```

结果如下：

```
x =
     0.1564
fval =
         1.8468
```

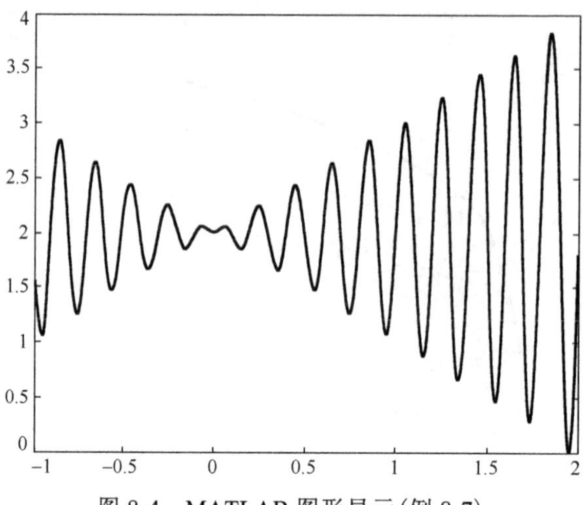

图 8-4　MATLAB 图形显示(例 8-7)

显然，这一结果不是最小值，测试效果不理想.

可以采用缩小优化区间的方法，克服算法中的一些不足.

```
x0 = x;fval0 = fval;
n = 100;
for i = 1:n
[x,fval] = fminbnd('x*sin(10*pi*x)+2',...
                   -1+3*(i-1)/n,-1+3*i/n);
  if fval<fval0
     x0 = x;fval0 = fval;
  end
end
x0,fval0
```

结果如下：

```
x0 =
     1.9505
fval0 =
        0.0497
```

得到函数在区间[−1,2]内的最小值为 $f_{\min}=0.0497$，最小值点为 $x_{\min}=1.9505$.

例 8-8　给出测试函数 Rastrigin：

$$f(x)=20+x_1^2+x_2^2-10(\cos 2\pi x_1+\cos 2\pi x_2)$$

测试多元无约束优化函数指令的效果.

解　使用 MATLAB，代码如下.

首先，绘制函数图像：

```
[x,y] = meshgrid(-2:0.1:2);
z = 20+x.^2 +y.^2 - 10* (cos(2* pi* x)+cos(2* pi*y));
surf(x,y,z)
```

通过改变绘图范围得到两个图形显示分别如图 8-5 所示.

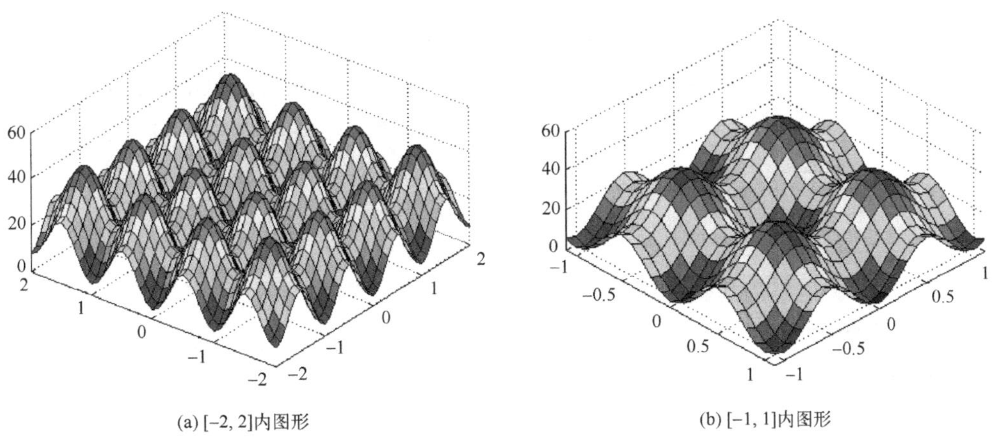

(a) [−2, 2]内图形　(b) [−1, 1]内图形

图 8-5　MATLAB 图形显示(例 8-8)

Rastrigin 函数是一个著名的测试函数，从图 8-5 中很难看出最小值点所在位置，[1, 1]点附近的极小值点大约就在[1, 1]点的位置上.

使用 fminsearch，fminunc 求解：

```
z = '20+x(1)^2 +x(2)^2 - 10* (cos(2* pi* x(1))+...
     cos(2* pi* x(2)))';
[xx1,zm1] = fminsearch(z,[1,1])
[xx2,zm2] = fminunc(z,[1,1])
```

结果如下：

```
x1 =
      0.9950    0.9950
zval1 =
          1.9899
x2 =
     0     0
zval2 =
          0
```

两个指令结果不相同，显然 fminsearch 指令在此问题上更合理，fminunc 指令在此问题上求解的结果仍是极小值，但不是最近的极小值.

我们在区域 $x\in[-2,2], y\in[-2,2]$ 内通过定步长搜索极值点来获取区域内的最小值点：

```
k = 0;n = 10;
for i = 1:n+1
    for j = 1:n+1
        k = k+1;
        zmin(1:2,k) = 4*[i-1;j-1]/n-2;
        [zmin(3:4,k),zmin(5,k)] = fminsearch(z,zmin(1:2,k));
        [zmin(6:7,k),zmin(8,k)] = fminunc(z,zmin(1:2,k));
    end
end
zmin
[zz,m] = min(zmin(5,:));
zmin(3:5,m)
```

结果如下：

```
ans =
       0
       0
       0
```

可以看出：此函数在区域 $x\in[-2,2], y\in[-2,2]$ 内的最小值点为[0,0]点，最小值为 0.

习　题　八

1．使用 MATLAB 求解：

(1) $y=\ln(x^2+1), x\in[-1,2]$ 时的最大值与最小值；

(2) $z=x^2+2y^2+2xy-x$ 在点 $(-1,2)$ 附近的最小值；

(3) $\min\ (2x^2+3y^2+5z^2)$

$$\text{s.t.}\begin{cases}2x-y+2z=30\\x^2+y^2+z^2\leqslant 100\\x,y,z\geqslant 0\end{cases}$$

在点 $(1,2,3)$ 附近.

2．汽车厂生产三种类型的汽车，已知各类型每辆车对钢材、劳动时间的需求、利润及工厂每月的现有量如表 8-2 所示.

表 8-2　相关数据表

	小型	中型	大型	现有量
钢材/吨	1	2	5	1000
劳动时间/时	250	125	150	120000
利润/万元	3	5	12	

(1) 若每月生产的汽车必须为整车，试制订月生产计划，使工厂的利润最大；

(2) 如果生产某一类型汽车，则至少要生产 50 辆，那么最优的生产计划应作何改变？

3．某工厂向用户提供发动机，按合同规定，其交货数量和日期是：第一季度末交 40 台，第二季度末交 60 台，第三季度末交 80 台. 工厂的最大生产能力为每季度 100 台，每季度的生产费用是 $f(x)=50x+0.2x^2$ (元)，此处 x 为该季度生产发动机的台数. 若工厂某季度生产的发动机多，多余的发动机可移到下季度向用户交货，这样，工厂就需支付储存费，每台发动机每季度的储存费为 4 元. 问该厂每季度应生产多少台发动机，才能既满足交货合同，又使工厂所花费的费用最少(假定第一季度开始时发动机无存货).

4．飞行管理问题.

在约 10km 高空的某边长 160km 的正方形区域内，经常有若干架飞机水平飞行. 区域内每架飞机的位置和速度向量均由计算机记录其数据，以便进行飞行管理. 当一架欲进入该区域的飞机到达区域边缘时，记录其数据后，要立即计算并判断是否会与区域内的飞机发生碰撞. 如果会碰撞，则应计算如何调整各架(包括新进入的)飞机飞行的方向角，以避免碰撞. 现假定条件如下：

(1) 不碰撞的标准为任意两架飞机的距离大于 8km;

(2) 飞机飞行方向角调整的幅度不应超过 30°；

(3) 所有飞机飞行速度均为每小时 800km；

(4) 进入该区域的飞机在到达区域边缘时，与区域内飞机的距离应在 60km 以上；

(5) 最多需考虑 6 架飞机；

(6) 不必考虑飞机离开此区域后的状况.

请你对这个避免碰撞的飞行管理问题建立数学模型，列出计算步骤，对以下数据进行计算(方向角误差不超过 0.01°)，要求飞机飞行方向角调整的幅度尽量小.

设该区域 4 个顶点的坐标为(0, 0)，(160, 0)，(160, 160)，(0, 160). 记录数据见表 8-3.

表 8-3　记录数据表

飞机编号	横坐标 x	纵坐标 y	方向角/(°)
1	150	140	243
2	85	85	236
3	150	155	220.5
4	145	50	159
5	130	150	230
新进入	0	0	52

注：方向角指飞行方向与 x 轴正向的夹角.

试根据实际应用背景对你的模型进行评价与推广.

5. 投篮是篮球运动中的一项关键性技术，是唯一的得分手段. 在不考虑空气阻力的情况下，投篮后，篮球的运动轨迹为抛物线，这条轨迹的末端位于篮筐的一部分范围内则投篮命中(指直接命中). 理想的投篮角度，应使命中的概率最大，即使投篮命中的投篮角度偏差范围最大的角度为最佳角度.

试求：投篮的最佳角度.

第九章　概 率 模 型

概率论是研究随机现象并揭示其统计规律性的一门数学学科，使用概率论知识如随机变量和概率分布等概念及理论建立的数学模型就称为概率模型. 由于自然界随机现象存在的广泛性，概率模型不仅应用到几乎一切自然科学、技术科学以及经济管理各领域中去，也逐渐渗入我们的日常生活之中.

第一节　MATLAB 概率计算

本节介绍 MATLAB 在概率统计计算中的若干命令和使用格式.

一、概率计算函数

MATLAB 概率计算函数的函数名由“概率分布名”与“概率函数名”两部分通过字符串拼接而成. 例如：

```
normcdf(3,1,2)
```

该指令的功能为：计算均值为 1、标准差为 2 的正态分布在 3 点分布函数的值，其中“norm”代表正态分布、“cdf”代表分布函数计算. 其执行结果为

```
ans =
      0.8413
```

此函数也可写成：

```
cdf('norm',3,1,2)
```

常见概率分布见表 9-1.

表 9-1　常见概率分布

概率分布	英文函数名	缩写	参数
离散均匀分布	Discrete Uniform	unid	N
二项分布	Binomial	bino	n, p
泊松分布	Poisson	poiss	λ
几何分布	Geometric	geo	p
超几何分布	Hypergeometric	hyge	M, K, N
均匀分布	Uniform	unif	a, b

续表

概率分布	英文函数名	缩写	参数
指数分布	Exponential	exp	λ
正态分布	Normal	norm	μ, σ
对数正态分布	Lognormal	logn	μ, σ
χ^2 分布	Chi-square	chi2	v
F 分布	F	f	v_1, v_2
T 分布	T	t	v

MATLAB 概率函数见表 9-2.

表 9-2 MATLAB 概率函数

函数	功能	说明
pdf(x, A, B, C)	概率密度	x 为分位点；A, B, C 为分布参数
cdf(x, A, B, C)	分布函数	x 为分位点；A, B, C 为分布参数
inv(p, A, B, C)	逆概率分布	p 为概率；A, B, C 为分布参数
stat(A, B, C)	均值与方差	A, B, C 为分布参数
rnd(A, B, C, m, n)	随机数生成	A, B, C 为分布参数；m, n 为矩阵的行、列数

值得注意的是，利用 MATLAB 进行正态分布计算时，参数 A，B 代表均值 μ 和标准差 σ.

例 9-1 二项分布 $b(k;n,p)=\mathrm{C}_n^k p^k(1-p)^{n-k}$，$n=10, p=0.3$.

(1) 计算该分布 $X=0{:}10$ 点的概率、分布函数的值；

(2) 求该分布 $p=0.5$ 的分位点；

(3) 求该分布的均值、方差；

(4) 生成 2 行 5 列的二项分布随机数.

解 使用 MATLAB 求解，代码如下：

```
x = 0:10
binopdf(x,10,0.3)
binocdf(x,10,0.3)
binoinv(0.5,10,0.3)
[m,s2] = binostat(10,0.3)
binornd(10,0.3,2,5)
```

运行后结果显示如下：

```
x =
     0     1     2     3     4     5     6     7     8     9    10
ans =
```

```
        0.0282    0.1211    0.2335    0.2668    0.2001    0.1029
        0.0368    0.0090    0.0014    0.0001    0.0000
ans =
        0.0282    0.1493    0.3828    0.6496    0.8497    0.9527
        0.9894    0.9984    0.9999    1.0000    1.0000
ans =
        3
m =
      3
s2 =
     2.1000
ans =
        3     2     3     2     2
        5     3     4     2     4
```

例 9-2 正态分布 $N(\mu,\sigma^2)$，$F(x)=\dfrac{1}{\sqrt{2\pi}\sigma}\int_{-\infty}^{x}\mathrm{e}^{-\frac{(t-\mu)^2}{2\sigma^2}}\mathrm{d}t$，$\mu=1,\sigma^2=4$.

(1)计算该分布 $X=0:10$ 点的分布密度、分布函数的值；

(2)求该分布 $p=0.5$ 的分位点；

(3)求该分布的均值、方差；

(4)生成 2 行 5 列的正态分布随机数.

解 使用 MATLAB 求解，代码如下：

```
x = 0:10;
normpdf(x,1,2)
normcdf(x,1,2)
norminv(0.5,1,2)
[m,s2] = normstat(1,2)
normrnd(1,2,2,5)
```

运行后结果显示如下：

```
ans =
        0.1760    0.1995    0.1760    0.1210    0.0648    0.0270
        0.0088    0.0022    0.0004    0.0001    0.0000
ans =
        0.3085    0.5000    0.6915    0.8413    0.9332    0.9772
        0.9938    0.9987    0.9998    1.0000    1.0000
ans =
        1
```

```
m =
     1
s2 =
      4
ans =
        1.8988    2.6521    2.7958    0.7056   -3.2473
        1.2013    2.0723    0.7361    3.0155   -0.0092
```

二、描述统计分析

通过 MATLAB 函数可以计算描述样本的集中趋势、离散趋势、分布特征等的统计量的值. 其函数见表 9-3.

表 9-3　MATLAB 描述统计函数表

函数	功能	函数	功能
mean(x)	均值	median(x)	中位数
var(x)	方差	std(x)	标准差
max(x)	最大值	min(x)	最小值
range(x)	极差	skewness(x)	偏度
kurtosis(x)	峰度	cov(x)	协方差矩阵
corrcoef(x)	相关系数		

其中，若 x 为向量，函数计算结果为一常数；若 x 为矩阵，函数对矩阵 x 的每一列进行计算，结果为一行向量.

例 9-3　生成一个正态分布随机阵，计算每列数据的均值、中位数、方差、标准差、相关系数.

解　使用 MATLAB 求解，代码如下：

```
x = normrnd(0,10,5,5);
mean(x),median(x)
var(x),std(x)
corrcoef(x)
```

运行后结果显示如下：

```
ans =
       -2.3874    0.1517   -5.4452   -6.9359   -0.2749
ans =
       -3.8258    1.3702   -6.2909   -5.6066    4.4133
ans =
```

```
       90.2128   14.3939  141.6752   36.6050  360.4762
ans =
       9.4980    3.7939   11.9027    6.0502   18.9862
ans =
       1.0000    0.1514    0.1770    0.1844   -0.4258
       0.1514    1.0000    0.6486    0.8401   -0.1961
       0.1770    0.6486    1.0000    0.9203    0.4876
       0.1844    0.8401    0.9203    1.0000    0.2907
      -0.4258   -0.1961    0.4876    0.2907    1.0000
```

第二节 进货的诀窍

一、问题提出

例 9-4 某销售公司月初以每件 50 元的价格从服装厂购进某一服装进行销售，零售价为 100 元，月底将没有卖掉的服装退回，退回价为 10 元. 公司每月如果购进的服装太少，不够卖的，会少赚钱；如果购进太多，卖不完，将要赔钱. 若服装的需求与销售以 100 件为单位，公司知道该服装每月需求量的可能性如表 9-4 所示.

表 9-4 该服装需求量的概率分布

售/百件	0	1	2	3	4	5
概率	0.05	0.16	0.26	0.23	0.20	0.10

请你为该公司确定销售策略，确定每月购进该服装的数量，以获得最大收入.

二、模型建立与求解

1. 模型建立

已知该服装的购进价为 b，零售价为 a，退回价为 c. 则售出一件服装赚 $a-b$，退回一份赔 $b-c$. 显然 $a>b>c$.

设在该公司的销售范围内每月该服装需求量为 r，则 r 为随机变量，设其概率分布是 $p(r)$.

设每天购进量为 n，n 为本问题的决策变量. 则购进 n 件服装的销售收入 $G(n)$ 有全部售出、部分售出两种可能：

$$G(n,r)=\begin{cases}(a-b)n, & r\geqslant n\\(a-b)r-(b-c)(n-r), & r<n\end{cases}$$

由于需求量 r 是随机的，所以随机变量的函数 $G(n)$ 也是随机的，则此模型的目标函数不是销售收入，而应该是长期收入的平均值. 从概率论的观点看，即为销售收入的数学期望：

$$\begin{aligned}E(G(n,r)) &= \sum_{r=0}^{\infty} G(n,r)p(r) \\ &= \sum_{r=0}^{n}[(a-b)r-(b-c)(n-r)]p(r)+\sum_{r=n+1}^{\infty}(a-b)np(r) \\ &= \sum_{r=0}^{n}[(a-c)r-(b-c)n]p(r)+\sum_{r=n+1}^{\infty}(a-b)np(r)\end{aligned}$$

于是，目标函数为

$$\max \mathrm{EG} = E(G(n,r))$$

2. 模型求解：离散模型

条件：$a=100, b=50, c=10$.

使用MATLAB，将条件代入目标函数穷举计算，通过比较即可得到最优解，代码为

```
a = 100;b = 50;c = 10
p = [0.05 0.16 0.26 0.23 0.20 0.10]
for i = 0:5
    n = 100*i;
    eg(i+1) = sum(((a-c)*(0:100:n)-(b-c)*n).*p((0:i)+1))+...
              (a-b)*n*sum(p((i+1:5)+1));
end
eg
```

结果显示：

```
eg =
     0   4550   7660   8430   7130   4030
```

最大销售收入对应的进货量为300件，此时可获利最大.

3. 模型扩展：连续模型

通常商品需求量 r 和购进量 n 数值都较大，所以可以将 r 视为连续变量，于是概率分布 $p(r)$ 就变成概率密度 $f(r)$，此时，目标函数为

$$\max \mathrm{EG} = E(G(n,r)) = \int_0^n [(a-c)r-(b-c)n]f(r)\mathrm{d}r + \int_n^{\infty}(a-b)nf(r)\mathrm{d}r$$

$$=(a-c)\int_0^n rf(r)\mathrm{d}r-(b-c)n\int_0^n f(r)\mathrm{d}r+(a-b)n\int_n^\infty f(r)\mathrm{d}r$$

目标函数为一元函数，可使用连续函数求驻点的方法求解模型．于是对 $E(G(n))$ 求导得

$$\begin{aligned}\frac{\mathrm{dEG}}{\mathrm{d}n}&=(a-c)nf(n)-(b-c)\int_0^n f(r)\mathrm{d}r-(b-c)nf(n)\\&\quad+(a-b)\int_n^\infty f(r)\mathrm{d}r-(a-b)nf(n)\\&=-(b-c)\int_0^n f(r)\mathrm{d}r+(a-b)\int_n^\infty f(r)\mathrm{d}r\end{aligned}$$

令 $\frac{\mathrm{dEG}}{\mathrm{d}n}=0$，得

$$\frac{\int_0^n f(r)\mathrm{d}r}{\int_n^\infty f(r)\mathrm{d}r}=\frac{a-b}{b-c}$$

因为 $\int_0^\infty f(r)\mathrm{d}r=1$，所以上式可表示为

$$\int_0^n f(r)\mathrm{d}r=\frac{a-b}{a-c}$$

购进量 n 为需求量 r 的分布函数分位点，满足此式中的 n，即为最佳销售策略时的商品购进量.

三、模型应用

例 9-5　公司每月从服装厂购进某一服装零售，若购进价为 $b=50$，零售价为 $a=100$，退回价为 $c=10$. 收集 50 天的销售数据如下：

```
459, 624, 509, 433, 815, 612, 434, 640, 565, 593
926, 164, 734, 428, 593, 527, 513, 474, 824, 862
775, 755, 697, 628, 771, 402, 885, 292, 473, 358
699, 555, 84, 606, 484, 447, 564, 280, 687, 790
621, 531, 577, 468, 544, 764, 378, 666, 217, 310
```

确定该公司销售策略.

解　使用 MATLAB 软件进行分析，将数据输入 MATLAB 变量 x 中.

首先需要考察数据的分布状况. 将销售数据与服从具有相同均值与标准差的正态分布的随机变量取值在图形中一起显示来考察数据的状况.

```
n = length(x)
```

```
m = mean(x)
s = std(x)
plot(sort(x),'*')
hold on
plot(linspace(0,n,300),norminv(linspace(0,1,300),...
     m,s),'k')
```

运行后显示图形，见图 9-1.

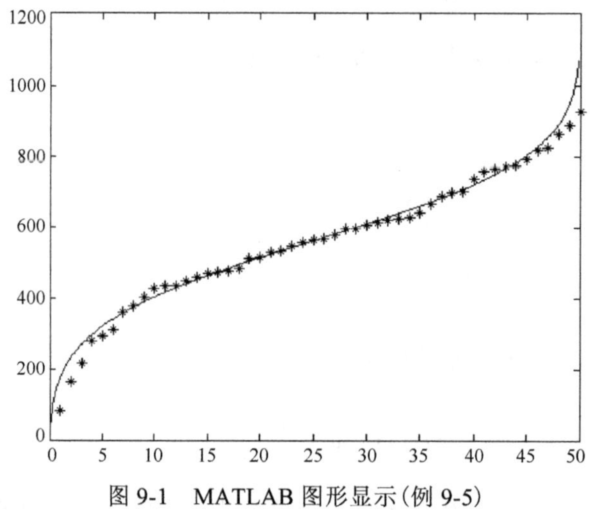

图 9-1　MATLAB 图形显示(例 9-5)

可以看出，数据点“*”与正态分布的取值曲线非常接近，应可以判断数据服从正态分布. 使用 K-S 检验判断：

```
[h,p] = kstest(x,[x,normcdf(x,m,s)])
```

运行结果显示：

```
h =
     0
p =
     0.9888
```

可以以 $p = 0.9888$ 的概率接受数据服从正态分布.

于是可以使用公式：$\int_0^n f(r)\mathrm{d}r = \dfrac{a-b}{a-c}$ 求购进量 n.

使用公式：$\mathrm{EG} = (a-c)\int_0^n rf(r)\mathrm{d}r - (b-c)n\int_0^n f(r)\mathrm{d}r + (a-b)n\int_n^{\infty} f(r)\mathrm{d}r$ 求最佳期望收益 EG.

```
a = 100,b = 50,c = 10
n = norminv((a-b)/(a-c),m,s)
n = fix(n)
syms r
EG = (a-c)*int(r*1/(sqrt(2*pi)*s)*exp(-(r-m)^2/(2*s^2)),...
     0,n)-(b-c)*n*normcdf(n,m,s)+(a-b)*n*(1-normcdf(n,m,s))
vpa(EG,6)
```

运行结果显示：

```
n =
    587
ans =
      21359.2
```

即该公司最佳销售策略时的商品购进量为 587 件，最大期望收益为 21359.2 元.

第三节　轧钢中的浪费

一、问题提出

例 9-6　在轧钢厂内，把粗大的钢坯变成合格的钢材通常要经过两道工序，第一道是粗轧(热轧)，形成钢材的雏形；第二道是精轧(冷轧)，得到规定长度的成品材. 粗轧时由于设备、环境等方面的众多因素的影响，得到的钢材的长度是随机的，大体上呈正态分布，其均值可以在轧制过程中由轧机调整设置，而均方差则由设备的精度决定，不能随意改变. 如果粗轧后的钢材长度大于规定的长度，精轧时把多出的部分切掉，造成浪费；如果粗轧后的钢材长度比规定长度短，则整根报废，造成浪费.

问题：如何设置粗轧钢材长度的均值，使精轧的浪费最小?

二、模型建立

已知成品钢材的规定长度为 l，即精轧后钢材的规定长度，粗轧后钢材长度的方差为 σ^2，σ^2 由轧钢厂的工艺水平决定，在不改变工艺设备的条件下不可改变，但可以测量出来.

设粗轧时可以调整的均值 m 为决策变量. 记粗轧得到的钢材长度为 x，则 x 为正态随机变量，即 $x \sim N(m,\sigma^2)$.

轧制过程中产生的浪费由两部分组成：若 $x \geqslant l$，则会切掉多余部分 $x-l$，其对应概率 $P=P(x \geqslant l)$；若 $x<l$，整根报废，浪费长度为 x，对应概率 $P'=P(x<l)$.

于是一根粗轧钢材平均浪费长度为

$$W=\int_{l}^{\infty}(x-l)f(x)\mathrm{d}x+\int_{-\infty}^{l}xf(x)\mathrm{d}x$$
$$=\int_{-\infty}^{\infty}xf(x)\mathrm{d}x-\int_{l}^{\infty}lf(x)\mathrm{d}x$$

其中，粗轧钢材长度的概率密度函数 $f(x)$，是均值为 m 、方差为 σ^2 的正态分布的分布密度.

由于

$$\int_{-\infty}^{\infty}xf(x)\mathrm{d}x=m,\quad \int_{l}^{\infty}f(x)\mathrm{d}x=P$$

因此，

$$W=\int_{-\infty}^{\infty}xf(x)\mathrm{d}x-l\int_{l}^{\infty}f(x)\mathrm{d}x=m-lP$$

本问题是一个最优化问题，决策变量为可设置的粗轧钢材长度均值 m ，接下来是建立合适的目标函数. 以一根粗轧钢材平均浪费长度 W 最小作为目标函数是否合适？

粗轧钢材的长度受设置的粗轧均值 m 决定，m 的改变必然导致 W 的改变，无法进行统一的比较，所以 W 不是一个合适的目标函数. 由于成品钢材的规定长度 l 是一个确定的值，以一根成品钢材的平均浪费长度作为评判浪费的标准，更具有科学性. 于是，确定目标函数为一根成品钢材的平均浪费长度最小.

因为 N 根粗轧钢材平均浪费长度为

$$NW=mN-lPN$$

N 根粗轧钢材平均生产成品钢材的根数为 NP，所以一根成品钢材的平均浪费长度

$$\frac{mN-lPN}{PN}=\frac{m}{P}-l$$

由于成品钢材的规定长度 l 是一个确定的值，不影响最优化决策，所以取目标函数为第一项.

建立优化模型：

$$\min J(m)=\frac{m}{P(m)}$$

其中，

$$P(m)=\int_{l}^{\infty}f(x)\mathrm{d}x,\quad f(x)=\frac{1}{\sqrt{2\pi}\sigma}\mathrm{e}^{-\frac{(x-m)^2}{2\sigma^2}}$$

显然，$J(m)$ 过于复杂，使用分析方法求解难度较大，可采用搜索法寻优.

三、模型应用

例 9-7　若在轧钢中，设成品钢材的规定长度 $l=2$ 米，粗轧后钢材长度的标准差为 $\sigma=20$ 厘米，求粗轧时设定均值 m 的值，使浪费最小.

解　使用 MATLAB 计算.

建立目标函数的 MATLAB 子函数文件，代码如下：

```
function f = jm(l,m,sigma)
f = m/(1-normcdf(l,m,sigma)+eps);
end
```

绘制目标函数图形，考察函数的变化形态，代码如下：

```
l = 2,sigma = 0.20,
for i = 1:100
    m = 1.8+i*0.01; %1.5---3.5
    m1(i) = m;
    f(i) = jm(l,m,sigma);
end
plot(m1,f,'r')
```

运行后显示图形见图 9-2.

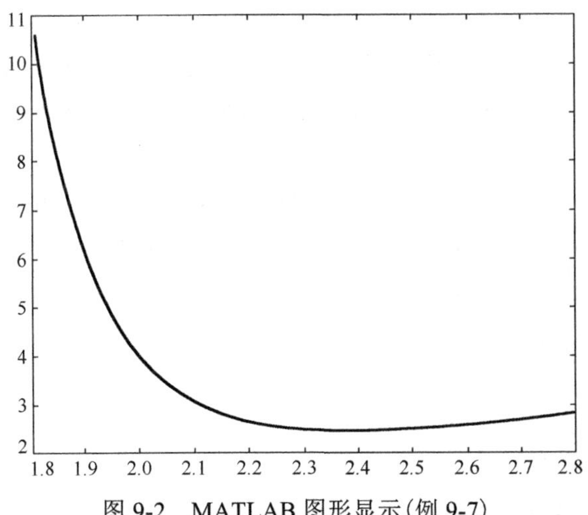

图 9-2　MATLAB 图形显示(例 9-7)

函数具有最小值，采用定步长搜索最优解：

```
m0 = l;
m1 = jm(l,m0,sigma);
```

```
for m = 1:0.0001:4
    if m1>jm(l,m,sigma)
        m1 = jm(l,m,sigma);
        m0 = m;
    end
end
m0
```

运行结果如下：

```
m0 =
     2.3562
```

即粗轧时设定的均值约为 2.36 米，浪费最小.

四、进一步讨论

有时使用概率论的方法很难，可选择计算机模拟，来避开复杂的概率分析. 以例 9-7 为例，构建两重循环，外循环为定步长搜索，内循环为模拟粗轧长度，对于每个粗轧长度均值，计算机模拟 1000 次切割过程，找出最佳结果.

算法如下：

步骤 1　设定初值，规定长度 L、标准差 sigma、模拟循环次数 N，设定粗轧长度均值的搜索区间、步长；

步骤 2　生成正态分布随机数模拟粗轧时的长度 x，若 $x \geqslant L$ 得到一根成品钢材.

步骤 3　循环执行步骤 2 次数 N，得到成品钢材根数，从而得到平均浪费长度，并记录 minj；

步骤 4　在搜索区间内沿步长循环执行步骤 2、步骤 3，循环结束后，输出最佳粗轧时设定均值 m0、一根成品钢材的平均浪费长度 minj，结束.

MATLAB 代码如下：

```
L = 2,sigma = 0.20
N = 1000; %100
minj = inf;
for m = 2.2:0.0001:2.5 %2:0.001:3
    y = 0;z = 0;
    for i = 1:N
        x = normrnd(m,sigma);
        z = z+x;
        if x >= L
```

```
            y = y+1;
        end
    end
    if (z-y*L)/y<minj
        minj = (z-y*L)/y;
        m0 = m;
    end
end
m0,minj
```

运行结果如下：

```
m0 =
      2.3559
minj =
        0.4140
```

多次模拟，结果会略有差别，与概率计算结果具有较小差别.

习 题 九

1．使用 MATLAB 概率计算：

(1) 设 $X \sim N(350,350^2)$，求概率 $P(X>250)$；

(2) 设 $X \sim P(4)$ 泊松分布，求 X_0 为何值时，$P(X \leqslant X_0)$ 达到 0.5.

2．某人定点投篮投中率为 0.3，求：

(1) 投篮 10 次，命中 5 次的概率；

(2) 投篮几次，命中达到或超过 5 次的概率达到 0.5.

3．模拟. 篮球比赛中，假设某人罚球投中率为 0.3，若均为 1 加 1 罚球，此人投罚球 10 次. 求：

(1) 此人投罚球投中 5 分及以上的概率；

(2) 此人投罚球得多少分的概率最大.

4．模型分析. 若在轧钢中，粗轧后钢材长度的标准方差为 $\sigma=20$ 厘米，粗轧后根据需要进行精轧，设成品钢材的规定长度 $l=2$ 米，若不足 l 且可切割 $l_0=1.5$ 米则可降级使用，若不足 l_0 则整根报废，长度 l，l_0 的钢材获利分别为 5 元、3 元，报废的钢材成本为 1 元/米，求粗轧时设定均值 m 的值，使获利最大.

5．2004 年全国大学生数学建模竞赛赛题 A 中，假设在某运动场举办了三次运动会，通过对观众的问卷调查采集了相关数据，数据意义如下.

性别(男 1、女 2)、年龄(1 代表 20 岁以下、2 代表 20—30 岁、3 代表 30—50 岁、4 代表 50 岁以上)、乘公交车出行(南北方向)、乘公交车出行(东西方向)、乘出租车出行、开私家车出行、乘地铁出行(东向)、乘地铁出行(西向)、中餐馆午餐、西餐馆午餐、商场内餐饮午餐、非餐饮消费额.

请搜索相关数据并存储为 MATLAB 的 M 文件，求：

(1) 男、女各为多少人；

(2) 非餐饮消费额：最高、最低、平均、标准差；

(3) 分男、女的非餐饮消费额平均值各为多少；

(4) 分男、女开私家车出行各为多少人.

第十章　统 计 模 型

数理统计学是以概率论为基础，对随机数据进行搜集、整理、分析和推断的一门学科. 数理统计学内容庞杂，分支学科很多，包括描述统计分析、参数估计、非参数检验、假设检验、方差分析、相关分析、回归分析、聚类分析、因子分析、时间序列分析等. 经过数理统计法求得各变量之间的函数关系，称为统计模型. 在对自然科学、社会科学、国民经济重大问题等的研究中，常常需要有效地运用数据收集与数据处理、多种模型与技术分析、社会调查与统计分析等方法，对问题进行推断或预测，从而对决策和行动提供依据和建议. 于是，统计分析模型就成为应用最广泛的数学模型之一.

第一节　牙膏销售量

线性回归是最常用的统计分析方法之一.

一、问题提出

例 10-1　某大型牙膏制造企业为了更好地拓展产品市场，有效地管理库存，公司董事会要求销售部门根据市场调查，找出公司生产的牙膏销售量与销售价格、广告投入等之间的关系，从而预测出在不同价格和广告费用下的销售量. 为此，销售部的研究人员收集了过去30个销售周期(每个销售周期为4周)公司生产的牙膏销售量、销售价格、投入的广告费用，以及同期其他厂家生产的同类牙膏的平均销售价格的数据，见表 10-1.

表 10-1　牙膏销售量与销售价格、广告费用等数据

销售周期	公司销售价格/元	其他厂家平均销售价格/元	广告费用/百万元	价格差/元	销售量/百万支
1	7.7	7.6	11	–0.1	7.38
2	7.5	8	13.5	0.5	8.51
3	7.4	8.6	14.5	1.2	9.52
4	7.4	7.4	11	0	7.5
5	7.2	7.7	14	0.5	9.33
6	7.2	7.6	13	0.4	8.28
7	7.2	7.5	13.5	0.3	8.75
8	7.6	7.7	10.5	0.1	7.87
9	7.6	7.3	10.5	–0.3	7.1

续表

销售周期	公司销售价格/元	其他厂家平均销售价格/元	广告费用/百万元	价格差/元	销售量/百万支
10	7.7	8	12	0.3	8
11	7.8	8.2	13	0.4	7.89
12	7.8	8	12.5	0.2	8.15
13	7.4	8.2	14	0.8	9.1
14	7.5	8.4	13.8	0.9	8.86
15	7.5	8.2	13.6	0.7	8.9
16	7.6	8.2	13.6	0.6	8.87
17	7.4	8.4	14.2	1	9.26
18	7.6	8.6	14	1	9
19	7.4	8.2	13.6	0.8	8.75
20	7.6	7.5	13	−0.1	7.95
21	7.6	7.5	12.5	−0.1	7.65
22	7.5	7.3	12	−0.2	7.27
23	7.4	7.8	13	0.4	8
24	7.1	7.3	14	0.2	8.5
25	7.2	8.2	13.6	1	8.75
26	7.2	8.4	13.6	1.2	9.21
27	7.4	7.3	13	−0.1	8.27
28	7.5	7.5	11.5	0	7.67
29	7.6	7.7	11.6	0.1	7.93
30	7.4	8.5	13.6	1.1	9.26

注：其中价格差指其他厂家平均销售价格与公司销售价格之差.

试根据这些数据建立一个数学模型，分析牙膏销售量与其他因素的关系，为制定价格策略和广告投入策略提供数据依据.

二、模型建立

在寻找变量间依赖关系时，有时无法用机理分析方法导出其模型，于是可使用数理统计法分析观测数据得到变量之间的函数关系，用于预测、控制等问题. 在经济研究中这种特点尤其显著，比如牙膏销售量就是此类问题.

这里我们不去涉及统计分析的数学原理，而是通过建立统计模型，应用数学软件求解分析，来学习统计模型解决实际问题的基本方法.

由于牙膏是生活必需品，对许多顾客来说，在购买同类产品的牙膏时更多地在意不同品牌之间的价格差异，而不是它们的价格本身. 因此，在研究各个因素对销售量的影响时，用价格差代替公司销售价格和其他厂家平均销售价格更为合适.

记牙膏销售量为 y，公司投入的广告费用为 x_2，其他厂家平均销售价格与公司销售价格分别为 x_3 和 x_4，其他厂家平均销售价格与公司销售价格之差(价格差)为 $x_1 = x_3 - x_4$. 基于上面的分析，我们利用 x_1 和 x_2 来建立 y 的预测模型.

利用图形观察数据关系，使用 MATLAB 进行分析，先将数据保存在 c01.m 中，使用绘图指令绘制 y 对 x_1 与 x_2 的散点图，结果分别见图 10-1 和图 10-2.

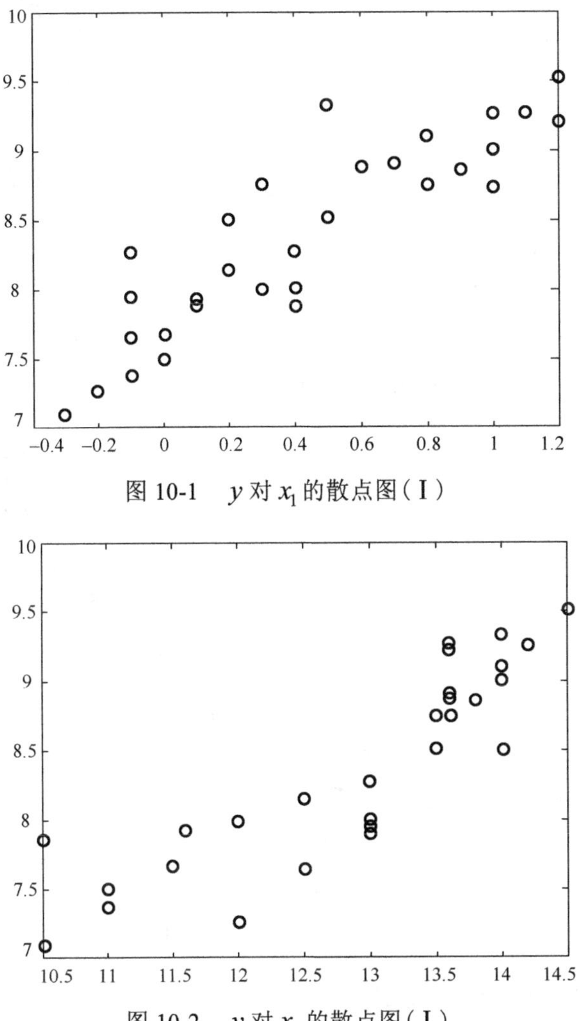

图 10-1　y 对 x_1 的散点图（Ⅰ）

图 10-2　y 对 x_2 的散点图（Ⅰ）

从图 10-1 和图 10-2 中可以看出，x_1，x_2 与 y 明显具有关系，是线性关系吗？再看两个图形图 10-3 和图 10-4.

从图 10-3 和图 10-4 中更容易看出，x_1 与 y 具有线性关系：

$$y=\beta_0+\beta_1x_1+\varepsilon$$

x_2 与 y 具有二次函数关系：

$$y=\beta_0+\beta_1x_2+\beta_2x_2^2+\varepsilon$$

其中，ε 是随机误差.

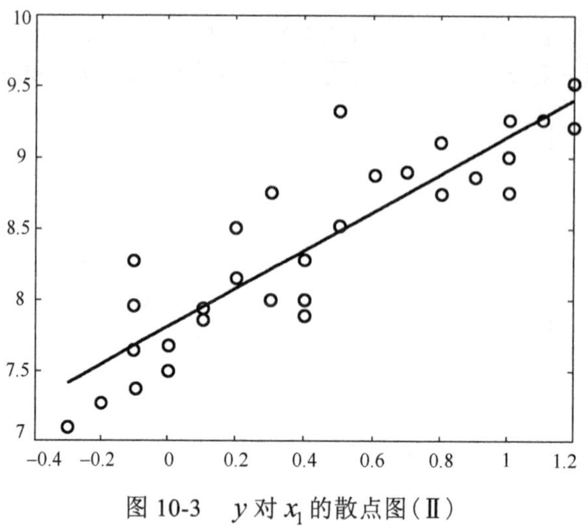

图 10-3　y 对 x_1 的散点图(Ⅱ)

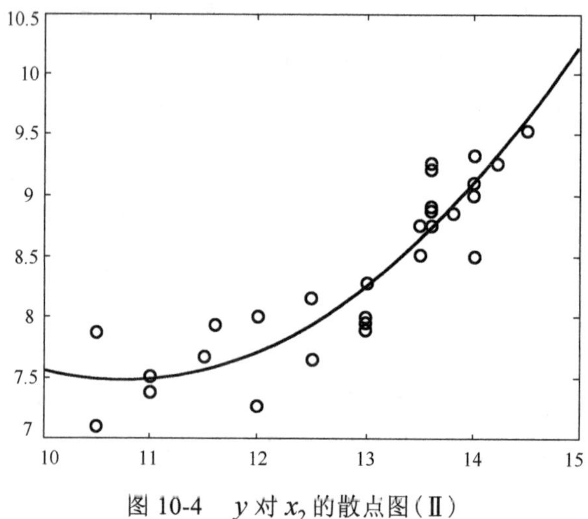

图 10-4　y 对 x_2 的散点图(Ⅱ)

综上分析，建立如下回归模型：

$$y = \beta_0 + \beta_1 x_1 + \beta_2 x_2 + \beta_3 x_2^2 + \varepsilon$$

其中，回归系数 $\beta_0, \beta_1, \beta_2, \beta_3$ 为待估参数，随机误差 ε 服从均值为 0 的正态分布.

三、MATLAB 线性回归分析

确定两种或两种以上变量间相互依赖的定量关系的统计分析方法称为回归分析. 回归分析分为一元回归和多元回归、线性回归和非线性回归等.

MATLAB 进行多元线性回归分析的函数为 regress，其调用格式为

```
[b,bint,r,rint,stats]=regress(y,x, alpha)
```

其中，输入参数为被解释变量列 y、解释变量矩阵 x、显著性水平 alpha. alpha 可缺省，默认值 0.05.

输出参数为系数估计值 b、置信区间 bint、残差估计值 r、置信区间 rint、拟合优度检验值 stats. stats 包含四个值：可决系数 R^2、统计量 F、相伴概率 p、剩余方差 s^2.

注：该指令对应的回归方程是不含有常数项的，若增加常数项，相当于增加一个观测值均为 1 的解释变量.

以例 10-1 牙膏销售量数据为例. 取销售量 y 为被解释变量，价格差 x_1 为解释变量，求解回归方程：

$$y=\beta_0+\beta_1x_1+\varepsilon$$

MATLAB 代码如下：

```
c01
x=[ones(size(y)) x1]
[b,bint,r,rint,stats]=regress(y,x)
```

部分运行结果如下：

```
b =
    7.8141
    1.3326
bint =
        7.6505    7.9777
        1.0679    1.5974
stats =
          0.7915  106.3028    0.0000    0.1002
```

注：检验统计量 stats 包含的四个统计量计算公式如下.

$$R^2=\frac{\sum_{i=1}^{n}(\hat{y}_i-\overline{y})^2}{\sum_{i=1}^{n}(y_i-\overline{y})^2}$$

$$F=\frac{\sum_{i-1}^{n}(\hat{y}_i-\overline{y})^2}{p}\Bigg/\frac{\sum_{i=1}^{n}(y_i-\hat{y}_i)^2}{n-p-1}\sim F(p,n-p-1)$$

$$\text{Prob}=P(F>F_0)$$

$$s^2 = \frac{\sum_{i=1}^{n}(y_i - \hat{y}_i)^2}{n-p-1}$$

其中，y_i 为观测值，$\hat{y}_i$ 为预测值，$\bar{y}$ 为均值，n 为样本量，p 为自由度.

使用公式计算这 4 个值的 MATLAB 代码如下：

```
n=length(y);
p=size(x,2)-1;
yy=b(1)+b(2)*x1;
r2=sum((yy-mean(yy)).^2)/sum((y-mean(y)).^2)
corrcoef(y,yy)
ans(1,2)^2
r=mean((y-mean(y)).*(yy-mean(yy)))/sqrt(mean((y-...
        mean(y)).^2)*mean((yy-mean(yy)).^2))

F=sum((yy-mean(y)).^2)/sum((y-yy).^2)/p*(n-p-1)
1-fcdf(F,p,n-p-1)
sum((y-yy).^2)/(n-p-1)
```

此外，MATLAB 线性回归分析函数还包括：

残差分析图	rcoplot(r,rint)
回归交互窗口	rstool(x,y)
逐步回归交互窗口	stepwise(x,y)

在后面的分析中，我们会用到.

四、模型求解与分析

1. 模型求解

例 10-1 中牙膏销售量问题的模型为线性回归模型：

$$y = \beta_0 + \beta_1 x_1 + \beta_2 x_2 + \beta_3 x_2^2 + \varepsilon$$

利用 MATLAB 回归函数求解，求解代码如下：

```
c01
x=[ones(size(x1)),x1,x2,x2.^2];
[b,bint,r,rint,stats]=regress(y,x)
```

部分运行结果如下：

```
b =
```

```
    17.3244
     0.6535
    -1.8478
     0.0872
bint =
        5.7282   28.9206
        0.3415    0.9655
       -3.7494    0.0538
        0.0095    0.1648
stats =
         0.9054   82.9409    0.0000    0.0490
```

结果中，b 表示回归系数估计值，bint 表示回归系数区间估计，stats 表示拟合优度检验 R^2,F,p,s^2 值.

于是得到模型的回归系数的估计值及其置信区间(置信水平 $\alpha=0.05$)、检验统计量 R^2,F,p,s^2 的结果见表 10-2.

表 10-2 模型的计算结果(例 10-1)

参数	参数估计	参数置信区间
β_0	17.3244	[5.7282，28.9206]
β_1	0.6535	[0.3415，0.9655]
β_2	−1.8478	[−3.7494，0.0538]
β_3	0.0872	[0.0095，0.1648]
R^2=0.9054　F=82.9409　p=0.0000　s^2=0.0490		

结果显示，R^2=0.9054 指因变量(即被解释变量) y 的 90.54%可由模型确定，F 值远远超过 F 检验的临界值，p 远远小于 α，因而回归模型整体显著.

回归系数中，β_2 的置信区间包含零点(但区间右端点距零点很近)，表明回归变量(即解释变量) x_2 (对因变量 y 的影响)不显著，需对模型表达式进行改进. 但由于 x_2^2 是显著的，我们仍需将变量 x_2 保留在模型中.

2. 模型改进

上述模型中回归变量 x_1，x_2 对因变量 y 的影响是相互独立的,即牙膏销售量 y 的均值和广告费用 x_2 的二次关系由回归系数 β_2 和 β_3 确定，而不依赖于价格差 x_1，同样，y 的均值与 x_1 的线性关系由回归系数 β_1 确定，不依赖于 x_2. 现在考察 x_1 和 x_2 之间的交互作用会对 y 有何影响，简单地用 x_1 和 x_2 的乘积代表它们的交互作用，模型增加一个交互项：

$$y=\beta_0+\beta_1x_1+\beta_2x_2+\beta_3x_2^2+\beta_4x_1x_2+\varepsilon$$

利用 MATLAB 回归函数求解，求解代码如下：

```
clc,clear
c01
x=[ones(size(x1)),x1,x2,x2.^2,x1.*x2];
[b,bint,r,rint,stats]=regress(y,x)
```

运行结果见表 10-3.

表 10-3　改进模型的计算结果(例 10-1)

参数	参数估计	参数置信区间
β_0	29.1133	[13.7013，44.5252]
β_1	5.5671	[0.9889，10.1453]
β_2	−3.8040	[−6.3466，−1.2614]
β_3	0.1678	[0.0634，0.2722]
β_4	−0.3694	[−0.7129，−0.0259]
R^2=0.9209　F=72.7771　p=0.0000　s^2=0.0426		

从 R^2,F,p,s^2 可以看出，模型整体显著，并且参数置信区间不再跨越零点．与上一个模型结果相比，F 虽有小量减少，但自由度在增加，所以无法判断模型是否有所改进．R^2 有提高，s^2 减少，说明模型有改进，回归效果更好.

3．模型应用

回归方程的基本应用：预测.

把回归系数的估计值代入模型，即可预测公司未来某个销售周期牙膏的销售量 y，将预测值记为 $\hat{y}$，得到模型的预测方程：

$$\hat{y}=\hat{\beta}_0+\hat{\beta}_1x_1+\hat{\beta}_2x_2+\hat{\beta}_3x_2^2+\hat{\beta}_4x_1x_2$$

其中，$\hat{\beta}_0=29.1133$，$\hat{\beta}_1=5.5671$，$\hat{\beta}_2=-3.8040$，$\hat{\beta}_3=0.1678$，$\hat{\beta}_4=-0.3694$.

只需知道该销售周期的价格差 x_1 和投入的广告费用 x_2，就可以计算预测值 $\hat{y}$.

其中价差 x_1=其他厂家的销售价格 x_3 −公司销售价格 x_4，公司无法直接确定价格差 x_1，因为其他厂家的销售价格不是公司所能控制的．但是其他厂家的平均销售价格一般可以根据市场情况及原材料的价格变化等估计，只要调整公司的牙膏销售价格便可控制回归变量价格差 x_1 的值.

设控制价格差 $x_1=0.4$ 元，投入广告费 x_2=1300 万元，可计算销售量的预测值．还可计算在 95%的置信度下销售量的预测区间，计算方法如下.

残差：$\varepsilon=y-\hat{y}\sim N(0,\sigma^2)$.

由 $P(|y-\hat{y}|<c_{1-\alpha/2})=1-\alpha$ 得

$$y\in[\hat{y}-c_{1-\alpha/2},\hat{y}+c_{1-\alpha/2}]$$

其中，$c_{1-\alpha/2}$ 为残差在显著性水平 $1-\dfrac{\alpha}{2}$ 下的分位点.

MATLAB 求解代码如下：

```
y=@(x1,x2)[1 x1 x2 x2^2 x1*x2]*b
y0=y(0.4,13)
norminv(0.975,mean(r),std(r))
[y0-ans,y0+ans]
```

于是得到销售量的预测值为 $\hat{y}=8.3272$ 百万支.

销售量的预测区间为[7.9518,8.7027]，其中上限用作库存管理的目标值.

若估计 x_3=7.8，而设定 x_4=7.4，可以有 95%的把握确定销售额在 $7.9518\times7.4\approx 58.8433$(百万元)以上，这可作为财政预算的参考数据.

另外，回归方程还可以进行其他分析.

为研究 x_1 和 x_2 之间的相互作用，考察模型的预测方程

$$\hat{y}=29.1133+5.5671x_1-3.8040x_2+0.1678x_2^2-0.3694x_1x_2$$

如果取价格差 $x_1=0.2$ 元，代入可得

$$\hat{y}\big|_{x_1=0.2}=30.2267-3.8779x_2+0.1678x_2^2$$

再取 $x_1=0.6$ 元，代入可得

$$\hat{y}\big|_{x_1=0.6}=32.4536-4.0256x_2+0.1678x_2^2$$

它们均为 x_2 的二次函数，使用 MATLAB 绘图，结果见图 10-5.

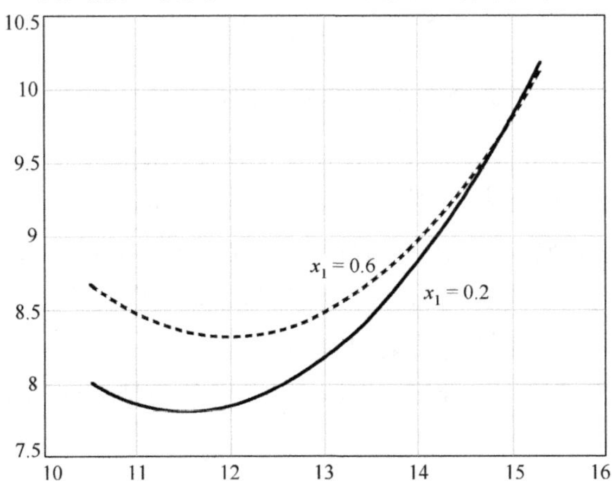

图 10-5　销售量对比图

可以看出，当 $x_2 < 15.0720$ 时，总有 $\hat{y}\big|_{x_1=0.6} > \hat{y}\big|_{x_1=0.2}$，即若广告费用不超过大约 1500 万元，价格优势会使销售量增加.

当 $x_2 \geqslant 15.0720$ 时，两曲线几乎重叠在一起，说明广告投入达到一定数量时，价格已经不重要了！

4. 其他

MATLAB 有一个特殊的线性回归工具——响应面分析，函数名及使用格式为

```
rstool(X,Y,model)
```

其中，X 为解释变量取值矩阵，Y 为被解释变量取值向量.

例如，牙膏销售量问题使用 rstool 求解，输入：

```
rstool([x1 x2],y)
```

执行后会跳出一个交互页面(图 10-6).

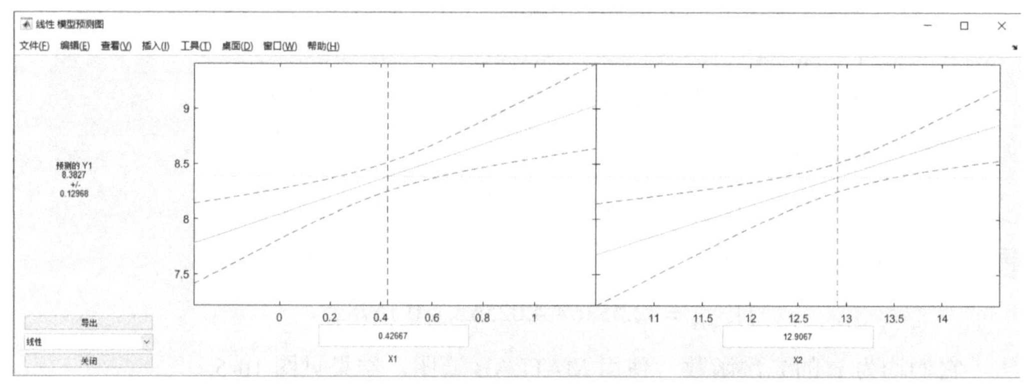

图 10-6 响应面分析图

在图 10-6 的左下方可选择模型的类型，比如选择“完全二次”，则使用的模型为完全二次多项式模型：

$$y = \beta_0 + \beta_1 x_1 + \beta_2 x_2 + \beta_3 x_1 x_2 + \beta_4 x_1^2 + \beta_5 x_2^2 + \varepsilon$$

在图 10-6 下方的输入框内输入数据，可改变 x_1 和 x_2 的数值，例如取 $x_1 = 0.4$，$x_2 = 13$ 时，左边的窗口显示 8.3878 ± 0.1324，即预测值 $\hat{y} = 8.3878$，预测区间为 [8.2554, 8.5202]，与前面的模型结果相差不大.

单击图 10-6 左下方的“导出”按钮，可以得到模型的回归系数的估计值.

五、评注

从以上分析看出，回归模型的建立可通过对数据本身、图形特征、实际经验来

确定回归变量以及函数形式.

回归模型的求解必须包含显著性检验，比如 R^2，F 值、p 值等统计量，每个回归系数可通过回归系数的置信区间是否包含零点来判断显著性，若模型的解释力度不够，还可以对模型添加二次项、交叉项等来改进模型.

MATLAB 求解回归模型的功能强大且易于二次开发.

第二节　软件开发人员的薪金

示性变量在线性回归中须特殊处理.

一、问题提出

例 10-2　一家高科技公司人事部门为研究软件开发人员的薪金与他们的资历、管理责任、教育程度等之间的关系，计划建立一个模型，以便分析公司人事策略的合理性，并作为新聘用人员薪金的参考. 他们认为目前公司人员的薪金总体上是合理的，可以作为建模的依据，于是调查了 46 名软件开发人员的档案资料，如表 10-4 所示，其中资历一列指从事专业工作的年数；管理责任一列中 1 表示管理人员，0 表示非管理人员；教育程度一列中 1 表示中学程度，2 表示大学程度，3 表示更高程度(研究生).

表 10-4　软件开发人员的薪金与他们的资历、管理责任、教育程度之间的关系

编号	薪金	资历	管理责任	教育程度	编号	薪金	资历	管理责任	教育程度
1	13876	1	1	1	16	13231	4	0	3
2	11608	1	0	3	17	12884	4	0	2
3	18701	1	1	3	18	13245	5	0	2
4	11283	1	0	2	19	13677	5	0	3
5	11767	1	0	3	20	15965	5	1	1
6	20872	2	1	2	21	12366	6	0	1
7	11772	2	0	2	22	21351	6	1	3
8	10535	2	0	1	23	13839	6	0	2
9	12195	2	0	3	24	22884	6	1	2
10	12313	3	0	2	25	16978	7	1	1
11	14975	3	1	1	26	14803	8	0	2
12	21371	3	1	2	27	17404	8	1	1
13	19800	3	1	3	28	22184	8	1	3
14	11417	4	0	1	29	13548	8	0	1
15	20263	4	1	3	30	14467	10	0	1

续表

编号	薪金	资历	管理责任	教育程度	编号	薪金	资历	管理责任	教育程度
31	15942	10	0	2	39	26330	13	1	2
32	23174	10	1	3	40	17949	14	0	2
33	23780	10	1	2	41	25685	15	1	3
34	25410	11	1	2	42	27837	16	1	2
35	14861	11	0	1	43	18838	16	0	2
36	16882	12	0	2	44	17483	16	0	1
37	24170	12	1	3	45	19207	17	0	2
38	15990	13	0	1	46	19346	20	0	1

二、模型建立与求解

1. 模型建立

本问题涉及的变量有：

(1) 薪金 y (元) 为被解释变量.

(2) 资历 x_1 (年)，按照经验，薪金自然随着资历的增长而增加.

(3) 是否为管理人员 x_2，$x_2=\begin{cases}1, & 管理人员,\\ 0, & 非管理人员,\end{cases}$ 管理人员的薪金应高于非管理人员.

(4) 对于教育程度，一般来说学历越高薪金也越高，但在软件行业不一定学历越高薪金越高，并且高低不呈线性关系. 因此，将教育程度分解成两个变量

$$x_3=\begin{cases}1, & 中学,\\ 0, & 其他,\end{cases}\quad x_4=\begin{cases}1, & 大学\\ 0, & 其他\end{cases}$$

假设资历、管理责任、分解后的教育程度分别对薪金的影响是线性的，管理责任、教育程度、资历诸因素之间没有交互作用.

建立薪金与资历 x_1，管理责任 x_2，教育程度 x_3, x_4 之间的多元线性回归方程为

$$y=\beta_0+\beta_1x_1+\beta_2x_2+\beta_3x_3+\beta_4x_4+\varepsilon$$

其中，$\beta_0,\beta_1,\beta_2,\beta_3,\beta_4$ 为回归系数，ε 为随机误差.

2. 模型求解

利用 MATLAB 回归函数求解，数据以矩阵 M 存入 c06.m 中，模型求解代码如下：

```
c06
y=M(:,2);
```

```
x1=M(:,3);
x2=M(:,4);
x3=M(:,5)==1;
x4=M(:,5)==2;
x=[ones(size(x1)) x1 x2 x3 x4];
[b,bi,r,ri,s]=regress(y,x);
format short g
b,bi,s
```

运行结果见表 10-5.

表 10-5　模型的计算结果(例 10-2)

参数	参数估计值	参数置信区间
a_0	11032	[10258, 11807]
a_1	546	[484, 608]
a_2	6883	[6248, 7517]
a_3	−2994	[−3826, −2162]
a_4	148	[−636, 931]
R^2=0.95669　F=226.43　p=2.311×10^{-27}　s^2=1.057×10^6		

从表 10-5 知 $R^2 \approx 0.957$，即因变量(薪金)的 95.7%可由模型确定，F 值远远超过 F 的检验的临界值，p 远小于 α，因而模型从整体来看是可用的.

由于 a_4 的置信区间包含零点，说明这个系数的解释不可靠，模型存在缺点. 为了寻找改进的方向，可使用残差分析方法，残差指薪金的实际值 y 与用模型估计的薪金 $\hat{y}$ 之差，是模型中随机误差 ε 的估计值，仍使用符号 ε 表示.

我们将影响因素分成资历与管理责任-教育程度组合两类，管理责任-教育程度组合的定义如表 10-6 所示.

表 10-6　管理责任-教育程度组合

组合	1	2	3	4	5	6
管理责任	0	1	0	1	0	1
教育程度	1	1	2	2	3	3

为了对残差进行分析，使用 MATLAB 绘制 ε 与 x_1、管理责任 x_2-教育程度 x_3 与 x_4 组合间的关系，代码如 c08.m 下：

```
xx=M(:,4)+2*(M(:,5)-1)+1;
plot(x1,r,'+')
plot(xx,r,'+')
```

运行结果见图 10-7、图 10-8.

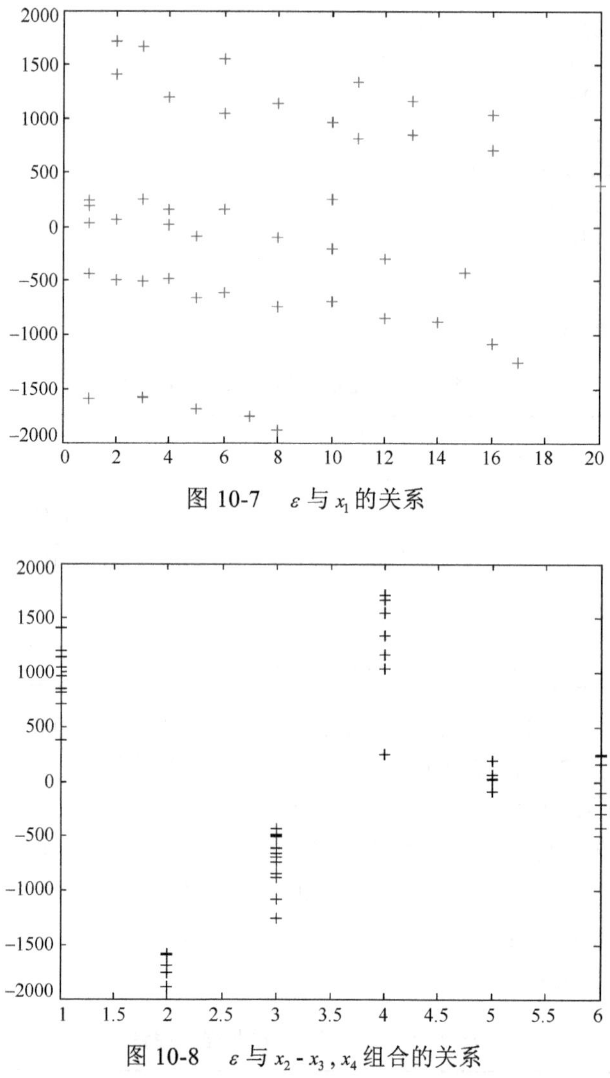

图 10-7　ε 与 x_1 的关系

图 10-8　ε 与 $x_2 - x_3, x_4$ 组合的关系

图 10-7 中，残差大概分成 3 个水平，这是 6 种管理责任-教育程度组合混合在一起，在模型中未被正确反映的结果；图 10-8 中，对于前 4 个管理责任-教育程度组合，残差或者全为正，或者全为负，也表明管理责任-教育程度组合在模型中处理不当.

在模型中管理责任和教育程度是分别起作用的，事实上，二者可能起着交互作用，如大学程度的管理人员的薪金会比其他两种教育程度的管理人员薪金高.

以上分析提醒我们，应在模型中增加管理责任 x_2 与教育程度 x_3， x_4 的交互项，建立新的回归模型.

3. 模型改进

通过以上分析，我们在上述模型中增加管理责任 x_2 与教育程度 x_3，x_4 的交互项，建立新的回归模型. 模型记作：

$$y=\beta_0+\beta_1x_1+\beta_2x_2+\beta_3x_3+\beta_4x_4+\beta_5x_2x_3+\beta_6x_2x_4+\varepsilon$$

其中，$\beta_0,\beta_1,\beta_2,\beta_3,\beta_4,\beta_5,\beta_6$ 为回归系数，ε 为随机误差.

利用 MATLAB 回归函数求解，代码如下：

```
x=[ones(size(x1)) x1 x2 x3 x4 x2.*x3 x2.*x4];
[b,bi,r,ri,s]=regress(y,x);
b,bi,s
```

运行结果见表 10-7.

表 10-7　改进模型计算结果(例 10-2)

参数	参数估计值	参数置信区间
a_0	11204	[11044, 11363]
a_1	497	[486, 508]
a_2	7048	[6841, 7255]
a_3	–1727	[–1939, –1514]
a_4	–348	[–545，–152]
a_5	–3071	[–3372，–2769]
a_6	1836	[1571, 2101]
R^2=0.9988　F =5545　$p=1.5077\times10^{-55}$　s^2=30047		

由表 10-7 可知，新模型的 R^2 和 F 值都比原模型有所改进，并且所有回归系数的置信区间都不含零点，表明新模型是完全可用的.

与原模型类似，运行 c08.m，绘制新模型的两个残差分析图(图 10-9 和图 10-10)，可以看出，原有图形的不正常现象已经消除，这也说明了新模型的适用性.

从图 10-9 和图 10-10 还可以发现一个异常点：他的实际薪金明显低于模型的估计值，也明显低于与他有类似经历的其他人的薪金. 此类数据在统计学中称为异常数据，应予剔除.

现在我们使用 MATLAB 残差分析图指令 rcoplot 寻找异常数据所在位置，代码如下：

```
rcoplot(r,ri)
```

图形结果见图 10-11.

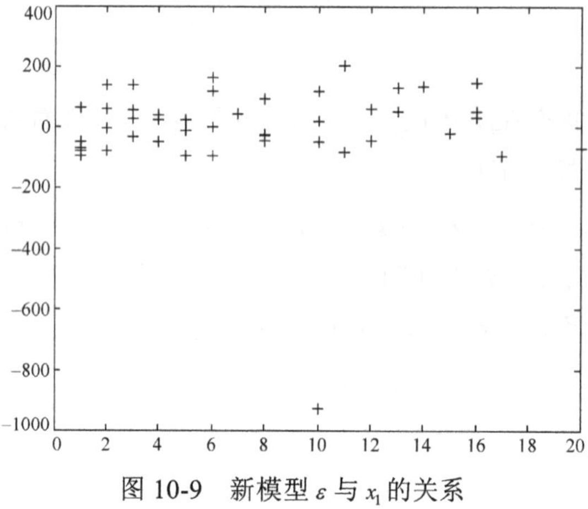

图 10-9　新模型 ε 与 x_1 的关系

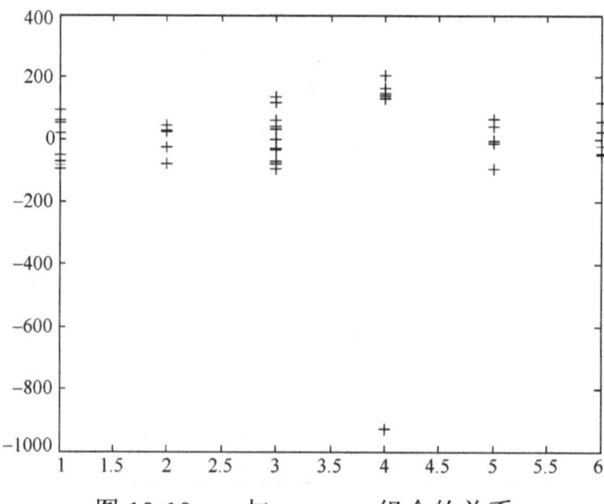

图 10-10　ε 与 $x_2 - x_3$，x_4 组合的关系

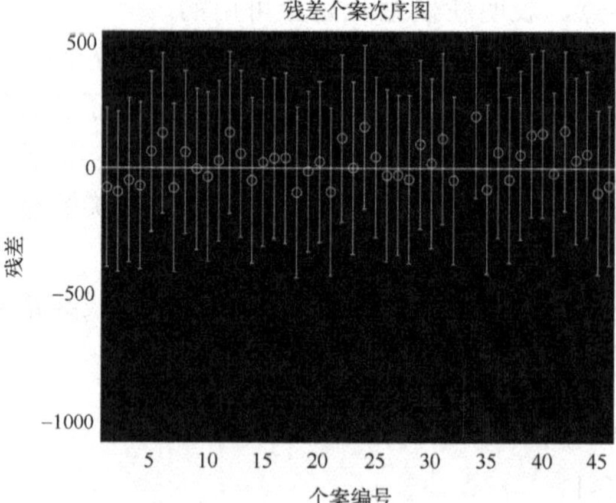

图 10-11　残差分析图

可以看出，异常为 33 号数据，剔除此数据，并对模型重新计算，得到的结果见表 10-8.

表 10-8 剔除异常数据的改进模型计算结果(例 10-2)

参数	参数估计值	参数置信区间
a_0	11200	[11139,11261]
a_1	498	[494,503]
a_2	7041	[6962,7120]
a_3	–1737	[–1818,–1656]
a_4	–356	[–431,–281]
a_5	–3056	[–3171,–2942]
a_6	1997	[1894,2100]
$R^2=0.9998$ $F=36701$ $p=6.6484\times10^{-70}$ $s^2=4347.4$		

使用 MATLAB，可得到剔除异常数据后的残差分析图见图 10-12、图 10-13. 可以看出，剔除异常数据后结果又有改善.

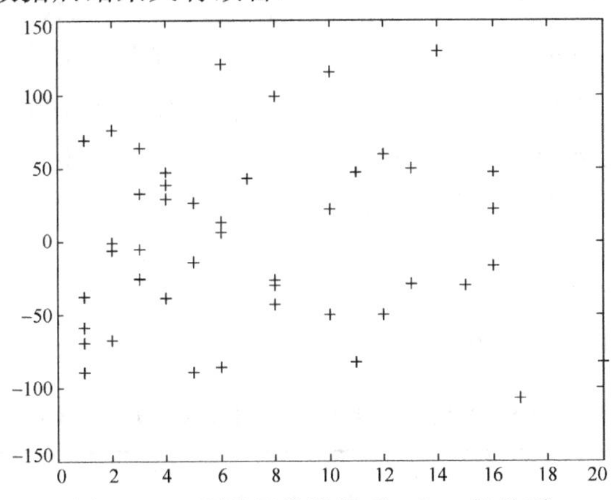

图 10-12 剔除异常数据后 ε 与 x_1 的关系

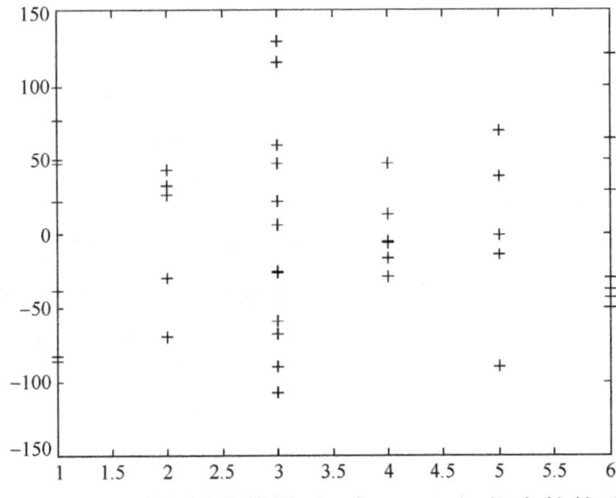

图 10-13 剔除异常数据后 ε 与 x_2 - x_3 , x_4 组合的关系

剔除异常数据(33 号)后重新进行回归分析，得到的结果更加合理.

4. 结果分析

模型的预测方程为

$$\hat{y}=\hat{\beta}_0+\hat{\beta}_1x_1+\hat{\beta}_2x_2+\hat{\beta}_3x_3+\hat{\beta}_4x_4+\hat{\beta}_5x_2x_3+\hat{\beta}_6x_2x_4$$

其中，$\hat{\beta}_0=11200$，$\hat{\beta}_1=498$，$\hat{\beta}_2=7041$，$\hat{\beta}_3=-1737$，$\hat{\beta}_4=-356$，$\hat{\beta}_5=-3056$，$\hat{\beta}_6=1997$.

比如，利用模型可以估计(或预测)一个大学毕业、有 2 年资历的管理人员的薪金为 $\hat{y}=20878$ 元.

模型中各个回归系数的含义可初步解释如下：x_1 的系数为 498，说明资历增加 1 年薪金增长 498 元；x_2 的系数为 7041，说明管理人员薪金比非管理人员薪金多 7041 元；x_3 的系数为-1737，x_2x_3 的系数为-3056，说明中学文化程度人员的薪金比更高学历人员的薪金少 1737 元，中学文化程度管理岗人员薪金会更少，少 3056 元；x_4 的系数为-356，x_2x_4 的系数为 1997，说明大学文化程度人员的薪金比其他人员的薪金少 356 元，大学文化程度管理岗人员薪金则会增加，多 1997 元.

需要指出，以上解释是就平均值来说的，并且一个因素改变引起的因变量的变化量，都是在其他因素不变的条件下成立的.

作为这个模型的应用之一，不妨用它来“制订”6 种管理责任-教育程度组合人员的“基础”薪金(即资历为零的薪金，当然这也是平均意义上的). 从模型表达式及系数估计值容易得到表 10-9.

表 10-9　6 种管理责任-教育程度组合人员的“基础”薪金

组合	管理责任	教育程度	系数	“基础”薪金
1	0	1	a_0+a_3	9463
2	1	1	$a_0+a_2+a_3+a_5$	13448
3	0	2	a_0+a_4	10844
4	1	2	$a_0+a_2+a_4+a_6$	19882
5	0	3	a_0	11200
6	1	3	a_0+a_2	18241

从表 10-9 中可以看出，大学程度的管理人员的薪金比研究生程度的管理人员的薪金高，而大学程度的非管理人员的薪金比研究生程度的非管理人员的薪金略低. 当然，这是根据这家公司实际数据建立的模型得到的结果，并不具普遍性.

三、评注

从以上分析中可以看出以下内容.

定性变量，如管理、教育，在回归分析中可以引入 0-1 变量来处理，0-1 变量的个数可比定性因素的水平少 1(如教育程度有 3 个水平，引入 2 个 0-1 变量).

运用残差分析方法，可以发现许多信息，比如发现模型的缺陷，引入交互作用项使模型更加完善和具有可行性.

第三节 酶 促 反 应

一、问题提出

例 10-3 酶，指具有生物催化功能的高分子物质. 在酶的催化反应体系中，反应物分子被称为底物，底物通过酶的催化转化为另一种分子. 几乎所有的细胞活动进程都需要酶的参与，以提高效率. 与其他非生物催化剂相似，酶通过降低化学反应的活化能来加快反应速率，大多数的酶可以将其催化的反应之速率提高上百万倍. 酶作为催化剂，本身在反应过程中不被消耗，也不影响反应的化学平衡.

某生化系学生为了研究嘌呤霉素在某项酶促反应中对反应速率和底物浓度之间的关系的影响，设计了两个实验，一个实验中使用的酶是经过嘌呤霉素处理的，而另一个是未经过嘌呤霉素处理的，所得实验数据见表 10-10.

表 10-10 嘌呤霉素实验反应速率与底物浓度数据

底物浓度/ppm		0.02	0.06	0.11	0.22	0.56	1.10
反应速率	处理	76 47	97 107	123 139	159 152	191 201	207 200
	未处理	67 51	84 86	98 115	131 124	144 158	160 —

试建立数学模型，反映该酶促反应的速率与底物浓度以及经嘌呤霉素处理与否之间的关系.

二、模型建立

酶催化的反应称为酶促反应，研究酶促反应的学科称为酶促反应动力学，简称酶动力学. 主要研究酶促反应的速率和底物浓度以及其他因素的关系.

根据酶动力学，酶促反应有两个基本性质：底物浓度较小时，反应速率大致与浓度成正比(一级反应)；底物浓度很大、渐近饱和时，反应速率趋于固定值(零级反应).

利用 MATLAB 绘制实验数据图形，数据保存在 c09.m，绘图代码如下：

```
C09;
figure(1)
```

```
plot(x1,y1,'or',x2,y2,'*')
figure(2)
x=0:0.01:1.2;
y=195.8027*x./(0.04841+x);
plot(x,y)
```

图形显示见图 10-14、图 10-15.

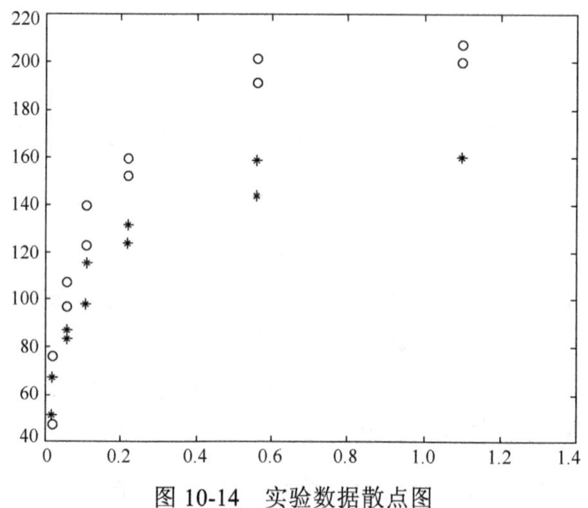

图 10-14　实验数据散点图

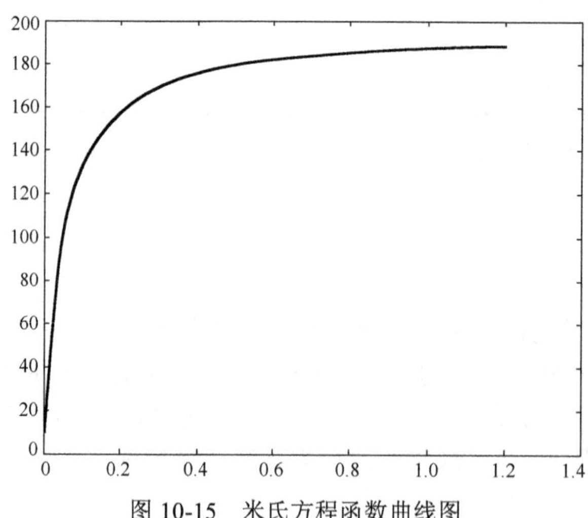

图 10-15　米氏方程函数曲线图

图 10-14 中“o”点为经过嘌呤霉素处理的实验数据、“*”点为未经嘌呤霉素处理的实验数据. 从图 10-14 中可以看出经过嘌呤霉素处理后反应速率明显增加，酶促反应的两个基本性质“一级反应、零级反应”亦非常明显. 反映这两个性质的

函数模型有很多，基本模型为米氏方程(Michaelis-Menten equation).

$$y = f(x,\beta) = \frac{\beta_1 x}{\beta_2 + x}$$

其中，x 为底物浓度(ppm)，y 为酶促反应速率(ppm/h)，$\beta = (\beta_1, \beta_2)$ 为参数. 函数曲线见图 10-15，可以看出米氏方程很好地反映了酶促反应的速率变化规律.

三、MATLAB 非线性回归分析

MATLAB 进行非线性回归分析的函数为 nlinfit，其调用格式为

```
[beta,R,J,CovB,MSE,ErrorModelInfo]=nlinfit (x,y,'model',beta0)
```

其中，输入参数为被解释变量列 y、解释变量矩阵 x、模型函数'model'、参数初值 beta0. model 为 MATLAB 函数.

输出参数为参数估计值 beta、残差 R、预测误差的 Jacobi 矩阵 J、回归系数的协方差 CovB、均方误差 MSE、错误信息 ErrorModelInfo.

注：非线性模型的拟合优度检验无法直接利用线性模型的方法，但 R^2 与剩余方差 s^2 仍然可以作为非线性模型拟合优度的度量指标.

此外，MATLAB 非线性回归分析函数还包括：

置信区间	`betaci=nlparci(beta,R,J)`
回归交互窗口	`nlintool (x,y,'model',beta)`

在后面的分析中，我们会用到.

四、模型求解

由于线性回归模型具有较好的理论支持，首先采用线性化模型.

1. 线性化模型

Michaelis-Menten 方程的参数为非线性方程，通过变换可化为线性模型：

$$\frac{1}{y} = \frac{1}{\beta_1} + \frac{\beta_2}{\beta_1}\frac{1}{x} = \theta_1 + \theta_2 \frac{1}{x}$$

于是，因变量 $\frac{1}{y}$ 对新参数 $\theta = (\theta_1, \theta_2)$ 是线性的.

利用 MATLAB 线性回归函数求解参数，对经过嘌呤霉素处理的实验数据求解，代码如下：

```
C09;
x=[ones(size(x20)), 1./x1];
```

```
y=1./y1;
[b,bint,r,rint,stats]=regress(y,x)
b1=1/b(1),b2=b(2)/b(1)
```

部分运行结果如下：

```
stats =
        0.8557   59.2975    0.0000    0.0000
b1 =
     195.8027
b2 =
     0.0484
```

拟合优度检验值 stats 为 $R^2=0.8557, F=59.2975, p=0.0000$，可以看出线性拟合程度高. 得到的方程为

$$y=f(x,\beta)=\frac{195.8027x}{0.0484+x}$$

利用 MATLAB 绘制拟合方程与实验数据图形，代码如下：

```
x13=0:0.01:1.2;
y13=b1*x13./(b2+x13);
plot(x1,y1,'o',x13,y13,'b')
```

图形显示见图 10-16.

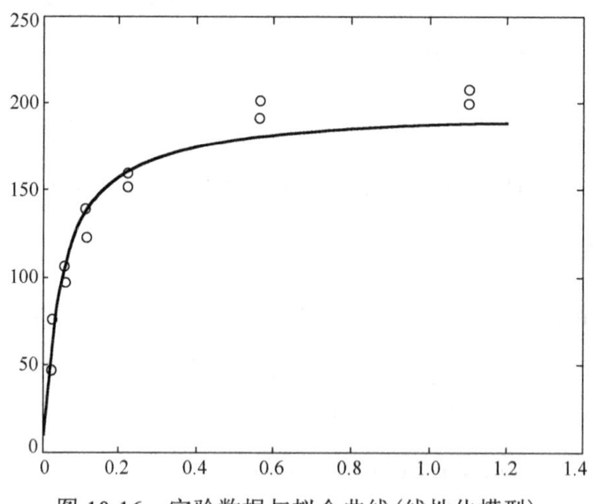

图 10-16　实验数据与拟合曲线(线性化模型)

从图 10-16 中可以看出，x 较大时，y 有较大偏差. 说明线性化对参数估计的准确性有影响. 但其结果仍具有价值，可作为非线性回归的初值.

类似，对未经过嘌呤霉素处理的实验数据求解，可得到参数的初值.

2. 非线性模型

使用 MATLAB 非线性回归函数求解参数，并计算 R^2. 对经过嘌呤霉素处理的实验数据求解，代码如下：

```
beta0=[b1  b2];
f1=@(beta,x)beta(1)*x./(beta(2)+x);
[beta,R,J]=nlinfit(x1,y1,f1,beta0)
betaci=nlparci(beta,R,J);
beta, betaci
r=corrcoef([y1 y1-R])
r2=r(1,2)^2
```

部分运行结果为

```
beta =
      212.6837    0.0641
betaci =
        197.2045  228.1629
          0.0457    0.0826
r2 =
    0.9637
```

类似，对未经过嘌呤霉素处理的实验数据求解，部分运行结果为

```
beta =
      160.2800    0.0477
betaci =
        145.6207  174.9393
          0.0301    0.0653
r2 =
    0.9409
```

利用 MATLAB 绘制拟合方程与实验数据图形，代码如下：

```
x=0:0.01:1.2;
y3=212.6837*x./(0.0641+x);
y4=160.2800*x./(0.0477+x);
plot(x1,y1,'*',x2,y2,'bo',x,y3,'b',x,y4,'b')
```

图形显示见图 10-17.

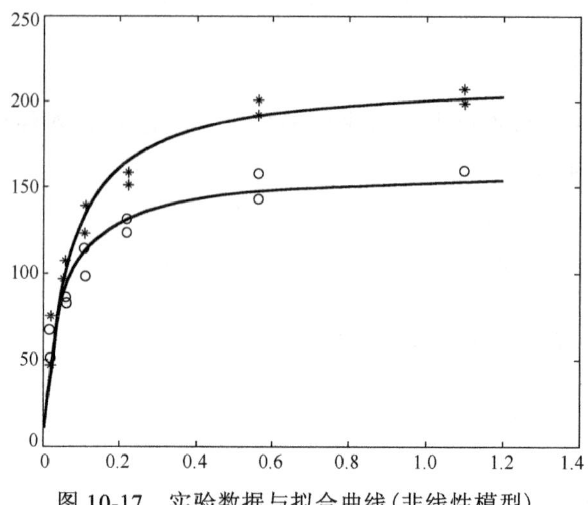

图 10-17　实验数据与拟合曲线(非线性模型)

从图 10-17 中可以看出，拟合效果已经较好地达到要求.

于是，可以得到此次实验酶促反应的速率方程. 经过嘌呤霉素处理的速率方程为

$$y = f(x,\beta) = \frac{212.6837x}{0.0641 + x}$$

从公式中可以看出，最终反应速率为 $\hat{\beta}_1 = 212.6837$，反应的“半速率点”(达到最终反应速率一半时的底物浓度)为 $\hat{\beta}_2 = 0.0641$.

未经过嘌呤霉素处理的速率方程可类似得到.

3. 混合反应模型

为了在同一模型中考察嘌呤霉素处理的影响，采用对参数附加增量的方法对原模型进行改进，考察混合反应模型：

$$y = f(x,\beta) = \frac{(\beta_1 + \gamma_1 t)x}{(\beta_2 + \gamma_2 t) + x}$$

其中，β_1 表示未经处理的最终反应速率，β_2 表示未经处理的反应的半速率点，γ_1 表示经处理后最终反应速率增长值，γ_2 为经处理后反应的半速率点增长值. x 表示底物浓度，y 表示反应速率；t 为示性变量，取 1 表示经过处理，取 0 表示未经处理.

使用 MATLAB 非线性回归函数求解，代码如下：

```
c09;
x=[x1 ones(size(x1))
   x2 zeros(size(x2))];
```

```
y=[y1;y2];
beta0=[160.2829  52.4 0.0477 0.01]';
f2=@(beta,x)(beta(1)+beta(2).*x(:,2)).*x(:,1)./...
    (beta(3)+beta(4).*x(:,2)+x(:,1));
[beta,R,J]=nlinfit(x,y,'f2',beta0);
betaci=nlparci(beta,R,J);
beta, betaci
r=corrcoef([y y-R])
r2=r(1,2)^2
```

部分运行结果为

```
beta =
       160.2801
        52.4036
         0.0477
         0.0164
betaci =
          145.8465  174.7137
           32.4131   72.3941
            0.0304    0.0650
           -0.0075    0.0403
r2 =
      0.9612
```

由于参数 γ_2 的区间估计包含零点，表明参数 γ_2 对被解释变量的影响不明显，这一结果与酶动力学的相关理论一致，即嘌呤霉素的作用不影响半速率参数. 于是模型简化为

$$y = f(x,\beta) = \frac{(\beta_1 + \gamma_1 t)x}{\beta_2 + x}$$

类似使用 MATLAB 非线性回归函数求解，代码如下：

```
f3=@(beta,x)(beta(1)+beta(2).*x(:,2)).*x(:,1)./...
(beta(3)+x(:,1));

beta0=[160.2829  52.4 0.0477 ]';
[beta,R,J]=nlinfit(x,y,'f3',beta0);
betaci=nlparci(beta,R,J);
beta, betaci
r=corrcoef([y y-R])
```

```
r2=r(1,2)^2
```

部分运行结果为

```
beta =
       166.6041
        42.0260
         0.0580
betaci =
          154.4900  178.7181
           28.9425   55.1094
            0.0456    0.0703
r2 =
      0.9584
```

参数置信区间不含零点，模型可以使用. 此次实验酶促反应的速率方程为

$$y=\frac{(166.6041+42.0260t)x}{0.0580+x}$$

五、评注

使用样本数据讨论变量之间的关系时，可以研究相关理论并通过机理分析函数关系式. 求解非线性回归模型时，可以先转化为求解线性模型，发现问题，并可得到参数初值. 在一些特殊讨论中，比如判断嘌呤霉素处理对反应速率与底物浓度关系的影响时，可以引入 0-1 变量，形成混合模型.

在模型求解时，检查参数置信区间是否包含 0 点是参数显著性检验的方法.

非线性模型的拟合优度检验无法直接利用线性模型的方法，但 R^2 与剩余方差 s^2 仍然可以作为非线性模型拟合优度的度量指标.

第四节　MATLAB 统计工具箱

统计工具箱基于 MATLAB 数值计算环境，支持范围广泛的统计计算任务. 它包括 200 多个处理函数，概率计算和描述统计分析在上一章已介绍过，回归分析在本章已介绍过，其他主要统计分析函数包括参数分析等.

一、参数估计

已知总体分布，通过样本统计量估计总体参数如均值、方差的方法称为参数估计. 通过 MATLAB 进行参数估计的函数见表 10-11.

表 10-11　MATLAB 参数估计函数表

函数	功能	说明
[muhat,sigmahat,muci,sigamaci] =分布+fit(data,alpha)	参数估计	总体为正态分布 输入：数据、显著性水平 输出：均值点估计、方差点估计、均值置信区间、方差置信区间
[phat,pci]=mle(data,Name,Value)	最大似然估计	输入：数据、分布、值 输出：点估计、置信区间

例 10-4　选用某班某课程的期末成绩作为分析数据，数据略.

参数估计的 MATLAB 代码如下：

```
[muhat,sigmahat,muci,sigamaci]=normfit(x,0.05)
[phat,pci]=mle(x,'distribution','norm')
```

运行结果如下：

```
muhat =
        77.4118
sigmahat =
            15.3417
muci =
        73.0968
        81.7267
sigamaci =
            12.8365
            19.0709
phat =
        77.4118   15.1905
pci =
       73.0968   12.8365
       81.7267   19.0709
```

二、非参数检验

在总体方差未知或知道甚少的情况下，利用样本数据对总体分布形态等进行推断的方法，称为非参数检验. 通过 MATLAB 进行非参数检验的函数见表 10-12.

表 10-12　MATLAB 非参数检验函数表

函数	功能	说明
[h,p,kstat,critval] = lillietest (x)	小样本正态检验	输入：数据、显著性水平 输出：结果、相伴概率、检验统计量、分位点
[h,p,jbstat,cv] = jbtest (x,alpha)	大样本正态检验	
[h,p,ksstat,cv] = kstest (x)	标准正态检验	
[h,p,ksstat,cv] = kstest (x,cdf,alpha,tail)	单样本 K-S 检验	
[h,p,ks2stat]=kstest2 (x,y)	双样本 K-S 检验	
[p,h,state] = ranksum (x,y,alpha)	*U* 检验：中位数比较	
[p,h,state] =signrank (x,y)	相同维数：中位数比较	
cdfplot (x)	分布图	

由于原假设又称零假设，备择假设又称一假设，所以 h=0 代表接受原假设，h = 1 代表拒绝原假设.

例 10-5　利用 MATLAB 自带数据：石油价格 gas.mat，检验两组数据是否为正态分布，两组数据分布是否相同？

非参数检验的 MATLAB 代码如下：

```
load gas
[h,p,s]=lillietest(price1)
[h,p,s]=kstest2(price1,price2)
```

运行结果如下：

```
h =
    0
p =
    0.5000
s =
     0.0940
h =
    0
p =
    0.0591
s =
    0.4000
```

三、假设检验

根据假设条件由样本推断总体的一种方法称为假设检验. 通过 MATLAB 进行假设检验的函数见表 10-13.

表 10-13 MATLAB 假设检验函数表

函数	功能	说明
[h,sig,ci,zval]=ztest(x,m,sigma,alpha,tail)	Z 检验	方差已知 输入：数据、均值、方差、显著性水平、选项 输出：结果、相伴概率、区间估计、统计量
[h,sig,ci,stats]=ttest(x,m, alpha,tail)	T 检验	方差未知
[h,sig,ci,stats]=ttest2(x,m, alpha,tail)	双样本 T 检验	方差未知

例 10-6 选用某班某课程的期末成绩作为分析数据，数据略.

假设检验的 MATLAB 代码如下：

```
[h,sig,ci,stats]=ttest(x,80)
[h,sig,ci,stats]=ttest2(x,y)
```

运行结果如下：

```
h =
    0
sig =
     0.2498
ci =
    71.8252
    82.1748
stats =
        tstat: -1.1644
           df: 50
           sd: 18.3989
h =
    0
sig =
     0.9026
ci =
    -7.0670
     6.2435
stats =
        tstat: -0.1227
           df: 100
           sd: 16.9394
```

四、方差分析

方差分析(analysis of variance，ANOVA)，又称“变异数分析”，用于两个及两个以上样本均值差别的显著性检验. 通过 MATLAB 进行方差分析的函数见表 10-14.

表 10-14　MATLAB 方差分析函数表

函数	功能	说明
[p,anovatab,stats] =anova1(x,group,displayopt)	单因素方差分析	输入：数据、分组、显示选项 输出：概率、方差分析表、结构
[c,m]=multcompare(stats)	多重均值比较	相伴指令
[p, table,stats] =anova2(x,reps,displayopt)	多因素方差分析	输入：数据、实验次数、显示选项 输出：概率、方差分析表、结构

例 10-7　利用 MATLAB 自带数据：乳杆菌 hogg.mat，检验五组数据是否有显著性差异？

方差分析的 MATLAB 代码如下：

```
load hogg
[p,anovatab,stats]=anova1(hogg)
[c,m]=multcompare(stats)
```

运行结果以数据和图形(见图 10-18—图 10-20)两种方式显示，部分结果如下：

```
p =
     1.1971e-04
stats =
        gnames: [5x1 char]
             n: [6 6 6 6 6]
        source: 'anova1'
         means: [23.8333 13.3333 11.6667 9.1667 17.8333]
            df: 25
             s: 4.7209
```

ANOVA Table

Source	SS	df	MS	F	Prob>F
Columns	803	4	200.75	9.01	0.0001
Error	557.17	25	22.287		
Total	1360.17	29			

图 10-18　方差分析表

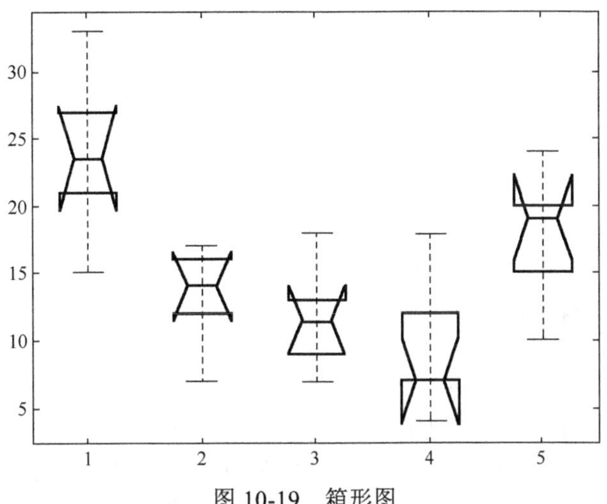

图 10-19 箱形图

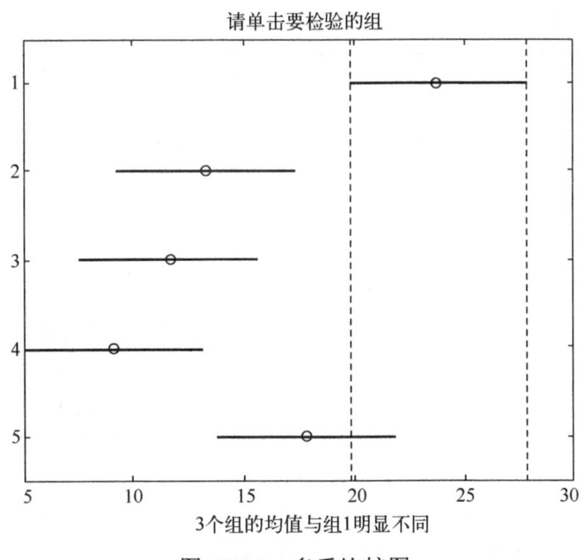

图 10-20 多重比较图

另两个方差分析例子的 MATLAB 代码请读者自行分析. 代码一如下:

```
%traffic accident
x=[15 17 14 11 12 10 13 17 14 20 25 13 15 12 14 9 7 10 …
8 7 13 12 9 14 10 9];
g=[1 1 1 1 2 2 2 2 2 3 3 3 3 3 4 4 4 4 4 4 5 5 5 5 5 5]
[p,t,s]=anova1(x,g)
figure
[c,m]=multcompare(s)
```

代码二如下：

```
%auto mpg
load mileage
mileage
[p,table,stats]=anova2(mileage,3)
figure
[c,m]=multcompare(stats)
```

五、主成分分析、因子分析

主成分分析、因子分析均为把多个存在较强的相关性的变量综合成少数几个不相关的综合变量来研究总体各方面信息的多元统计方法. 主成分分析是将主成分表示为原观测变量的线性组合，因子分析则是对原观测变量分解成公共因子和特殊因子两部分. 通过 MATLAB 进行主成分分析、因子分析的函数见表 10-15.

表 10-15　MATLAB 主成分分析、因子分析函数表

函数	功能	说明
X=zscore(x)	标准化	输入：样本数据 输出：标准化数据
[coeff,score,latent,tsquared,explained,mu]=pca(x)	主成分分析	输入：样本数据 输出：特征向量矩阵、主成分得分、特征值、奇异点判别统计量、方差百分比、估计均值
[coeff, latent,explained] =pcacov(v)	主成分分析	输入：协方差矩阵 输出：特征向量矩阵、特征值、方差贡献率
[lambda,psi,T,stats,F] = factoran(X,m)	因子分析	输入：观测数据、因子个数 输出：载荷矩阵、方差最大似然估计、旋转矩阵、统计量(loglike 表示对数似然函数最大值、dfe 误差自由度、chisq 近似卡方检验统计量、p 相伴概率)、因子得分 默认：因子旋转——方差最大法

例 10-8　利用 MATLAB 自带数据：城市生活质量 cities.mat，将指标 climate housing，health，crime，transportation，education，arts，recreation，economics 进行缩减.

主成分分析的 MATLAB 代码 c20.m 如下：

```
load cities
X=zscore(ratings);
[coeff,score,latent,tsquared]=pca(X)
```

部分运行结果如下：

```
coeff =
        0.2064    0.2178   -0.6900    0.1373    0.3691   -0.3746
```

```
0.0847   -0.3623    0.0014
              0.3565    0.2506   -0.2082    0.5118   -0.2335    0.1416
0.2306    0.6139    0.0136
              0.4602   -0.2995   -0.0073    0.0147    0.1032    0.3738
-0.0139   -0.1857   -0.7164
              0.2813    0.3553    0.1851   -0.5391    0.5239   -0.0809
-0.0186    0.4300   -0.0586
              0.3512   -0.1796    0.1464   -0.3029   -0.4043   -0.4676
0.5834   -0.0936    0.0036
              0.2753   -0.4834    0.2297    0.3354    0.2088   -0.5022
-0.4262    0.1887    0.1108
              0.4631   -0.1948   -0.0265   -0.1011    0.1051    0.4619
0.0215   -0.2040    0.6858
              0.3279    0.3845   -0.0509   -0.1898   -0.5295   -0.0899
-0.6279   -0.1506   -0.0255
              0.1354    0.4713    0.6073    0.4218    0.1596   -0.0326
0.1497   -0.4048    0.0004
       latent =
              3.4083
              1.2140
              1.1415
              0.9209
              0.7533
              0.6306
              0.4930
              0.3180
              0.1204
```

六、聚类分析

聚类分析是对样品或指标进行分类的一种多元统计分析. 在 MATLAB 中，聚类分析是通过多个函数完成的，见表 10-16.

表 10-16　MATLAB 聚类分析函数表

函数	功能	备注
X=zscore(x)	标准化	x 为样本数据
Y = pdist(X,'metric')	距离	默认欧氏平方距离
Y=squareform(y)	距离矩阵	y 为距离数据
Z=linkage(y,method)	组间距离	'single','complete','average','weighted', 'centroid', 'median', 'ward'
dendrogram(Z)	聚类树	z 为组间距离
T=cluster(Z, 'maxclust',n)	类成员	需定义类个数

例 10-9　我国某年部分省、自治区、直辖市生活质量数据见表 10-17，利用此数据将各省份归类.

表 10-17　我国某年部分省、自治区、直辖市生活质量数据①

地区	综合指数	社会结构	经济与技术发展	人口素质	生活质量	法制与治安
北京	93.20	100.00	94.70	108.40	97.40	55.50
上海	92.30	95.10	92.70	112.00	95.40	57.50
天津	87.90	93.40	88.70	98.00	90.00	62.70
浙江	80.90	89.40	85.10	78.50	86.60	58.00
广东	79.20	90.40	86.90	65.90	86.50	59.40
江苏	77.80	82.10	74.80	81.20	75.90	74.60
辽宁	76.30	85.80	65.70	93.10	68.10	69.60
福建	72.40	83.40	71.70	67.70	76.00	60.40
山东	71.70	70.80	67.00	75.70	70.20	77.20
黑龙江	70.10	78.10	55.70	82.10	67.60	71.00
吉林	67.90	81.10	51.80	85.80	56.80	68.10
湖北	65.90	73.50	48.70	79.90	56.00	79.00
陕西	65.90	71.50	48.20	81.90	51.70	85.80
河北	65.00	60.10	52.40	75.60	66.40	76.60
山西	64.10	73.20	41.00	73.00	57.30	87.80
海南	64.10	71.60	46.20	61.80	54.50	100.00
重庆	64.00	69.70	41.90	76.20	63.20	77.90
内蒙古	63.20	73.50	42.20	78.20	50.20	81.40
湖南	60.90	60.50	40.30	73.90	56.40	84.40
青海	59.90	73.80	43.70	63.90	47.00	80.10
四川	59.30	60.70	43.50	71.90	50.60	78.50
宁夏	58.20	73.50	45.90	67.10	46.70	61.60
新疆	64.70	71.20	57.20	75.10	57.30	64.60
安徽	56.70	61.30	41.20	63.50	52.50	72.60
云南	56.70	59.40	49.80	59.80	48.10	72.30
甘肃	56.60	66.00	36.60	66.20	45.80	79.40
广西	56.10	63.80	37.10	64.40	56.10	66.60
江西	54.70	66.40	33.30	61.60	45.60	77.50
河南	54.50	51.60	42.10	63.30	55.00	66.90
贵州	51.10	61.90	31.50	56.00	41.00	75.60
西藏	50.90	59.70	50.10	56.70	29.90	62.40

① 该数据来源于文献：郭云飞，肖雅，林红飞. 2016. 全国各地区的小康和现代化指数的聚类分析. 消费导刊, 7: 41-42.

聚类分析的 MATLAB 代码如下：

```
X=zscore(data);
y=pdist(X)
Y=squareform(y)
Z=linkage(y)
dendrogram(Z)
plot(Z(:,3),'*')
T=cluster(Z,'maxclust',3)'
```

运行结果以数据和图形(见图 10-21、图 10-22)两种方式显示，部分结果如下：

```
Z =
    26.0000   28.0000    0.4533
     1.0000    2.0000    0.5490
    12.0000   18.0000    0.6079
    24.0000   25.0000    0.6178
    13.0000   34.0000    0.6703
    27.0000   35.0000    0.6950
    19.0000   21.0000    0.7205
    30.0000   32.0000    0.7225
    17.0000   36.0000    0.7286
    38.0000   39.0000    0.8043
    20.0000   41.0000    0.8257
    10.0000   11.0000    0.8459
    15.0000   40.0000    0.8484
    37.0000   42.0000    0.8831
     4.0000    5.0000    0.9433
    29.0000   45.0000    1.0041
    14.0000   44.0000    1.0049
    47.0000   48.0000    1.1031
     9.0000   43.0000    1.1631
    22.0000   49.0000    1.2214
    50.0000   51.0000    1.2389
    23.0000   52.0000    1.2440
     6.0000    7.0000    1.2443
     3.0000   33.0000    1.2660
    53.0000   54.0000    1.2820
     8.0000   46.0000    1.3359
```

```
        16.0000   56.0000    1.4762
        31.0000   58.0000    1.5585
        55.0000   57.0000    1.6637
        59.0000   60.0000    1.7642
    T =
        1    1    1    2    2    3    3    2    3    3    3    3
3    3    3    3    3    3    3    3    3    3    3    3    3    3
3    3    3    3    3
```

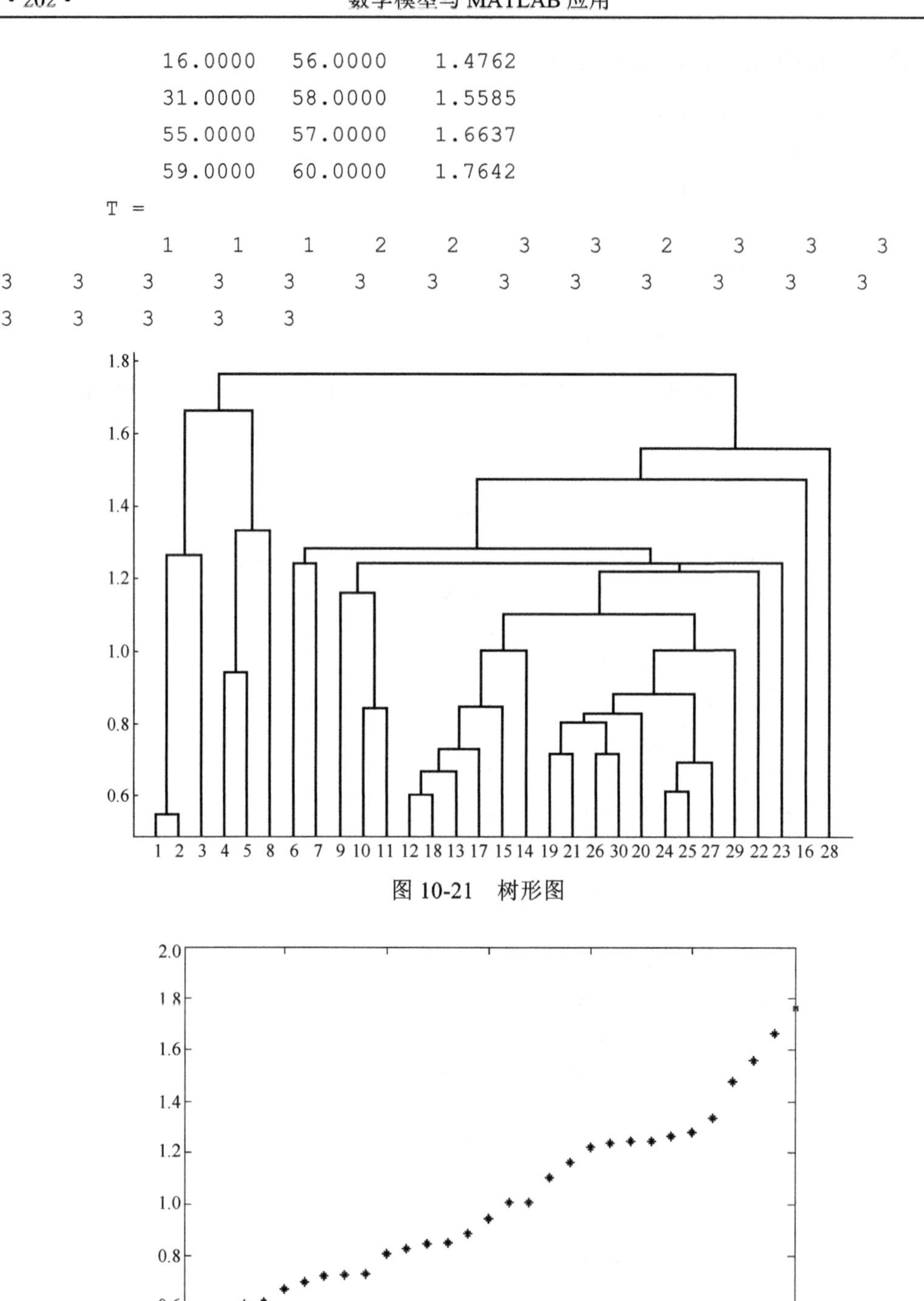

图 10-21　树形图

图 10-22　碎石图

习　题　十

1. 某地区 12 个气象观测站近 5 年来(2019—2023)各观测站测得的月降水量(单位：毫米)数据见表 10-18 中：行为月数据、列为 12 个观测站数据. 求：

表 10-18　气象观测站月降水量数据

序号	观测											
	1	2	3	4	5	6	7	8	9	10	11	12
1	213	70	171	213	548	219	214	163	375	204	147	205
2	304	102	185	240	348	197	413	389	0	525	151	303
3	381	109	221	290	486	349	384	319	201	336	140	302
4	411	122	239	302	570	239	396	341	113	376	279	354
5	512	138	236	281	338	326	287	356	644	281	258	284
6	405	145	260	288	640	462	631	749	799	734	807	517
7	465	128	257	309	717	357	237	482	355	366	234	276
8	430	132	236	278	88	353	462	444	189	564	414	440
9	337	118	223	255	616	325	398	412	0	485	3	181
10	287	91	201	256	589	241	486	115	178	274	194	275
11	239	67	174	230	302	175	321	266	397	286	203	268
12	164	43	156	215	617	122	340	451	204	456	227	371
13	194	65	149	197	199	141	201	265	0	225	143	130
14	217	93	198	244	450	214	322	516	408	341	255	221
15	373	118	198	246	730	174	378	322	0	359	261	350
16	353	128	216	265	722	333	544	241	390	415	230	335
17	398	133	235	287	332	359	347	257	172	596	566	399
18	413	152	229	296	471	484	524	456	303	297	351	470
19	422	142	224	276	508	434	186	401	38	391	301	391
20	382	136	208	264	508	191	458	440	71	435	384	342
21	330	117	202	273	413	374	407	336	510	453	363	438
22	222	87	167	213	598	107	267	225	104	252	158	211
23	226	79	161	218	248	239	294	136	449	159	38	128
24	172	43	143	196	260	120	190	136	123	345	154	228
25	104	66	136	178	248	51	225	260	162	256	181	261
26	169	89	174	199	191	197	283	297	357	352	90	241

续表

序号	观测											
	1	2	3	4	5	6	7	8	9	10	11	12
27	271	115	199	225	469	281	511	454	205	260	222	298
28	320	135	189	235	661	195	454	488	215	312	349	294
29	320	143	200	244	514	247	386	346	202	409	289	375
30	338	141	222	268	485	258	426	539	449	629	281	389
31	344	139	210	245	425	320	335	311	82	506	264	324
32	280	138	209	262	334	421	446	383	0	520	239	471
33	295	111	195	247	340	167	204	263	330	200	202	222
34	217	92	173	216	0	280	139	161	64	273	246	184
35	152	81	154	212	354	164	243	338	187	275	139	249
36	123	35	123	156	291	127	213	116	25	160	233	157
37	84	74	145	184	151	72	182	113	168	117	102	114
38	221	92	147	195	221	169	332	93	176	241	66	199
39	264	118	178	215	326	210	404	317	105	439	370	369
40	272	141	193	255	481	314	185	272	892	313	365	377
41	315	146	190	255	669	344	375	362	406	521	318	345
42	357	154	210	263	563	344	524	258	0	342	345	383
43	315	137	195	231	204	212	328	98	432	156	104	178
44	292	140	207	264	767	292	555	72	225	184	283	206
45	245	114	171	196	149	201	270	283	73	295	212	269
46	173	93	163	207	515	81	232	365	211	460	201	256
47	147	83	136	218	448	137	231	187	190	240	119	178
48	64	40	100	154	213	89	144	62	0	125	79	98
49	144	71	108	146	209	175	253	78	88	162	133	154
50	147	98	151	210	357	150	206	319	185	414	17	235
51	234	120	163	210	588	184	383	541	156	748	264	537
52	284	136	193	254	432	407	321	468	168	480	49	514
53	297	149	202	249	278	208	249	285	86	99	90	166
54	339	150	216	280	378	435	404	624	286	644	169	460
55	309	142	203	263	386	304	353	490	185	431	278	383
56	229	132	182	234	291	176	302	288	295	285	144	218
57	204	117	175	222	411	209	160	214	246	307	234	241
58	138	88	142	195	513	106	223	200	69	400	272	279
59	103	73	127	175	81	125	212	184	44	245	209	204
60	4	49	101	150	410	62	177	238	116	243	92	120

(1) 哪一年第几月哪个气象观测站的降水量最大？哪一年哪个气象观测站的降水量最小？

(2) 哪个气象观测站的数据通过其他气象观测站数据来推测效果最好？若将此气象观测站撤销，这个气象站数据如何通过其他气象站观测数据得到？

2. 收集上市公司年报数据，根据各经济指标，比较各行业是否具有显著差异.

第十一章　图 论 模 型

图是用于描述现实世界中离散客体之间关系的有用工具. 自从 1736 年欧拉(Euler)利用图论的思想解决了哥尼斯堡(Konigsberg)七桥问题以来，图论经历了漫长的发展道路. 在很长一段时期内，图论被当成是数学家的智力游戏，被用来解决一些著名的难题，如迷宫问题、尼姆(Nim)博弈问题、跳马问题、四色问题和哈密顿环球旅行问题等，曾经吸引了众多的学者. 图论中许多概念和定理的建立都与解决这些问题有关. 图论算法在计算机科学中扮演着很重要的角色，从计算机的设计到系统之间信息的传输、软件的设计、信息结构的分析研究、信息的储存和检索等，都要在一定程度上用到图. 图论已成为数学的一个重要分支.

第一节　图的一般理论

一、图的概念

1. 引例：哥尼斯堡七桥问题

哥尼斯堡在 18 世纪属东普鲁士，位于普雷格尔河畔，河中有两个岛，通过七座桥彼此相连(图 11-1).

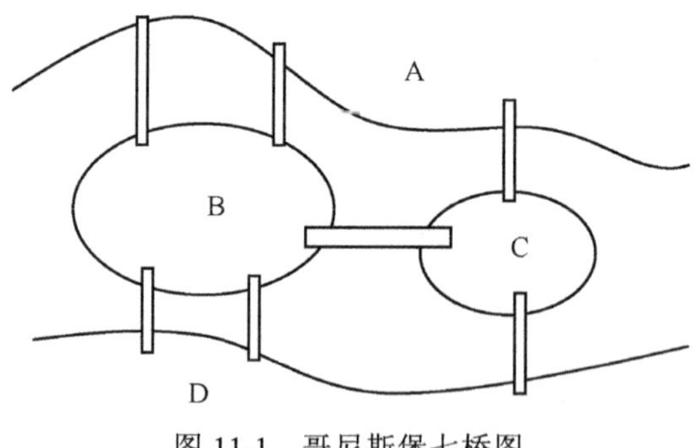

图 11-1　哥尼斯堡七桥图

问题：是否存在从某点出发通过每座桥且每桥只通过一次回到起点的路线？

1736 年，29 岁的欧拉仔细研究了这个问题，将上述四块陆地与七座桥的关系用一个抽象图形来描述(图 11-2)，其中陆地用空心圆点表示、陆地之间的桥梁连接用两点间的弧边表示. 于是问题就变成：从图中任一点出发，通过每条边一次而返回原点的回路是否存在？

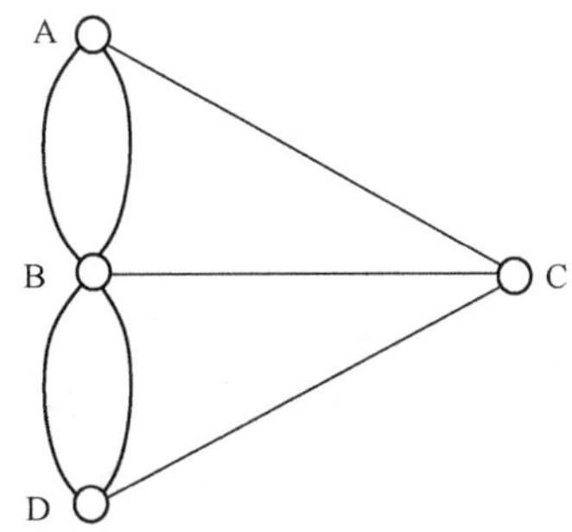

图 11-2　哥尼斯堡七桥问题抽象图

1736 年，欧拉向圣彼得堡科学院递交了《哥尼斯堡的七座桥》的论文，在解答问题的同时，开创了数学的一个新的分支——图论与几何拓扑.

2. 图的基本概念

图 G 由两个集合 V ， E 组成，其中 $V=\{v_1,v_2,\cdots,v_n\}$ 是一个非空有限集合称为点集， $E=\{e_1,e_2,\cdots,e_m\}$ 是由集合 V 中元素组成的序偶的集合称为边集，即 $e_k=v_iv_j\ (v_i,v_j\in V)$，记 $G=\langle V,E\rangle$.

当边 $e_k=v_iv_j$ 时，称 v_i,v_j 为边 e_k 的端点，称 v_i 与 v_j 邻接，称边 e_k 与顶点 v_i,v_j 关联. 与顶点 v_i 关联的边的个数称为顶点 v_i 的度数，简称度.

若减少图 $G=\langle V,E\rangle$ 中的点和边得到的集合 V',E' 仍构成图 $G'=\langle V',E'\rangle$，则称 G' 为 G 的子图.

图可以用图形来表示，顶点也称结点，或简称点，在图形中用一空心圆点表示. 边在图形中用线段或曲线段表示，所以也可称为弧. 有时我们为了叙述方便，不区分图与其图形两个概念.

例 11-1　将图 11-3 显示的图形用图的定义方法表示.

解　图形(图 11-3)用图的方法表示，则为

$$G=\langle V,E\rangle$$

其中，

$$V=\{v_1,v_2,v_3,v_4,v_5\},\quad E=\{e_1,e_2,e_3,e_4\}=\{v_1v_2,v_2v_4,v_1v_5,v_2v_5\}$$

注意，一个图的图形表示法可能不是唯一的. 表示结点的空心圆点和表示边的线，它们的相对位置是没有实际意义的. 因此，对于同一个图，可能画出很多表面不一致的图形来. 例如此例 $G=\langle V,E\rangle$ 的图形(图 11-3)，还可以用图 11-4 来表示.

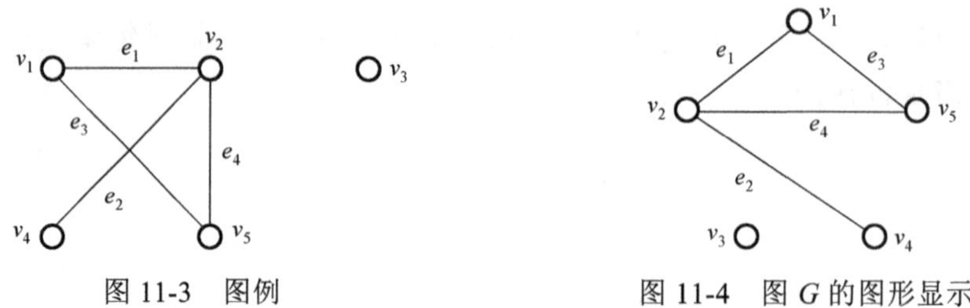

图 11-3　图例　　　　图 11-4　图 G 的图形显示

将此概念推广. 很多表面上看来似乎不同的图却可以有着极为相似的图形表示，这些图之间的差别仅在于结点和边的名称的差异，从邻接关系的意义上看，它们本质上都是一样的，可以把它们看成是同一个图的不同表现形式，我们称这两个图同构.

二、图的矩阵表示

图形表示是图的一种表示方法，它的优点是形象直观，但有时为了便于代数研究，特别是通过计算机研究图时，人们也常用矩阵来表示图，通常使用两种矩阵：邻接矩阵、关联矩阵.

端点重合为一点的边称为自回路. 一个图如果没有自回路、两点间最多有一条边，称此图为简单图. 简单图的邻接矩阵、关联矩阵如下.

邻接矩阵：
$$A=(a_{ij})_n$$
$$a_{ij}=\begin{cases}1, & (v_i,v_j)\in E\\ 0, & (v_i,v_j)\notin E\end{cases}$$

关联矩阵：
$$R=(r_{ij})_{n\times m}$$
$$r_{ij}=\begin{cases}1, & i\text{ 点为 } j\text{ 边端点}\\ 0, & \text{否则}\end{cases}$$

例 11-1 中图 11-3 的邻接矩阵、关联矩阵分别为

$$A=\begin{pmatrix}0&1&0&0&1\\1&0&0&1&1\\0&0&0&0&0\\0&1&0&0&0\\1&1&0&0&0\end{pmatrix}$$

$$R=\begin{pmatrix}1&0&1&0\\1&1&0&1\\0&0&0&0\\0&1&0&0\\0&0&1&1\end{pmatrix}$$

三、图的连通性

在图 $G=\langle V,E\rangle$ 中，沿点和边连续地移动而到达另一确定的点的连接方式称为通路，简称路. 若图 G 中点 u 和 v 之间存在一条路，则称 u 和 v 在 G 中是连通的. 若图 G 中任何两点都是连通的，则称图 G 为连通图.

设 A 是图 $G=\langle V,E\rangle$ 的邻接矩阵，记

$$B=A^2=(b_{ij})_n$$

由矩阵的乘法得

$$b_{ij}=\sum_{k=1}^{n}a_{ik}a_{kj}$$

其中，a_{ik},a_{kj} 分别代表点 v_i 与 v_k 、点 v_k 与 v_j 是否有边.

$a_{ik}a_{kj}=1$ 当且仅当 $a_{ik}=a_{kj}=1$，从而 $a_{ik}a_{kj}=1$ 当且仅当存在一条对应的长度为 2 的有向道路 $P=v_iv_kv_j$. 于是 b_{ij} 之值表示从 v_i 到 v_j 的长度为 2 的通路的个数，即 A^2 代表两点间长度为 2 的通路个数的矩阵.

同理可得：A^3 代表两点间长度为 3 的通路个数的矩阵，等等.

两点若是连通的，则这两点之间至少存在一条通路，将此条通路中的回路去掉仍为此两点的通路，而不含回路的通路长度最长为 $n-1$，所以两点若是连通的，则这两点之间至少存在一条长度小于等于 $n-1$ 的通路.

记 $C^{(k)}=A+A^2+\cdots+A^k=(c_{ij}^{(k)})_n,k\geqslant 1$，则 $C^{(k)}$ 代表两点间长度小于等于 k 的通路个数的矩阵. 于是，从矩阵 $C^{(n-1)}$ 便可看出一个图是否是连通的，记录这种连通性的矩阵称为可达性矩阵：$P=(p_{ij})_n$，

$$p_{ij}=\begin{cases}1, & c_{ij}^{(n-1)}\geqslant 1\\ 0, & c_{ij}^{(n-1)}=0\end{cases}$$

例 11-1 中图 11-3 的可达性矩阵使用 MATLAB 计算，代码如下：

```
A=[0 1 0 0 1
   1 0 0 1 1
   0 0 0 0 0
   0 1 0 0 0
   1 1 0 0 0]
P=(A+A^2+A^3+A^4)>0
```

运行结果如下：

```
P =
    1    1    0    1    1
    1    1    0    1    1
    0    0    0    0    0
    1    1    0    1    1
    1    1    0    1    1
```

即图 11-3 不是连通图.

四、图论算法

图论是一个十分有趣而且与相关学科竞赛联系紧密的数学分支，图论中有许多著名的算法. 随着图论问题的日渐增多，一些经典图论模型与它们的相关算法已成为竞赛中不可或缺的知识. 与此同时，题目也越来越注重模型的转换与算法的优化.

著名的图论问题及算法如下.

(1) 最短路问题(shortest path problem).

出租车司机要从城市甲到乙，在纵横交错的路中如何选择一条最短的路线?

算法：Dijkstra 算法、Floyd 算法.

(2) 最小生成树问题(minimum-weight spanning tree problem).

为了给小山村的居民送电，每户立了一根电杆，怎样连接可使连线最短?

算法：Prim 算法、Kruskal 算法.

(3) 中国邮递员问题(Chinese postman problem).

一名邮递员负责投递某个街区的邮件. 如何为他设计一条最短的投递路线?

算法：Fleury 算法.

(4) 二分图的最优匹配问题(optimum matching problem).

在赋权二分图中找一个权最大(最小)的匹配.

算法：匈牙利算法.

(5) 旅行推销员问题(traveling salesman problem，TSP).

一名推销员准备前往若干城市推销产品. 如何为他设计一条最短的旅行路线?

算法：改良圈算法.

(6) 网络流问题(network flow problem).

如何在一个有发点和收点的网络中确定具有最大容量的流.

算法：Ford-Fulkerson 算法.

在全国大学生数学建模竞赛中，曾多次出现图论问题. 例如，1998 年 B 题“灾情巡视路线”、2007 年 B 题“公交线路”、2011 年 B 题“交巡警调度”等.

第二节 最短路问题

一、问题提出

在赋权图中，两结点间权和最小的通路称为这两结点间的最短路径，简称最短路.

最短路问题是图论研究中的一个经典算法问题，它是许多更深层算法的基础. 该问题有着大量的生产实际的背景，不少问题从表面上看与最短路问题没有什么关系，却也可以归结为最短路问题.

例 11-2 赋权图 G 如图 11-5 所示.

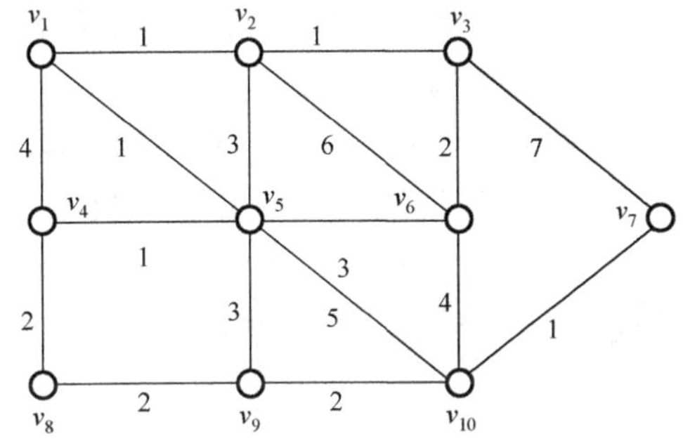

图 11-5 赋权图 G

每条边上的数字为这条边的权. 求：

(1) 从点 v_1 到其余结点的最短路.

(2) 所有点间的最短路.

注：赋权图 G 的矩阵表示为

带权邻接矩阵： $w=(w_{ij})_n$

$$w_{ij}=\begin{cases}0, & i=j,\\ d_{ij}, & i\neq j,(v_i,v_j)\in E,\\ \infty, & i\neq j,(v_i,v_j)\notin E\end{cases}$$

二、Dijkstra 算法

求一点到其余点的最短路问题称为单源最短路问题，Dijkstra 算法是求解单源最短路问题的著名算法.

1. 算法

Dijkstra 算法基本思想为以起始点为中心，向外层层扩展，按路径长度递增顺序求最短路径. 即把图中顶点集合 V 分成两组：已查明 S 为已求得最短路的顶点集、未查明 $V-S$ 为未确定最短路的顶点集，初始时 S 中只有一个源点，每一步求源点通过 S 中点到 $V-S$ 点之间最短路径，并将路径终点从 $V-S$ 移到 S，直至达到所有点.

赋权图 G 的权用赋权邻接矩阵 $w=(w_{ij})_n$ 表示，在求最短路时为避免重复需保留每一步的计算信息，需要记录信息的有两个：一个是已计算的最短路长，记为 $d=(d_i)_{1\times n}$，另一个是最短路径，记录最短路径的终点的前一点即可，记为 $p=(p_i)_{1\times n}$.

算法步骤：

步骤 1　赋权矩阵 w，已查明 $S=\{v_0\}$，未查明 $V-S$，最短路长 d 全为 0，最短路径的终点的前一点均为 v_0，设置考察点 $u=v_0$；

步骤 2　更新 d,p，若 $d_i>d_u+w_{ui}$，则 $d_i=d_u+w_{ui}$，$p_i=u$；

步骤 3　寻找 v，设 $V-S$ 中使 d_i 最小的点为 v，则 $S\to S\cup\{v\}$，$u=v$；

步骤 4　若 $V-S\neq\varnothing$，重复步骤 2，否则结束.

在手工实施算法时，可采用标号法记录每一步的计算信息.

解例 11-2　(1) 使用 Dijkstra 算法记录的结果见图 11-6.

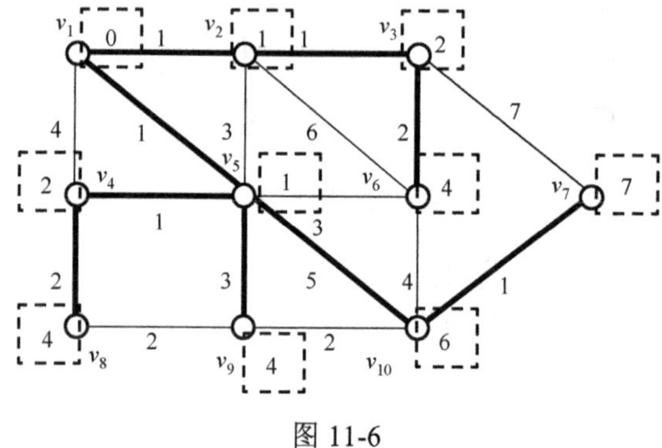

图 11-6

图 11-6 中，显示从点 v_1 到其余结点的最短路，加宽线代表最短路径，虚线框内部记录的是最短路长.

2. MATLAB 程序

建立 MATLAB 函数文件，编写代码实现 Dijkstra 算法，代码 dijkstra.m 如下：

```
function [distance,path,pathway]=dijkstra(v0,w)
n=size(w,1);
s=v0;
distance=w(v0,:);
path=v0*ones(1,n);
u=s(1);
```

```
vs=1:n;vs(s)=[];
while ~isempty(vs)
   for i=vs
      if distance(i)>distance(u)+w(u,i)
         distance(i)=distance(u)+w(u,i);
         path(i)=u;
     end
   end
   d=distance;
   d(s)=inf;
   [~,u]=min(d);
   s=[s u];
   vs=1:n;vs(s)=[];
end
```

函数文件的输入参数为源点序号 v0、带权邻接矩阵 w.

输出参数为最短路径的长度 distance、前一点 path、最短路径 pathway.

由于得到最短路径的前一点 path 仍需考察才能得到最短路径，于是编写了一段代码加入函数中，输出最短路径 pathway. 代码如下：

```
pathway=[v0*ones(n,1),(1:n)'];
for i=1:n
    q=i;k=2;
    while path(q)~=v0
        pathway(i,2:k+1)=[path(q),pathway(i,2:k)];
        q=path(q);
        k=k+1;
    end
end
```

解例 11-2 (1)使用 MATLAB，调用函数 Dijkstra 并编程求解，代码如下：

```
w=[0 1 inf 4 1 inf inf inf inf inf
   1 0 1 inf 3 6 inf inf inf inf
   inf 1 0 inf inf 2 7 inf inf inf
   4 inf inf 0 1 inf inf 2 inf inf
   1 3 inf 1 0 3 inf inf 3 5
   inf 6 2 inf 3 0 inf inf inf 4
   inf inf 7 inf inf inf 0 inf inf 1
   inf inf inf 2 inf inf inf 0 2 inf
```

```
    inf inf inf inf 3 inf inf 2 0 2
    inf inf inf inf 5 4 1 inf 2 0];

v0=1;
[distance,path, pathway]=dijkstra(v0,w)
```

运行结果如下：

```
distance =
           0     1     2     2     1     4     7     4     4     6
path =
       1     1     2     5     1     5    10     4     5     5
pathway =
          1     1     0     0
          1     2     0     0
          1     2     3     0
          1     5     4     0
          1     5     0     0
          1     5     6     0
          1     5    10     7
          1     5     4     8
          1     5     9     0
          1     5    10     0
```

三、Floyd 算法

求任两点的最短路问题的解法有两种：一种是分别以图中的每个顶点为源点共调用 n 次 Dijkstra 算法，这种算法的时间复杂度为 $O(n^3)$；另一种是 Floyd 算法，它的思路简单，时间复杂度仍然为 $O(n^3)$．下面介绍 Floyd 算法.

1. 算法

Floyd 算法思想：从带权邻接矩阵出发 $D^{(0)}=w$，构造出一个矩阵序列 $D^{(1)},D^{(2)},\cdots,D^{(n)}$，其中 $d_{ij}^{(k)}\in D^{(k)}$ 表示从点 v_i 到点 v_j 的路径上所经过的点序号不大于 k 的最短路径长度，计算时以矩阵 $D^{(k-1)}$ 为基础通过插入 v_k 更新最短路长得到矩阵 $D^{(k)}$，最后得到 $D^{(n)}$ 即为各点间的最短路长.

更新最短路长的迭代公式为

$$D^{(k)}=(d_{ij}^{(k)})_n,\quad d_{ij}^{(k)}=\min\{d_{ij}^{(k-1)},d_{ik}^{(k-1)}+d_{kj}^{(k-1)}\}$$

其中，$k=1,2,\cdots,n$ 为迭代次数，当 $k=n$ 时，$D^{(n)}$ 即为各点间的最短路长.

除此之外，还需记录最短路径，记录最短路径起点的后一点即可，记为 $p=(p_i)_{1\times n}$. 每次迭代进行更新.

2. MATLAB 程序

建立 MATLAB 函数文件，编写代码实现 Floyd 算法，代码 floyd.m 如下：

```
function [D,path]=floyd(w)
n=size(w,1);
D=w;
path=zeros(n);
for i=1:n
   for j=1:n
      if D(i,j)~=inf
         path(i,j)=j;
      end
   end
end

for k=1:n
   for i=1:n
      for j=1:n
         if D(i,k)+D(k,j)<D(i,j)
            D(i,j)=D(i,k)+D(k,j);
            path(i,j)=path(i,k);
         end
      end
   end
end
```

函数文件 floyd.m 的输入参数为带权邻接矩阵 w.

输出参数为最短路径的长度矩阵 D、后一点 path.

由于得到最短路径的后一点 path 仍需考察才能得到最短路径，于是编写了一个相伴函数文件，输入 v1, v2 两点，输出此两点最短路径 pathway. 代码 road.m 如下：

```
function pathway=road(path,v1,v2)
pathway=v1;
while path(pathway(end),v2)~=v2
   pathway=[pathway path(pathway(end),v2)];
end
pathway=[pathway v2];
```

解例 11-2　(2) 使用 MATLAB，调用函数 floyd，road 并编程求解，代码如下：

```
w=[0 1 inf 4 1 inf inf inf inf inf
  1 0 1 inf 3 6 inf inf inf inf
  inf 1 0 inf inf 2 7 inf inf inf
  4 inf inf 0 1 inf inf 2 inf inf
  1 3 inf 1 0 3 inf inf 3 5
  inf 6 2 inf 3 0 inf inf inf 4
  inf inf 7 inf inf inf 0 inf inf 1
  inf inf inf 2 inf inf inf 0 2 inf
  inf inf inf inf 3 inf inf 2 0 2
  inf inf inf inf 5 4 1 inf 2 0]

[d,path]=floyd(w)
%road(path,4,2)

for i=1:size(w,1)
   for j=1:size(w,1)
      q=road(path,i,j);
      r(j,1:length(q),i)=q;
   end
end
r
```

运行结果(部分)如下：

```
d =
    0     1     2     2     1     4     7     4     4     6
    1     0     1     3     2     3     8     5     5     7
    2     1     0     4     3     2     7     6     6     6
    2     3     4     0     1     4     7     2     4     6
    1     2     3     1     0     3     6     3     3     5
    4     3     2     4     3     0     5     6     6     4
    7     8     7     7     6     5     0     5     3     1
    4     5     6     2     3     6     5     0     2     4
    4     5     6     4     3     6     3     2     0     2
    6     7     6     6     5     4     1     4     2     0
path =
      1     2     2     5     5     2     5     5     5     5
```

```
      1    2    3    1    1    3    3    1    1    1
      2    2    3    2    2    6    7    2    2    6
      5    5    5    4    5    5    5    8    5    5
      1    1    1    4    5    6   10    4    9   10
      3    3    3    5    5    6   10    5    5   10
     10    3    3   10   10   10    7   10   10   10
      4    4    4    4    4    4    9    8    9    9
      5    5    5    5    5    5   10    8    9   10
      5    5    6    5    5    6    7    9    9   10
r(:,:,1) =
         1    1    0    0    0    0
         1    2    0    0    0    0
         1    2    3    0    0    0
         1    5    4    0    0    0
         1    5    0    0    0    0
         1    2    3    6    0    0
         1    5   10    7    0    0
         1    5    4    8    0    0
         1    5    9    0    0    0
         1    5   10    0    0    0
......
r(:,:,10) =
          10    5    1    0    0    0
          10    5    1    2    0    0
          10    6    3    0    0    0
          10    5    4    0    0    0
          10    5    0    0    0    0
          10    6    0    0    0    0
          10    7    0    0    0    0
          10    9    8    0    0    0
          10    9    0    0    0    0
          10   10    0    0    0    0
```

在此次求解中使用了三层矩阵来记录以任一点为起点的最短路径，显然这种表达非常清晰.

第三节 最优支撑树问题

树是在实际问题中，尤其是计算机科学中广泛被使用的一类图. 树具有简单的形式和优良的性质，可以从各个不同角度去描述它.

一、树

1. 树的概念

无回路的连通图称为树.

树中度为 1 的结点称为叶，度大于 1 的结点称为枝.

无回路的图称为森林. 森林的每个分支都是树.

定理 11-1　设 n,m 分别为树 T 的点数、边数，则 $m=n-1$.

证明　使用数学归纳法证明.

当 $n=2$ 时，显然边数 $m=1$，原命题成立.

假设 $n=k(\geqslant 2)$ 时，原命题成立.

当 $n=k+1$ 时，由于 T 连通且无回路. 它必有一结点 v 度为 1，与 v 关联的边只有一条，设为 e.

设 $T=\langle V,E\rangle$，则将 T 中的点 v、边 e 去掉得到子图 $T'=\langle V-\{v\},E-\{e\}\rangle$ 仍是树.

由假设可知：T' 的边数为 $(m-1)=(n-1)-1$.

所以 $m=n-1$，即当 $n=k+1$ 时，原命题成立，故原命题成立.

2. 生成树

包含 G 中所有点的子图称为生成子图.

若 G 的生成子图是树，则称此子图为生成树.

在上一节中，我们讨论的单源点到各点的最短路径构成生成树，称为最短路径生成树.

例如，图 11-8 为图 11-7 的 v_1 点的最短路径生成树.

在赋权图 G 中，权和最小的生成树，称为最小生成树.

例如，图 11-9 为图 11-7 的最小生成树.

最小生成树有许多应用，比如电网铺设电缆、网络铺设网线等.

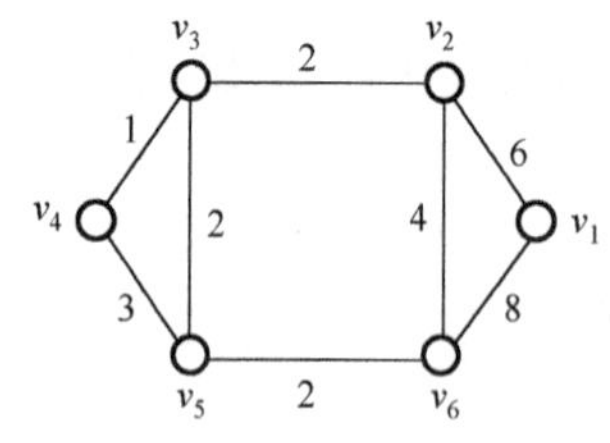

图 11-7　图 G

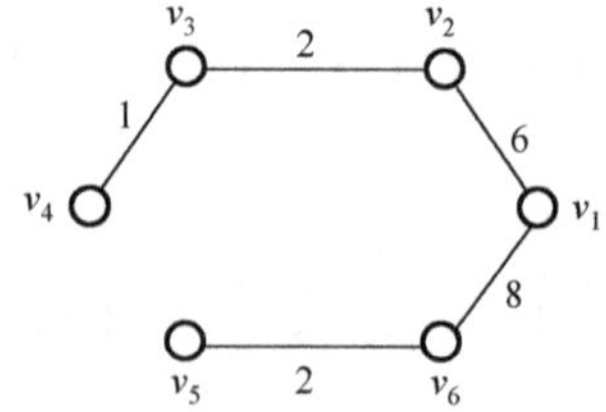

图 11-8　最短路径生成树

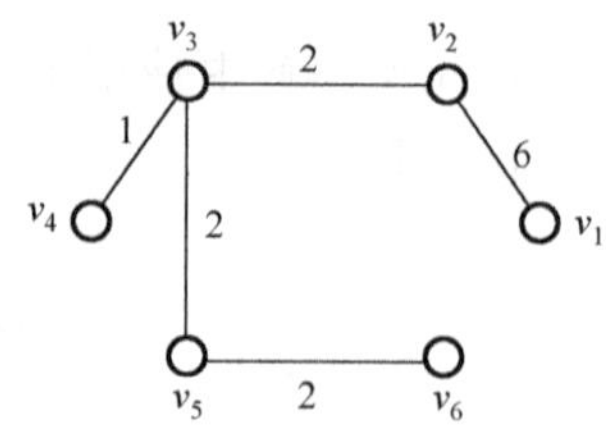

图 11-9　最小生成树

二、最小生成树 Kruskal 算法

Kruskal 算法是求解最小生成树的著名算法.

1. 算法

Kruskal 算法又称为避圈法.

算法步骤：

步骤 1　开始，G 中的边均为白色；

步骤 2　在白色边中，挑选一条权最小的边，使其与红色边不形成圈，将该白色边涂红；

步骤 3　重复步骤 2，直到有 $n-1$ 条红色边，这 $n-1$ 条红色边便构成最小生成树 T 的边集合.

2. MATLAB 程序

赋权图 G 的赋权邻接矩阵为 w.

(1) 挑选一条权最小的边.

将图中的边按权和大小排序，并记录下来. MATLAB 代码如下：

```
n=size(w,1);
b=[];
for i=1:(n-1)
    for j=(i+1):n
        if w(i,j)~=inf
            b=[b [i;j;w(i,j)]];
        end
    end
end
b=sortrows(b',3);b=b';
```

其中，b 为记录点边关系的矩阵，第一、二行记录端点序号，第三行记录权的值，最终 b 按权从小到大排序.

(2) 如何判断加边不形成圈？

判断新加入的边不形成圈，即判断新加入的边两端点是否属于同一子树.

使用技巧：用最小标号点记录子树.

在程序中，先判断欲新加入的边的两端点子树标号是否相同，若不相同则将此边加入到子树中，并增加子树的权和，更新相应的子树标号. MATLAB 代码如下：

```
T=[];
```

```
c=0;
t=1:n;
for i=1:size(b,2)
    if t(b(1,i))~=t(b(2,i))
        T=[T b(1:2,i)];
        c=c+b(3,i);
        tmin=min(t(b(1,i)),t(b(2,i)));
        tmax=max(t(b(1,i)),t(b(2,i)));
        t(t==tmax)=tmin;
    end
    if size(T,2)==n-1
        break;
    end
end
```

其中，T 记录树，每一列为边的端点；c = 0 为树的权和；t 记录每点所在子树的最小标号点，初始状态 t = 1:n.

(3) 建立 MATLAB 函数文件，按照以上方法编写代码实现 Kruskal 算法，代码存储在 kruskal.m 文件中.

例 11-3　求如图 11-5 所示赋权图 *G* 的最小生成树.

解　使用 MATLAB，调用函数 kruskal.m，代码如下：

```
w=[0 1 inf 4 1 inf inf inf inf inf
   1 0 1 inf 3 6 inf inf inf inf
   inf 1 0 inf inf 2 7 inf inf inf
   4 inf inf 0 1 inf inf 2 inf inf
   1 3 inf 1 0 3 inf inf 3 5
   inf 6 2 inf 3 0 inf inf inf 4
   inf inf 7 inf inf inf 0 inf inf 1
   inf inf inf 2 inf inf inf 0 2 inf
   inf inf inf inf 3 inf inf 2 0 2
   inf inf inf inf 5 4 1 inf 2 0]
[T,c]=kruskal(w)
```

运行结果(部分)如下：

```
T =
     1     1     2     4     7     3     4     8     9
     2     5     3     5    10     6     8     9    10
c =
    13
```

第四节　MATLAB 图论函数

MATLAB 图论函数(graph theory functions)包含在基本函数工具箱、生物信息工具箱等工具箱之中.

一、图形可视化

1. 稀疏矩阵

MATLAB 稀疏矩阵运算函数见表 11-1.

表 11-1　MATLAB 稀疏矩阵运算函数

格式	说明
S=sparse(i,j,v,m,n)	生成稀疏矩阵：i 为行标, j 为列标, v 为元素值(可缺省，默认值 true), m 为行数, n 为列数
S=sparse(A)	全矩阵转换为稀疏矩阵形式
A=full(S)	稀疏矩阵转换为全矩阵

sparse 是 MATLAB 数据的特殊属性，可以有效减少稀疏矩阵的存储量.

例 11-4　演示 MATLAB 稀疏矩阵运算，代码如下：

```
i=[1,1,1,2,2,2,3,3,4,4,5,5,5,6,7,8,9];
j=[2,4,5,3,5,6,6,7,5,8,6,9,10,10,10,9,10];
v=[1,11,8,2,9,3,1,4,1,4,1,1,7,4,1,5,5];
S=sparse(i,j,v,10,12)
A=full(S)
S=sparse(A)
```

运行结果(部分)如下：

```
S =
     (1,2)         1
     (2,3)         2
     (1,4)        11
     (1,5)         8
     (2,5)         9
     (4,5)         1
     (2,6)         3
     (3,6)         1
     (5,6)         1
     (3,7)         4
```

```
    (4,8)        4
    (5,9)        1
    (8,9)        5
    (5,10)       7
    (6,10)       4
    (7,10)       1
    (9,10)       5
A =
    0   1   0  11   8   0   0   0   0   0   0   0
    0   0   2   0   9   3   0   0   0   0   0   0
    0   0   0   0   0   1   4   0   0   0   0   0
    0   0   0   0   1   0   0   4   0   0   0   0
    0   0   0   0   0   1   0   0   1   7   0   0
    0   0   0   0   0   0   0   0   0   4   0   0
    0   0   0   0   0   0   0   0   0   1   0   0
    0   0   0   0   0   0   0   0   5   0   0   0
    0   0   0   0   0   0   0   0   0   5   0   0
    0   0   0   0   0   0   0   0   0   0   0   0
```

2. 图论图形可视化

MATLAB 图论图形可视化函数见表 11-2.

表 11-2 MATLAB 图论图形可视化函数

格式	说明
G =graph(s,t,weights,nodenames) G =graph(A,node_names)	无向图：s,t 为端点序号,weights 为边权重(可缺省),nodenames 为点符号(可缺省), A 为邻接矩阵
G =digraph(s,t,weights,nodenames)	有向图：s,t 分别为起点、终点序号
plot(G, Name,Value)	显示无向图图形，常用选项(可缺省)：'EdgeLabel', G.Edges.Weight

例 11-5 利用 MATLAB 自带稀疏矩阵 bucky，画图论图形，代码如下：

```
G = graph(bucky);
plot(G,'-.dr','NodeLabel',[])
```

运行结果见图 11-10.

二、图论函数

1. 最短路问题

MATLAB 最短路求解函数见表 11-3.

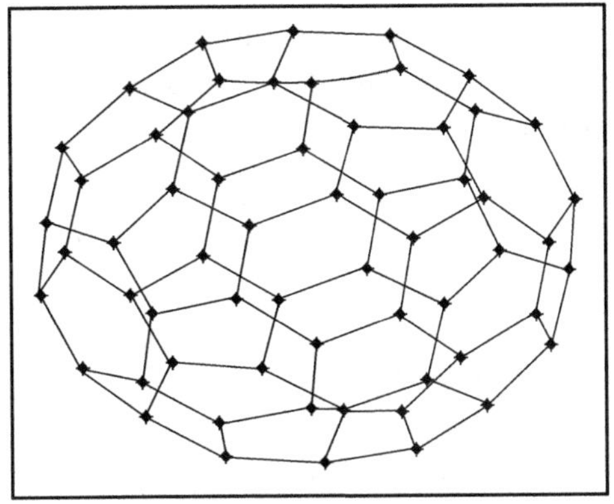

图 11-10 图论图形显示

表 11-3 MATLAB 最短路求解函数

格式	说明
[P,d] =shortestpath(G,s,t,'Method',algorithm)	两结点间的最短路径与最短路长
[TR,D] = shortestpathtree(G,s,t,'Name',Value)	最短路树
d=distances(G,s,t ,'Method',algorithm)	任两点之间的最短路长

例 11-6 赋权图 G 如图 11-11 所示.

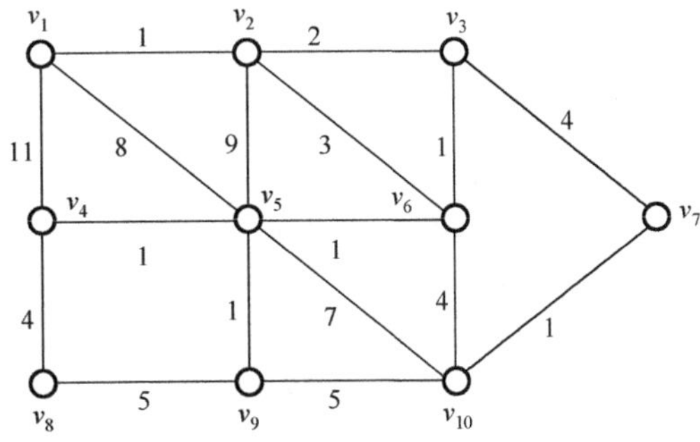

图 11-11 赋权图 G

求：(1) 点 1 到 8 的最短路.

(2) 点 1 到所有点的最短路，并画图.

解 使用 MATLAB 运算，代码如下：

```
w=[0   1   Inf 11  8   Inf Inf Inf Inf Inf
   1   0   2   Inf 9   3   Inf Inf Inf Inf
   Inf 2   0   Inf Inf 1   4   Inf Inf Inf
   11  Inf Inf 0   1   Inf Inf 4   Inf Inf
   8   9   Inf 1   0   1   Inf Inf 1   7
```

```
    Inf  3   1   Inf 1   0   Inf Inf Inf 4
    Inf  Inf 4   Inf Inf Inf 0   Inf Inf 1
    Inf  Inf Inf 4   Inf Inf Inf 0   5   Inf
    Inf  Inf Inf Inf 1   Inf Inf 5   0   5
    Inf  Inf Inf Inf 7   4   1   Inf 5   0];
w(w==inf)=0;
G=graph(w)
plot(G,'EdgeLabel',G.Edges.Weight);
[path,d]=shortestpath(G,1,8)
[TR,d,E]=shortestpathtree(G,1)
highlight(p,TR)
[dist]=distances(G)
```

运行结果如下：

```
G =
    graph with properties:
      Edges: [17×2 table]
      Nodes: [10×0 table]
path =
      1     2     6     5     4     8
d =
    10
TR =
     digraph with properties:
       Edges: [9×2 table]
       Nodes: [10×0 table]
d =
    0     1     3     6     5     4     7     10     6     8
dist =
        0    1    3    6    5    4    7   10    6    8
        1    0    2    5    4    3    6    9    5    7
        3    2    0    3    2    1    4    7    3    5
        6    5    3    0    1    2    7    4    2    6
        5    4    2    1    0    1    6    5    1    5
        4    3    1    2    1    0    5    6    2    4
        7    6    4    7    6    5    0   11    6    1
       10    9    7    4    5    6   11    0    5   10
        6    5    3    2    1    2    6    5    0    5
        8    7    5    6    5    4    1   10    5    0
```

图形显示见图 11-12.

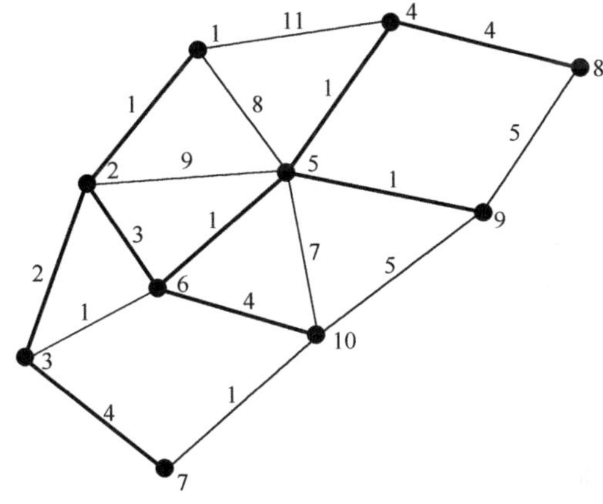

图 11-12 图 G 的图形显示

2. 最小支撑树

MATLAB 最小支撑树求解函数见表 11-4.

表 11-4 MATLAB 最小支撑树求解函数

格式	说明
[T,pred] =minspantree(G,Name,Value)	最小支撑树：G 为图

例 11-7 使用例 11-6 的图，求最小支撑树.

解 使用 MATLAB 运算，(部分)代码如下：

```
G = graph(w);
[T,pred] =minspantree(G)
T.Edges
```

运行结果如下：

```
T =
    graph - 属性:
      Edges: [9×2 table]
      Nodes: [10×0 table]
pred =
       0     1     2     5     6     3     3     4     5     7
ans =
      9×2 table
        EndNodes    Weight
        ________    ______
```

```
1    2    1
2    3    2
3    6    1
3    7    4
4    5    1
4    8    4
5    6    1
5    9    1
7   10    1
```

习 题 十 一

1．图 G 的关联矩阵为

```
R=[1  1  0  0  0  0  0  0  0  0  0  0  0  0  0  0  0
   0  0  1  1  1  0  0  0  0  0  0  0  0  0  0  0  0
   1  0  1  0  0  1  1  0  0  0  0  0  0  0  0  0  0
   0  0  0  1  0  0  0  1  0  0  0  0  0  0  0  0  0
   0  0  0  0  0  0  0  0  1  1  0  0  0  0  0  0  0
   0  0  0  0  0  0  0  0  0  0  1  1  0  0  0  0  0
   0  0  0  0  0  0  0  0  0  0  0  0  1  0  0  0  0
   0  0  0  0  0  1  0  0  0  0  0  0  0  1  0  0  0
   0  0  0  0  0  0  0  0  0  0  0  0  0  0  1  0  0
   0  0  0  0  0  0  0  0  0  0  0  0  0  0  0  1  0
   0  0  0  0  0  0  1  0  1  0  0  0  0  0  0  0  0
   0  1  0  0  1  0  0  1  0  0  1  0  0  0  1  0  0
   0  0  0  0  0  0  0  0  0  1  0  1  0  0  0  0  1
   0  0  0  0  0  0  0  0  0  0  0  0  1  0  0  1  0
   0  0  0  0  0  0  0  0  0  0  0  0  0  0  0  0  1
   0  0  0  0  0  0  0  0  0  0  0  0  0  1  0  0  0]
```

利用 MATLAB 编程求解：

(1)图 G 的邻接矩阵；

(2)判断图 G 是否为连通图；

(3)若图 G 不是连通图，求图 G 的所有极大连通子图.

注：极大连通子图的概念请自行查阅相关资料.

2．图 11-13 为赋权图. 使用 MATLAB 求解：

(1)v 点到所有点的最短路；

(2) 所有点间的最短路；

(3) 最小生成树.

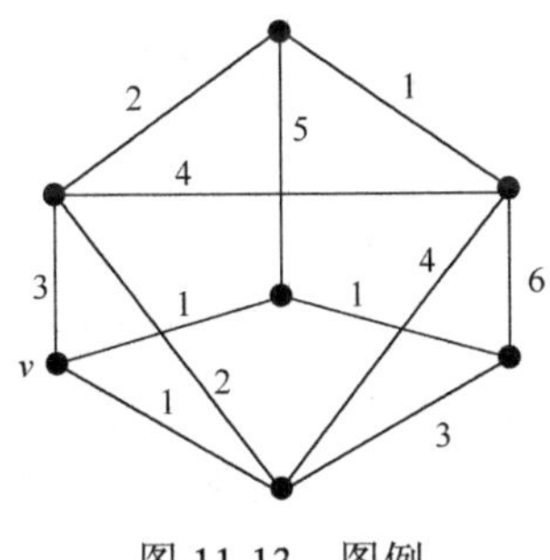

图 11-13　图例

3．某城镇街道的街口位置与街道连接数据保存在 data.m 中，其中，矩阵 A 记录街口位置：编号、坐标 x、坐标 y. 矩阵 B 记录街道连接数据：街口编号、街道长度.

(1) 求 9 号街口到各街口的最短道路.

(2) 画出街道图(两点之间可近似用线段连接)，并在街道图上画出 9 号街口到各街口的最短道路(最短路径生成树).

(3) 由于路口监控的需要，欲在该城镇铺设网线，到达每一个街口，请问网线应通过哪些街道才会最省.

(4) 画出街道图(两点之间可近似用线段连接)，并在街道图上画出网线通过的街道.

4．编写 MATLAB 图论计算函数.

(1) Prim 算法是解决最小生成树的经典图论算法之一. 建立 MATLAB 计算函数，使用 Prim 算法，求解最小生成树问题. 函数输入参数：带权邻接矩阵 w. 输出参数：最小生成树 T、权和 c.

(2) 使用建立的函数求解最小生成树，见图 11-14.

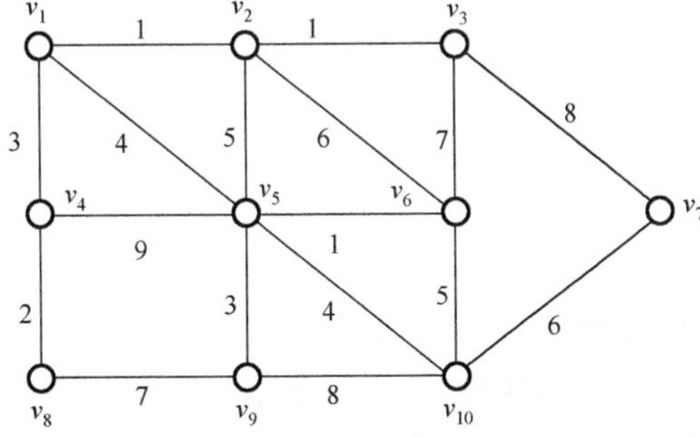

图 11-14　求解最小生成树图例

第十二章　计算机模拟

在实际问题中，一些问题很难用数学模型来描述，还有些问题虽建立起了数学模型，但由于模型中随机因素很多，难以用解析的方法求解，这时就需要借助于模拟的方法. 模拟就是利用物理的、数学的模型来类比、模仿现实系统及其演变过程，以寻求过程规律的一种方法. 在一定的假设条件下，运用数学运算模拟系统的运行，称为数学模拟. 现代的数学模拟都是在计算机上进行的，称为计算机模拟，又称为计算机仿真，是指用计算机程序来对实际系统进行抽象模拟.

第一节　蒙特卡罗模拟

计算机模拟的发展与计算机的迅速发展是分不开的，它的首次大规模开发是著名的曼哈顿计划中的一个重要部分. 曼哈顿计划是指 20 世纪 40 年代美国在第二次世界大战中研制原子弹的计划，为了模拟核爆炸的过程，曼哈顿计划成员乌拉姆和冯·诺伊曼首先提出采用计算机模拟的方法，数学家冯·诺伊曼用赌城——摩纳哥的蒙特卡罗(Monte Carlo)——来命名这种方法，为它蒙上了一层神秘色彩.

蒙特卡罗方法又称随机抽样技巧或统计实验方法，是一种以概率统计理论为指导的非常重要的数值计算方法.

在这之前，蒙特卡罗方法就已经存在. 1777 年，法国数学家蒲丰(Georges Louis Leclere de Buffon，1707—1788)提出用投针实验的方法求圆周率 π. 这被认为是蒙特卡罗方法的早期示例.

一、蒲丰投针

1. 问题提出

蒲丰提出以下问题：设我们有一个以平行且等距木纹铺成的地板，随意抛一支长度比木纹之间距离小的针，求针和其中一条木纹相交的概率；并以此概率，提出一种计算圆周率的方法——随机投针法.

2. 数学原理

图形显示蒲丰投针的数学原理如下. 如图 12-1 所示，设针长为 $2l$，平行线距

离为 $2a$，其中 $l<a$. 针多次投到地面上，可得到针与平行线相交的频率，用频率代替概率 p.

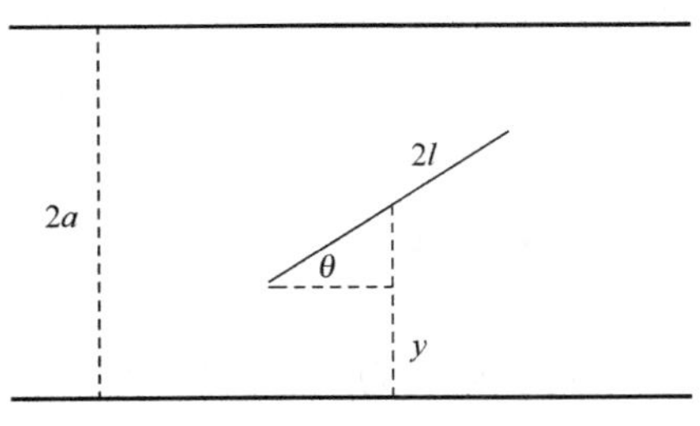

图 12-1　蒲丰投针实验图解

使用几何概型计算相交概率. 设随机变量为 y,θ，投针次数为 n，针与平行线相交次数为 k. 针与平行线相交的条件为 $y<l\sin\theta$. 相交测度为 $\int_0^{\pi}\int_0^{l\sin\theta}\mathrm{d}y\mathrm{d}\theta=2l$. 必然事件的测度为 $\int_0^{\pi}\int_0^{a}\mathrm{d}y\mathrm{d}\theta=a\pi$. 于是，相交概率 $p=\frac{2l}{a\pi}$. 所以，$\pi=\frac{2l}{ap}$，其中，概率用频率代替 $\frac{k}{n}\to p$，得到蒲丰投针模拟计算圆周率 π 值的公式为

$$\pi\approx\frac{2l}{a}\cdot\frac{n}{k}$$

这就是古典概率论中著名的蒲丰投针问题.

3. 相关结果

历史上，许多著名科学家进行过蒲丰投针实验，其结果列于表 12-1(a 折算为 1)中.

表 12-1　蒲丰投针实验结果

实验者	年份	针长 $2l$	投针次数 N	相交次数 n	π 的近似值
沃尔夫(Wolf)	1850	0.8	5000	2532	3.1596
史密斯(Smith)	1855	0.6	3204	1219	3.1554
德·摩根(De Morgan)	1860	1.0	600	383	3.137
福克斯(Fox)	1884	0.75	1030	489	3.1595
拉泽里尼(Lazzerini)	1901	0.83	3408	1801	3.1415929

这是一个颇为奇妙的方法：只要设计一个随机实验，使一个事件的概率与其一个未知数有关，然后通过重复实验，以频率近似概率，即可求得未知数的近似解.

二、蒙特卡罗方法基本原理

蒙特卡罗方法又称随机抽样技巧或统计实验方法，也称统计模拟方法，又称蒙特卡罗模拟；是 20 世纪 40 年代中期由于科学技术的发展和电子计算机的发明，而被提出的一种以概率统计理论为指导的非常重要的数值计算方法. 该方法是基于随机数(或更常见的伪随机数)来解决很多计算问题的一种算法，与它对应的是确定性算法.

蒙特卡罗方法的建模过程可以归结为三个主要步骤.

(1) 构建概率模型.

对于本身就具有随机性质的问题，构建概率模型来描述和模拟问题的概率过程. 对于本来不是随机性质的确定性问题，则须构造一个人为的概率过程，它的某些参量是所要求问题的解，即要将不具有随机性质的问题转化为随机性质的问题.

(2) 产生随机数.

通过产生随机数实现已知概率的分布抽样. 构造了概率模型以后，由于各种概率模型都可以看作由各种各样的概率分布构成的，因此产生已知概率分布的随机变量(或随机向量)，就成为实现蒙特卡罗方法模拟实验的基本手段，这也是蒙特卡罗方法被称为随机抽样的原因.

(3) 得到所需估计量.

通过产生随机数，实现随机抽样，由概率模型得到模拟实验数据结果，通过对实验数据进行统计分析，便可得到问题解的估计量.

蒙特卡罗方法有两种途径：仿真和抽样计算.

蒙特卡罗方法具有结构简单、易于实现的特点. 一般来说，蒙特卡罗方法是通过构造符合一定规则的随机数来解决实际的各种模型问题. 对于那些由于计算过于复杂而难以得到解析解或者根本没有解析解的问题，蒙特卡罗方法是一种有效的求出数值解的方法.

由于蒙特卡罗方法的随机性，此方法也有结果会产生随机误差的缺点.

三、产生随机数的方法

产生随机数，就是对已知分布进行抽样. 可以用物理方法产生随机数，比如宇宙射线的频率，但价格昂贵，不能重复，使用不便. 另一种方法是用数学递推公式产生，这样产生的序列，与真正的随机数序列不同，所以称为伪随机数，或伪随机数序列. 不过，经过多种统计检验表明，它与真正的随机数，或随机数序列具有相近的性质，因此可把它作为真正的随机数来使用.

最简单、最基本、最重要的一个概率分布是[0,1]上的均匀分布，也称简单随机数. 由简单随机数可计算满足已知分布的随机数，计算原理如下.

设连续型随机变量 X 的分布函数为 $F(x)$，则 $U=F(X)$ 是 $[0,1]$ 上的均匀分布的随机变量. 于是，产生简单随机数 U 后，计算 X 的值的公式便为 $X=F^{-1}(U)$.

可使用 MATLAB 产生随机数，相关函数包括 rand，randn，binornd，normrnd 等，相关内容见第九章第一节.

第二节　模拟模型实例

一、模拟蒲丰投针

使用计算机模拟演示与求解蒲丰投针问题.

1. 投针：仿真

问题：模拟演示蒲丰投针过程. 使用 MATLAB 相关指令：moviein(内存预置)、getframe(截取帧片)、movie(回放动画).

算法流程：

步骤 1　设定参数 n，a，l；

步骤 2　画平行线；

步骤 3　生成随机数，产生参数，画针；

步骤 4　循环执行步骤 3，n 次；

步骤 5　结束.

程序：n 为模拟次数，$2a$ 为平行线距离，$2l$ 为针长，(x, y)为中心坐标，t 为倾角. 使用 MATLAB 编程，代码如下：

```
n=100;
a=1;l=0.6;
axis([-1,2*a+1,-1,2*a+1]),hold on
plot([-1,2*a+1],[0,0],'r',[-1,2*a+1],[2*a,2*a],'r');
mm=moviein(n);
pause
x=2*a*rand;y=2*a*rand;t=pi*rand;
plot([x-l*cos(t),x+l*cos(t)],[y-l*sin(t),y+l*sin(t)]);
pause
for i=1:n
    x=2*a*rand;y=2*a*rand;t=pi*rand;
    plot([x-l*cos(t),x+l*cos(t)],[y-l*sin(t),y+l*sin(t)],'k');
    mm(i)=getframe;
end
movie(mm)
```

运行后会显示模拟投针的动画效果，最终显示见图 12-2.

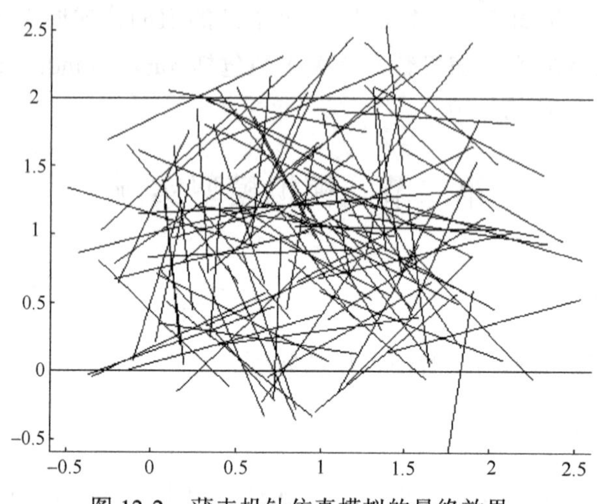

图 12-2　蒲丰投针仿真模拟的最终效果

2. 求 π：抽样

问题：模拟计算圆周率 π，计算公式为

$$\pi \approx \frac{2l}{a} \cdot \frac{n}{k}$$

算法流程：

步骤 1　设定参数 n，a，l；

步骤 2　生成随机数，产生参数，如果 $y<l\sin t$，则 $k=k+1$；

步骤 3　循环执行步骤 2，n 次；

步骤 4　计算 π，结束.

程序：n 为模拟次数，$2a$ 为平行线距离，$2l$ 为针长，y 为中心坐标，t 为倾角. 使用 MATLAB 编程，代码如下：

```
a=45;l=36;%a=3;l=2.5;
m=0;
for n=[100 1000 3550 5000 10000 100000 1000000]
    k=0;
    for i=1:n
        y=a*rand;t=pi*rand;
        if y<l*sin(t)
            k=k+1;
        end
```

```
    end
    m=m+1;
    p=k/n;pai{1,m}=2*l/(a*p);pai{2,m}=n;
end
pai
```

运行后结果如下：

```
3.2000  2.9795  3.1486  3.2026  3.1232  3.1404  3.1411
100     1000    3550    5000    10000   100000  1000000
```

二、布朗运动

布朗运动是指悬浮在液体或气体中的微粒所做的永不停息的无规则运动，又称随机游走. 它是一种正态分布的独立增量连续随机过程，是随机分析中基本概念之一. 布朗运动是现代资本市场理论的核心假设，可以证明，布朗运动是马尔可夫过程、鞅过程、伊藤过程.

问题 1：模拟演示布朗运动.

使用 MATLAB 编程，代码如下：

```
x=zeros(2);
n=100;
clf;
plot(0,0,'r*');
axis([-15,15,-15,15]);
hold on
for i=1:n
    x(1,:)=x(2,:);
    x(2,:)=x(1,:)+randn(1,2);
    plot(x(:,1),x(:,2),x(2,1),x(2,2),'ro');
    axis([-15,15,-15,15]);
    getframe;
end
```

运行后会显示布朗运动的动画效果，最终显示见图 12-3.

问题 2：模拟演示一般维纳过程.

使用 MATLAB 编程，代码如下：

```
n=100;
x=1:n;x(2,1)=0;y=x;
mu=0.2;sigma=1;
```

```
clf;
plot(x(1,:),mu*x(1,:),'g');
axis([0,n,-20,30]);
hold on
for i=2:n
   b=randn;
   x(2,i)=x(2,i-1)+mu*1+1*b;
   y(2,i)=y(2,i-1)+1*b;
   plot(x(1,i-1:i),x(2,i-1:i),y(1,i-1:i),y(2,i-1:i),'r');
   getframe;
end
```

运行后会显示维纳过程的动画效果，最终显示见图 12-4.

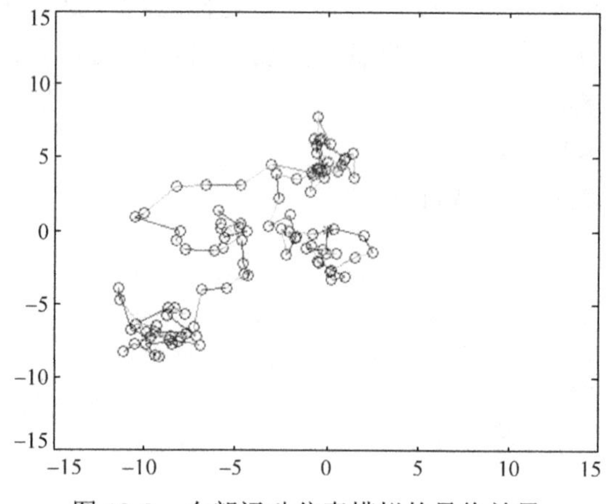

图 12-3　布朗运动仿真模拟的最终效果

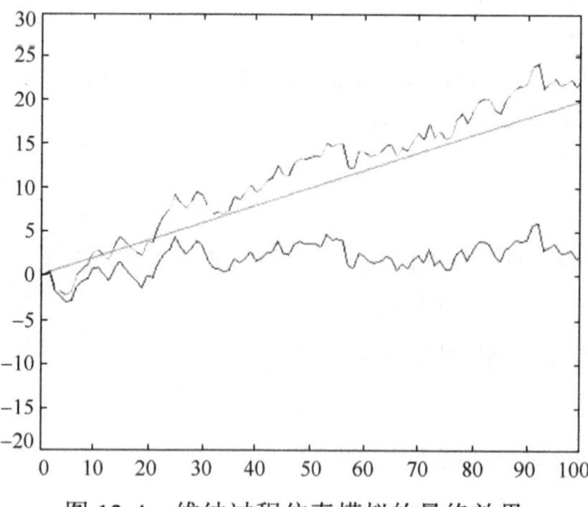

图 12-4　维纳过程仿真模拟的最终效果

三、高尔顿钉板实验

高尔顿钉板，其设计者为英国生物统计学家高尔顿.

实验用具由钉板、钉子、滚珠组成. 钉板上的钉子彼此距离相等，上一层的每一颗钉子的水平位置恰好位于下一层的两颗钉子正中间，滚珠直径略小于两颗钉子之间的距离.

顶板最上层为入口处，放进滚珠，当滚珠向下降落过程中，碰到钉子后皆以 1/2 的概率向左或向右滚下，于是又碰到下一层钉子. 如此继续下去，直到滚到底板的一个格子内为止. 把滚珠不断从入口处放下，只要滚珠的数目相当大，它们在底板上将堆成近似于正态分布密度函数的图形.

高尔顿钉板实验是用来研究随机现象的模型. 小球落下后形成的中间高、两边低的分布情况叫作“正态分布”. 该实验反映了统计学上著名的“中心极限定理”，即大量连续的随机变化会形成正态分布结果.

问题：模拟钉板实验过程.

算法流程：

步骤 1　输入参数；

步骤 2　画坐标；

步骤 3　生成随机数，由随机数确定小球下落路径，画小球下落路径，画小球落下后形成的堆栈；

步骤 4　循环执行步骤 3，n 次；

步骤 5　结束.

使用 MATLAB 编程，代码如下：

```
clear,clf
m=100;n=6;yy=2;                    %设置参数
ballnum=zeros(1,n+1);

p=0.5;q=1-p;

for i=n+1:-1:1                     %创建钉子空隙的坐标 x,y
    x(i,1)=0.5*(n-i+1);y(i,1)=(n-i+1)+yy;
    for j=2:i
        x(i,j)=x(i,1)+(j-1)*1;y(i,j)=y(i,1);
    end
end
x0=[x(:,1)-0.5,x+0.5];y0=y(:,[1,1:n+1]);%创建钉子的坐标 x0,y0

mm=moviein(m);                     % 动画开始，模拟小球下落路径
```

```
for i=1:m
    s=rand(1,n);                                         %产生 n 个随机数
    xi=x(1,1);yi=y(1,1);k=1;l=1;                         % 小球遇到第一个钉子
   plot(x0(:),y0(:),'r*',[x0(n+1,1),x0(n+1,n+2)],y0(n+1,[1,n+2]))
                                                         % 画钉子的位置
    axis([-2 n+2 0 yy+n+1]),hold on
    for j=1:n
        k=k+1;                                           % 小球下落一格
        if s(j)>p
            l=l+0;                                       %小球左移
        else
            l=l+1;                                       %小球右移
        end
        xt=x(k,l);yt=y(k,l);                             %小球下落点的坐标
        h=plot([xi,xt],[yi,yt],[xi,xt],[yi,yt],'o',...
                'markersize', 20);axis([-2 n+2 0 yy+n+1])
                                                         %画小球运动轨迹
        xi=xt;yi=yt;
    end

    ballnum(l)=ballnum(l)+1;                             %计数
    ballnum1=5*ballnum./m;
    bar([0:n],ballnum1),axis([-2 n+2 0 yy+n+1])%画各格子的频率
    mm(i)=getframe;                                      %存储动画数据
    hold off
end
```

运行后会显示钉板实验的动画效果，最终显示见图 12-5.

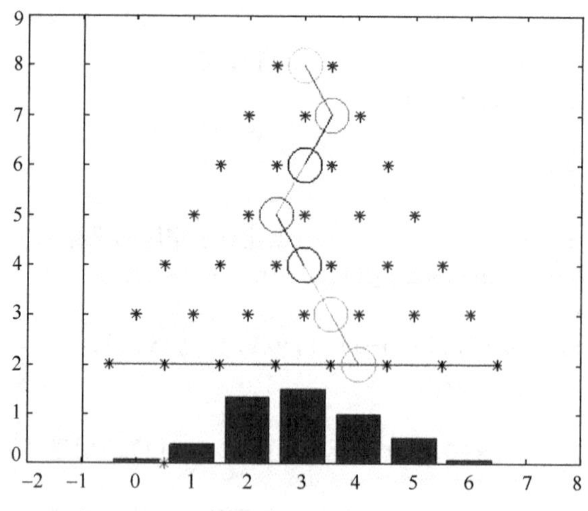

图 12-5　钉板实验仿真模拟的最终效果

习 题 十 二

1．狼兔追逐问题：设有一只兔子和一匹狼，兔子在点 $O(0,0)$，狼在点 $B(b,0)$，如果兔子与狼同时发现对方，并开始一场追逐，兔子沿 y 轴向位于 $A(0,a)$ 的巢穴跑，而狼则在其后追赶(狼追赶的方向应始终正对兔子)．假设狼的速度是兔子的两倍，且都匀速奔跑，试讨论 a,b 在满足什么条件下，兔子能安全跑回巢穴？

2．四人追逐问题：正方形 $ABCD$ 的 4 个顶点各有 1 人．在某一时刻，4 人同时出发以匀速 $v=10\text{m/s}$ 按顺时针方向追逐下一人，如果 4 人始终保持对准目标，则 4 人按螺旋状曲线行进并趋于中心点 O．试求出这种情况下每个人的行进轨迹．假设四个人的初始点坐标为 $A(0,100)$，$B(100,100)$，$C(100,0)$，$D(0,0)$．使用计算模拟的方法，编程模拟四人的追逐曲线．

3．用计算机模拟的方法求解进货的诀窍(例 9-4)．

4．甲、乙两人进行猜拳游戏．该游戏以局为单位，每局以剪刀、石头、布决定胜负，在每一局中甲获胜的概率为 p，而乙获胜的概率为 q，$p+q=1$．在每一局后，失败者都要付一张扑克给胜利者．在开始时甲拥有 a 张扑克，而乙有 b 张扑克，两人直到甲输光或乙输光所有扑克而停止．若 $p=0.4, a=10, b=8$，使用计算机模拟的方法，求甲输光所有扑克的概率．

第十三章　现代优化算法

现代优化算法包括：禁忌搜索、模拟退火、遗传算法、蚁群算法、神经网络等.

第一节　遗 传 算 法

遗传算法由美国计算机学家约翰·霍兰德(John Holland)于 20 世纪 70 年代提出，发表在其开创性的著作《自然与人工系统的适应》中.

达尔文的生物进化学说认为，生物要生存下去，就必须进行生存斗争. 在生存斗争中，具有有利变异的个体容易存活下来，并且有更多的机会将有利变异传给后代，具有不利变异的个体就容易被淘汰，产生后代的机会也少得多. 这种在生存斗争中适者生存，不适者淘汰的过程叫作自然选择. 生物的这种遗传特性，使生物界的物种能够保持相对的稳定. 生物的变异特性，使生物个体产生新的性状、形成新的物种，推动了生物的进化和发展.

遗传算法是模拟达尔文的遗传选择和自然淘汰的生物进化过程的随机化搜索方法. 这种生物进化过程表现在算法中就是“遗传＋检测”的迭代过程，遗传操作包括选择、交叉和变异，检测过程就是适应度计算.

遗传算法的实现包括：参数编码、生成初始种群、适应度计算、遗传操作、终止条件.

我们以一个算例来对遗传算法进行说明.

例 13-1　使用遗传算法求解：

$$\max\ 21.5 + x_1\sin(4\pi x_1) + x_2\sin(20\pi x_2)$$
$$\text{s.t.}\quad -3 \leqslant x_1 \leqslant 12.1,\ 4.1 \leqslant x_2 \leqslant 5.8$$

使用 MATLAB 绘图，代码为

```
ezsurf('21.5+x.*sin(4*pi*x)+y.*sin(20*pi*y)',...
[-3,12.1],[4.1,5.8])
```

运行结果见图 13-1.

一、基本步骤

1. *参数编码*

参数的编码即把问题的可行解从其解空间的解数据表示成遗传算法所能处理的

数据，即遗传空间的基因型串结构数据，这些串结构数据的不同组合便构成了不同的点——“染色体”(chromosome)，称为遗传算法的编码(coding)问题.

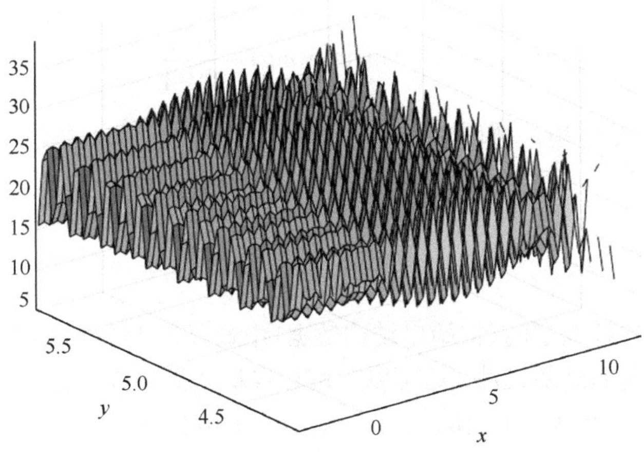

图 13-1　MATLAB 图形显示(例 13-1)

编码问题是遗传算法的关键，交叉、变异等操作都受到编码方法的影响，因此编码问题极大地影响了遗传计算的效率.

最简单的编码方式是二进制编码，此外，编码的方式还有整数编码、实数编码、树编码等.

例如，变量 x 的区间是$[a,b]$，要求的精度是小数点后 4 位，也就意味着每个变量应该被分成$(b-a)\times10^4+1$个部分，对一个变量的二进制串位数 m，用下面的公式计算：

$$2^{m-1}+1<(b-a)\times10^4+1\leqslant 2^m$$

$$m=\text{ceil}(\log_2((b-a)\times10^4+1))$$

$$u=\frac{x-a}{b-a}\times(2^m-1)$$

在例 13-1 中，保留小数点后 4 位，x_1,x_2可转化为

$$(12.1-(-3))\times10000=151000$$
$$2^{17}<151000\leqslant 2^{18},\quad m_1=18$$
$$(5.8-4.1)\times10000=17000$$
$$2^{14}<17000\leqslant 2^{15},\quad m_1=15$$

这样，一个染色体串是 33 位，如下例：

000001010100101001　101111011111110

解码：从二进制串返回一个实际的值可用下面的公式来实现

$$x = a + \text{decimal(substring)} \times \frac{b-a}{2^m - 1}$$

对此 33 位染色体串，解码可得

$$x_1 = -2.6880, \quad x_2 = 5.3617$$

2. 生成初始群体

首先，在解的备选空间(初始串结构数据)中选择若干个体组成初始种群，通常产生初始种群采用的是随机法. 这可以利用计算机随机生成.

在例 13-1 中，可以用下面的代码生成规模为 10 的初始群体

```
u=binornd(1,0.5,10,33);
```

3. 适应度计算

根据生物进化“适者生存”的原则，需要对每个个体适应环境的能力进行刻画，从而引入适应度函数(fitness)表明个体或解的优劣性. 适应度是遗传算法在群体进化过程中用到的唯一的信息，它为字符串如何进行复制给出了定量的描述. 适应度函数通过计算个体的适应值，来比较个体的适应度. 适应度函数分为无约束条件的适应度函数和有约束条件的适应度函数. 对于不同的问题，适应性函数的定义方式也不同.

在例 13-1 中，适应度就是把个体解码后代入到目标函数中所计算出来的函数值.

U1 = 000001010100101001101111011111110

解码后：

$$x_1 = -2.6880，x_2 = 5.3617$$

适应度：

$$y = 19.8051$$

4. 遗传操作

(1) 选择.

种群中的个体在进行交叉之前，要进行选择(selection). 选择的目的是获得较优的个体作为父代，进行下一步的交叉. 选择的依据是个体的适应度，适应度的高低

决定了个体被选中的可能性，适应度高的个体可能被多次复制，而适应度低的个体可能一次也未被选中. 选择实现了达尔文的适者生存原则. 选择算子有时也叫复制算子. 常用的选择方法是适应度比例法，也叫轮盘赌法，它的基本原则是按照个体的适应度大小比例进行选择. 计算方法如下.

计算各染色体U_k的适应度：　$\mathrm{eval}(U_k)=f(x)$

计算群体的适应度总和：　$F=\sum_{k=1}^{\mathrm{pop\_size}}\mathrm{eval}(U_k)$

计算对应于每个染色体U_k的选择概率：　$P_k=\dfrac{\mathrm{eval}(U_k)}{F}$

计算每个染色体U_k的累计概率：　$Q_k=\sum_{j=1}^{k}P_j$

在此基础上，利用计算机多次生成[0, 1]区间上的随机数的方法进行选择.

(2) 交叉.

交叉(crossover)即将两个父代个体的编码串的部分基因进行交换，产生新的个体“后代”(offspring)，新个体组合了其父代个体的特性. 交叉操作是遗传算法中最主要的遗传操作，体现了信息交换的思想. 对于二进制编码，具体实施交叉的方法有单点交叉、两点交叉、多点交叉、一致交叉等. 对于实数编码，交叉的方法有离散重组、中间重组、线性重组等.

假设两个父代染色体如下所示(随机选择节点位于染色体串的第 18 位基因)：

U1 = [100110110100101101　000000010111001]

U2 = [001011010100001100　010110011001100]

交叉后可以生成两个子代染色体：

U1′ = [100110110100101101　010110011001100]

U2′ = [001011010100001100　000000010111001]

假设交叉概率为 25%，即在平均水平上有 25%的染色体进行了交叉. 交叉操作的过程如下：

开始

　$k\leftarrow 0$

　当$k\leqslant 10$时继续

　　$r_k\leftarrow[0,1]$之间的随机数；

　　如果$r_k<0.25$，则

　　　选择U_k为交叉的一个父代

　　结束

$k \leftarrow k+1$

结束

结束

(3) 变异.

变异(mutation)操作首先在群体中随机选择一个个体，对于选中的个体以一定的概率随机地改变串结构数据中某个串的值，即对种群中的每一个个体，以某一概率改变某一个或某一些基因位上的值为其他的基因. 同生物界一样，变异为新个体的产生提供了机会，但变异发生的概率很低，通常取值在 0.001 到 0.01 之间.

假设染色体 U1 的第 18 位基因被选作变异位，即如果该位基因是 1，则变异后就为 0. 于是，染色体在变异后将是

U1 = [10011011010010110　1　000000010111001]

U1′= [10011011010010110　0　000000010111001]

将变异概率设定为 $P = 0.01$，就是说，希望在平均水平上，种群内所有基因的 1%要进行变异.

5. 终止条件

终止条件是指在什么情况下认为算法找到了最优解，从而可以终止算法. 由于通常使用遗传算法解决具体问题时，并不知道问题的最优解是什么，也不知道其最优解的目标函数值，因而需要通过算法终止，获得最优解.

二、MATLAB 编程求解

使用 MATLAB 编程实现遗传算法.

参数编码、生成初始种群、适应度计算、遗传操作、终止条件的实现采用 MATLAB 函数的形式，主程序是实现遗传算法全过程的代码，包括调用以上 5 个 MATLAB 函数. 主程序代码 gamain.m 为

```
clear,clc
tic
u=gacreat(10);
for i=1:2000
    u1=gaselect(u);
    u2=gacross(u1);
    u3=gamutate(u2);
    u=u3;
end
u
for i=1:10
```

```
    [y(i),x1(i),x2(i)]=gafit(u(i,:));
end
[jg,I]=max(y);
jg
[x1(I) x2(I)]
toc
```

生成初始群体，MATLAB 函数代码 gacreat.m 为

```
function u = gacreat(size)
u=binornd(1,0.5,size,33);
end
```

遗传操作中选择的 MATLAB 函数代码 gaselect.m 为

```
function u1=gaselect(u)
for i=1:10
    y(i)=gafit(u(i,:));
end
F=sum(y);
P=y/F;
s=0;
for i=1:10
    s=s+P(i);
    Q(i)=s;
end
[m,I]=max(y);
u1(9,:)=u(I,:);
u1(10,:)=u(I,:);
r=rand(8,1);
for i=1:8
    if r(i)<Q(1)
        u1(i,:)=u(1,:);
    elseif  r(i)<Q(2)
        u1(i,:)=u(2,:);
    elseif  r(i)<Q(3)
        u1(i,:)=u(3,:);
    elseif  r(i)<Q(4)
        u1(i,:)=u(4,:);
    elseif r(i)<Q(5)
        u1(i,:)=u(5,:);
    elseif r(i)<Q(6)
```

```
            u1(i,:)=u(6,:);
        elseif r(i)<Q(7)
            u1(i,:)=u(7,:);
        elseif r(i)<Q(8)
            u1(i,:)=u(8,:);
        elseif r(i)<Q(9)
            u1(i,:)=u(9,:);
        else
            u1(i,:)=u(10,:);
        end
    end
```

交叉的 MATLAB 函数代码 gacross.m 为

```
function u1=gacross(u)
r=rand(10,1);
u1=u;
k=0;
for i=1:10
    if r(i)<0.25
        k=k+1;
        a(k)=i;
    end
end
if k>=2
    i=1;
    while i<=k-1
        m=unidrnd(32);
        x=u1(a(i),:);
        y=u1(a(i+1),:);
        for j=m+1:33
            u1(a(i),j)=y(1,j);
            u1(a(i+1),j)=x(1,j);
        end
        i=i+2;
    end
end
```

变异的 MATLAB 函数代码 gamutate.m 为

```
function u1=gamutate(u)
u1=u;
r=rand(330);
```

```
for i=1:330
    if r(i)<=0.01
        a=ceil(i/33);
        if mod(i,33)~=0
            b=mod(i,33);
        else
            b=33;
        end
        u1(a,b)=~u1(a,b);
    end
end
```

适应度计算的 MATLAB 函数代码 gafit.m 为

```
function [y,x1,x2]= gafit(u)
a=0;
b=0;
for i=1:18
    a=a+u(i)*2^(18-i);
end
for i=19:33
    b=b+u(i)*2^(33-i);
end
x1=-3+a*15.1/(2^18-1);
x2=4.1+b*1.7/(2^15-1);
y=21.5+x1*sin(4*pi*x1)+x2*sin(20*pi*x2);
```

执行主程序 gamain.m 后，结果显示：

```
jg =38.45
ans =
       11.625 5.325
Elapsed time is 0.998275 seconds.
```

即例 13-1 遗传算法编程计算的结果：最优点为(11.625, 5.325)，最优值为 38.45.

另外使用 LINGO 全局最优解求解器得到的结果：最优点为(11.62554，5.725043)，最优值为 38.85029.

三、MATLAB 遗传算法计算函数

遗传算法的计算函数包含在全局优化工具箱(Global Optimization Toolbox)之中.

遗传算法的主函数为

[x,fval,reason,output,population,scores]=ga(@fitnessfun,nvars,A,b,Aeq,beq,LB,UB,nonlcon,IntCon,options)

(1) 输入参数.

@fitnessfun:	计算适应度函数的 M 文件的函数句柄
nvars:	适应度函数中变量个数
A,b,Aeq,beq,LB,UB,nonlcon:	约束条件
options:	参数结构体，可缺省

(2) 输出参数.

x:	返回的最终点
fval:	适应度函数在 x 点的值
reason:	算法停止的原因
output:	算法每一代的性能
population:	最后种群
scores:	最后得分值

使用 MATLAB 遗传算法工具箱函数计算例 13-1，代码为

```
f=@(x)-(21.5+x(1)*sin(4*pi*x(1))+x(2)*sin(20*pi*x(2)))
[x,fv]=ga(f,2,[],[],[],[],[-3 4.1],[12.1 5.8])
fv=-fv
```

运行结果如下：

```
x = 11.6255      5.6250
fv = 38.7503
```

结语 遗传算法主要特点包括：直接对结构对象进行操作，不存在求导和函数连续性的限定；具有内在的隐式并行性和更好的全局寻优能力；采用概率化的寻优方法，能自动获取和指导优化的搜索空间，自适应地调整搜索方向，不需要确定规则. 遗传算法的这些性质，已被人们广泛地应用于组合优化、机器学习、信号处理、自适应控制和人工生命等领域. 它是现代有关智能计算中的关键技术之一.

函数数值优化是遗传算法最常应用的领域之一. 由实验结果可以看出，使用 MATLAB 遗传算法工具箱求解函数优化问题，函数可以有效地收敛到全局最优点，并且具有收敛速度快和结果直观的特点.

第二节 神 经 网 络

人工神经网络(artificial neural networks，ANNs)也简称为神经网络(NNs)或称作连接模型(connection model)，是对人脑或自然神经网络(natural neural network)若干

基本特性的抽象和模拟. 神经网络是一门重要的机器学习技术，是深度学习的基础，学习神经网络不仅可以让我们掌握一门强大的机器学习方法，同时也可以更好地帮助我们理解深度学习技术. 目前在神经网络研究方法上已形成多个流派，最富有成果的研究工作包括：多层网络反向传播(back propagation，BP)算法、Hopfield 网络模型、自适应共振理论、自组织特征映射理论等.

一、神经网络简介

神经网络是一种模拟人脑生物过程的人工智能技术.

1. 生物神经网络

生物神经网络是一种模仿生物神经系统结构和功能的计算模型. 它由神经元和它们之间的连接组成，通过模拟神经元之间的信号传递来实现信号处理和学习. 生物神经细胞如图 13-2 所示，用于产生生物的意识，帮助生物进行思考和行动.

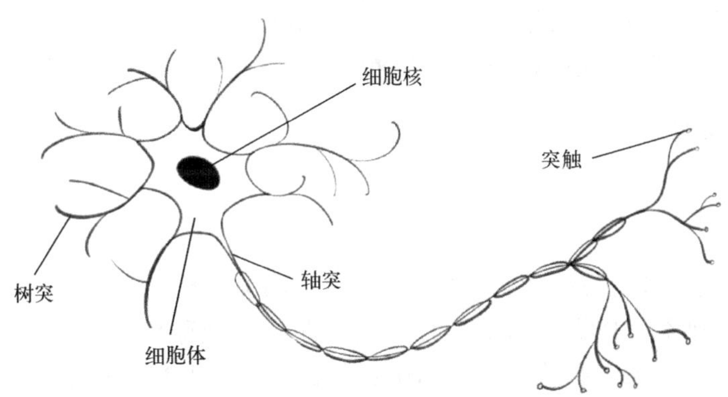

图 13-2 生物神经细胞

一个神经元通常包含多个树突、细胞体和一条轴突. 树突主要用来接收传入信息，细胞体对这些输入信息进行整合并进行阈值处理，轴突尾端有许多轴突末梢可以给其他多个神经元传递信息.

人脑中的神经网络是一个非常复杂的组织. 成人的大脑中估计有 1000 亿个神经元之多.

2. 人工神经网络

人工神经网络是在现代神经科学的基础上提出来的，它反映了人脑功能的基本特征，但不是自然神经网络的逼真描写，而只是它的某种简化抽象和模拟，构成一种运算模型，包含输入、输出与计算功能. 输入可以类比为神经元的树突，输出可以类比为神经元的轴突，计算则可以类比为细胞核. 大量的，同时也是很简单的处理单元(神经元)广泛互连形成复杂的非线性系统.

人工神经网络不需要任何先验公式，就能从已有数据中自动地归纳规则，获得这些数据的内在规律，具有很强的非线性映射能力，特别适合于因果关系复杂的非确定性推理、判断、识别和分类等问题. 由于人工神经网络系统具有信息的分布存储、并行处理以及自学习能力等优点，已经在信息处理、智能控制、模式识别及系统建模等领域得到越来越广泛的应用. 尤其是 BP 神经网络，广泛地应用于非线性建模、函数逼近和模式分类等方面.

3. MATLAB 神经网络工具箱

利用神经网络解决实际问题时，必定会涉及大量的数值计算问题. 为了解决数值计算与计算机仿真之间的矛盾，MathWorks 公司推出了一套高性能的数值计算和可视化软件包：MATLAB 神经网络工具箱.

MATLAB 神经网络工具箱功能强大，此工具箱包含了 80 多个函数，涉及：网络创建、网络应用、权、网络输入、传递、初始化、性能分析、学习、自适应、训练、分析、绘图、符号变换、拓扑等方面的函数.

二、神经网络原理

1. 网络结构

神经网络是一种运算模型，其网络结构如图 13-3 所示. 其中：

(1)连接是神经元中最重要的东西，由大量的节点(或称神经元)之间相互连接构成.

(2)每个节点代表一种特定的输出函数，称为激励函数(activation function).

(3)每两个节点间的连接都代表一个通过该连接信号的加权值，称为权重，这相当于人工神经网络的记忆.

(4)网络的输出则依网络的连接方式、权重值和激励函数的不同而不同. 而网络自身通常都是对自然界某种算法或者函数的逼近，也可能是对一种逻辑策略的表达.

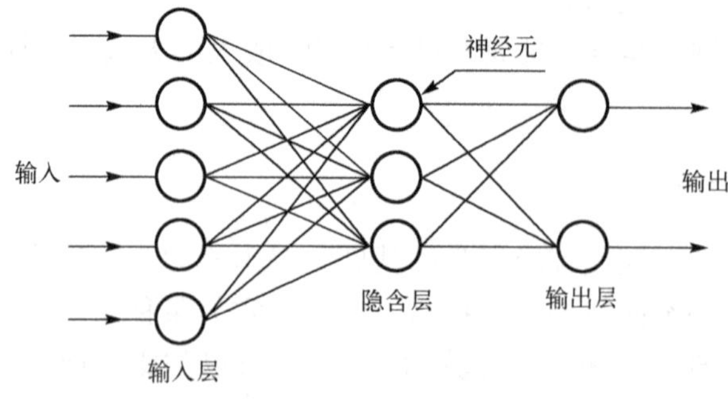

图 13-3　人工神经网络

2. 神经元

人工神经元示意图如图 13-4 所示.

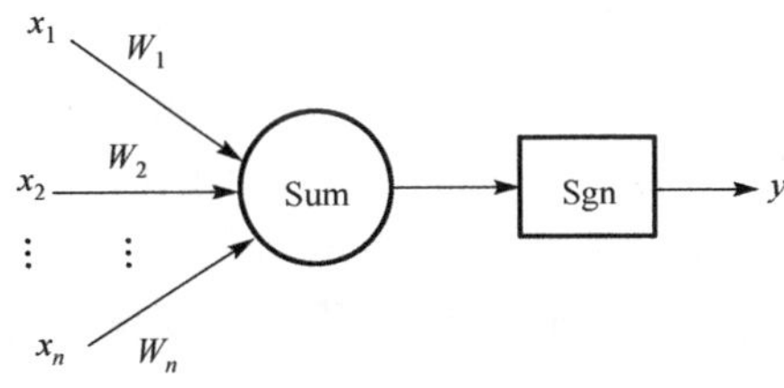

图 13-4　人工神经元示意图

$$y = f(w_1x_1 + w_2x_2 + \cdots + w_nx_n)$$

其中：

(1) $x_1, x_2, \cdots, x_n$ 为 x 输入向量的各个分量；

(2) $w_1, w_2, \cdots, w_n$ 为神经元各个突触的权值；

(3) f 为传递函数(激励函数)，通常为非线性函数；

(4) y 为神经元输出.

人工神经网络模型主要考虑网络连接的拓扑结构、神经元的特征、学习规则等.

3. 训练

一个神经网络训练算法就是让权重的值调整到最佳，使得整个网络的预测效果最好. 其算法如图 13-5 所示.

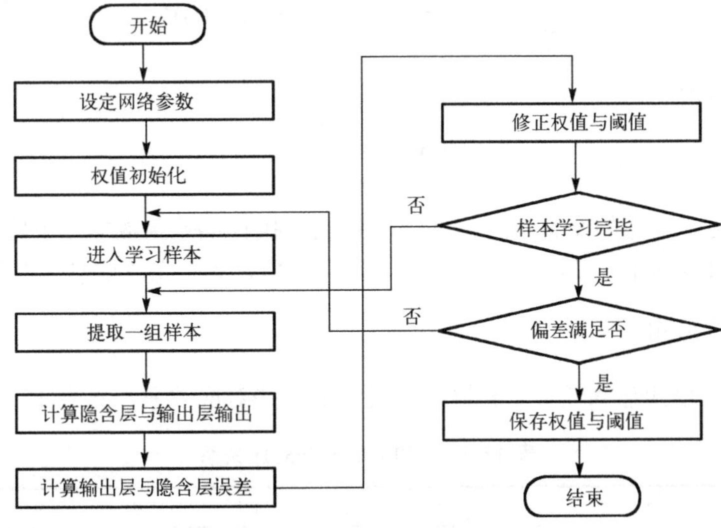

图 13-5　神经网络训练算法流程图

4. BP 神经网络

人工神经网络无须事先确定输入输出之间映射关系的数学方程，仅通过自身的训练，学习某种规则，在给定输入值时得到最接近期望输出值的结果. 作为一种智能信息处理系统，人工神经网络实现其功能的核心是算法.

BP 神经网络是 1986 年由鲁梅尔哈特(Rumelhart)和麦克利兰(McClelland)为首的科学家提出的概念，是应用最广泛的神经网络之一.

BP 神经网络是一种按误差反向传播(简称误差反传)训练的多层前馈网络，其算法称为 BP 算法，它的基本思想是梯度下降法，利用梯度搜索技术，以期使网络的实际输出值和期望输出值的误差均方差为最小.

BP 算法由数据流的前向计算(正向传播)和误差信号的反向传播两个过程构成.

正向传播：传播方向为输入层→隐含层→输出层，每层神经元的状态只影响下一层神经元. 对于输入信号，先向前传播到隐含层节点，经作用函数后，再把隐含层节点的输出信号传播到输出节点：

$$y = f(w_1x_1 + w_2x_2 + \cdots + w_nx_n)$$

激励通常选 S 型：

$$f(x) = \frac{1}{1+\mathrm{e}^{-x/Q}}$$，Q 为调整激励函数形式的 Sigmoid 参数

反向传播：若在输出层得不到期望的输出，则转向误差信号的反向传播流程. 误差函数为

$$E = \sum_{m=1}^{p} E_m, \quad E_m = \frac{1}{2}\sum_{i=1}^{N}(t^{(m)}(i) - a_L^{(m)}(i))^2$$

修正权值为

$$w'_{ij} = w_{ij} - \mu\frac{\partial E}{\partial w_{ij}}$$

通过这两个过程的交替进行，在权向量空间执行误差函数梯度下降策略，动态迭代搜索一组权向量，使网络误差函数达到最小值，从而完成信息提取和记忆过程.

三、MATLAB 应用

例 13-2　已知输入变量 x 和输出变量 y 的一些对应关系，见表 13-1.

表 13-1　x 和 y 的一些对应关系

x	0	0.5	1	1.5	…	8.5	9	9.5	10
y	0.2	0.45238	0.57215	0.52909	…	0.093695	0.092388	0.04676	0.019668

请根据这些数据估计当 $x = 4.7$ 及 $x = 5.8$ 时，y 的值为何？

说明：例 13-2 数据由下面的函数产生

$$y = 0.2\mathrm{e}^{-0.2x} + 0.5\mathrm{e}^{-0.15x}\sin(1.25x)$$

在[0,10]区间上间隔为 0.5 的数据.

让神经网络进行学习，然后推广到[0,10]上间隔为 0.1 的各点的函数值，并分别作出图形比较.

调用 MATLAB 神经网络工具箱函数功能如下.

(1) 网络初始化函数：创建一个 BP 网络.

创建前向网络：

```
net =feedforwardnet(hiddenSizes,trainFcn)
```

其中，hiddenSizes 表示隐含层大小，缺省值为 10，trainFcn 表示训练函数，默认 'trainlm'.

(2) 网络训练函数：

```
net=train(net,X,Y)
```

其中，X 为 $n \times M$ 矩阵，n 为输入变量的个数，M 为样本数. Y 为 $m \times M$ 矩阵，m 为输出变量个数. net 为返回后的神经网络对象.

函数运行的数据界面如图 13-6 所示，包括：网络图、算法、训练进度、绘图等.

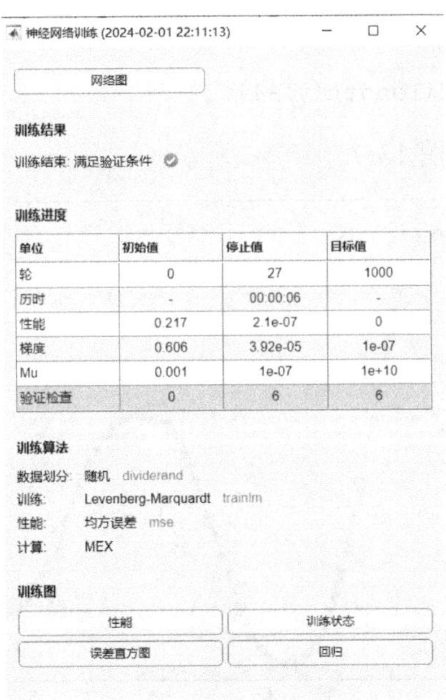

图 13-6　MATLAB 神经网络训练界面

(3) 网络泛化函数：

```
Y2=sim(net,X1)
```

其中，X1 为输入数据矩阵，各列为样本数据；Y2 为对应输出值.

求解例 13-2，使用 MATLAB 编程计算，代码为

```
clc,clear,clf
x=0:0.5:10
y=0.2*exp(-0.2*x)+0.5*exp(-0.15*x).*sin(1.25*x)
plot(x,y,'bo')
hold on
x0=0:0.01:10;
y0=0.2*exp(-0.2*x0)+0.5*exp(-0.15*x0).*sin(1.25*x0);
plot(x0,y0)
net=feedforwardnet(5)
net=train(net,x,y)
%view(net)
x1=0:0.1:10
z = net(x1)
%perf = perform(net,z,y)
plot(x1,z,'r*')
y0=net(x)
sum((y-y0).^2)/(length(y)-1)
```

运行后，图形结果见图 13-7.

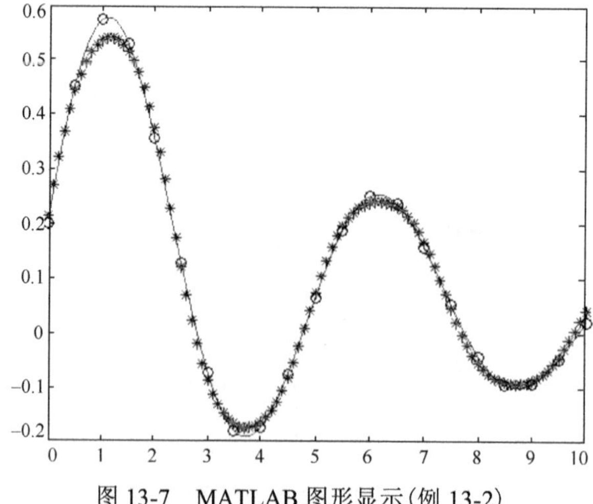

图 13-7 MATLAB 图形显示(例 13-2)

从图 13-7 中可以看出，计算结果与实际数据拟合程度较好.

结语　今天的世界早已布满了人工神经网络的身影. 比如搜索引擎、股票价格预测、机器学习围棋、家庭助手等，从金融到仿生样样都能运用人工神经网络.

习 题 十 三

1. 飞机侦察. 已知飞机基地、目标的经纬度数据如下，其中，sj0 为 100 个目标的经纬度，d1 为飞机基地经纬度.

```
sj0=[53.7121 15.3046 51.1758 0.0322  46.3253 28.2753 30.3313 6.9348
     56.5432 21.4188 10.8198 16.2529 22.7891 23.1045 10.1584 12.4819
     20.1050 15.4562 1.9451  0.2057  26.4951 22.1221 31.4847 8.9640
     26.2418 18.1760 44.0356 13.5401 28.9836 25.9879 38.4722 20.1731
     28.2694 29.0011 32.1910 5.8699  36.4863 29.7284 0.9718  28.1477
     8.9586  24.6635 16.5618 23.6143 10.5597 15.1178 50.2111 10.2944
     8.1519  9.5325  22.1075 18.5569 0.1215  18.8726 48.2077 16.8889
     31.9499 17.6309 0.7732  0.4656  47.4134 23.7783 41.8671 3.5667
     43.5474 3.9061  53.3524 26.7256 30.8165 13.4595 27.7133 5.0706
     23.9222 7.6306  51.9612 22.8511 12.7938 15.7307 4.9568  8.3669
     21.5051 24.0909 15.2548 27.2111 6.2070  5.1442  49.2430 16.7044
     17.1168 20.0354 34.1688 22.7571 9.4402  3.9200  11.5812 14.5677
     52.1181 0.4088  9.5559  11.4219 24.4509 6.5634  26.7213 28.5667
     37.5848 16.8474 35.6619 9.9333  24.4654 3.1644  0.7775  6.9576
     14.4703 13.6368 19.8660 15.1224 3.1616  4.2428  18.5245 14.3598
     58.6849 27.1485 39.5168 16.9371 56.5089 13.7090 52.5211 15.7957
     38.4300 8.4648  51.8181 23.0159 8.9983  23.6440 50.1156 23.7816
     13.7909 1.9510  34.0574 23.3960 23.0624 8.4319  19.9857 5.7902
     40.8801 14.2978 58.8289 14.5229 18.6635 6.7436  52.8423 27.2880
     39.9494 29.5114 47.5099 24.0664 10.1121 27.2662 28.7812 27.6659
     8.0831  27.6705 9.1556  14.1304 53.7989 0.2199  33.6490 0.3980
     1.3496  16.8359 49.9816 6.0828  19.3635 17.6622 36.9545 23.0265
     15.7320 19.5697 11.5118 17.3884 44.0398 16.2635 39.7139 28.4203
     6.9909  23.1804 38.3392 19.9950 24.6543 19.6057 36.9980 24.3992
     4.1591  3.1853  40.1400 20.3030 23.9876 9.4030  41.1084 27.7149 ];
d1 = [70,40];
```

假设飞机速度为 1000km/h. 一架飞机从基地出发，侦察所有目标，返回基地. 只计飞行时间，不计侦察时间. 以时间为最短，求飞机飞行的最佳路径.

注：地球表面两点的实际距离为

$$d = R\arccos(\cos(x_1 - x_2)\cos y_1 \cos y_2 + \sin y_1 \sin y_2)$$

其中，(x_1, y_1), (x_2, y_2) 为两点经纬度，$R = 6370\text{km}$ 为地球半径.

(1) 使用遗传算法.

(2) 使用改良圈算法.

Hamilton 圈 $v_1 \cdots v_i v_{i+1} v_{i+2} \cdots v_{j-1} v_j v_{j+1} \cdots v_n$，交换两点顺序 $v_1 \cdots v_i v_j v_{j-1} \cdots v_{i+2} v_{i+1} v_{j+1} \cdots v_n$，若 $w(v_i, v_j) + w(v_{i+1}, v_{j+1}) < w(v_i, v_{i+1}) + w(v_j, v_{j+1})$，则改良圈得到具有较小权的另一个 Hamilton 圈，直至无法改进则停止.

(3) 使用改良圈算法改进初始种群.

2．蠓虫分类.

蠓虫分类问题可概括叙述如下：生物学家试图对两种蠓虫(Af 与 Apf)进行鉴别，依据的资料是触角和翅膀的长度，已经测得了 9 只 Af 和 6 只 Apf 的数据如下.

Af: (1.24,1. 72)，(1.36,1.74)，(1.38,1.64)，(1.38,1.82)，(1.38,1.90)，(1.40,1.70)，(1.48,1.82)，(1.54,1.82)，(1.56,2.08)

Apf: (1.14,1.82)，(1.18,1.96)，(1.20,1.86)，(1.26,2.00)，(1.28,2.00)，(1.30,1.96)

现在的问题是：

(1) 根据如上资料，如何制定一种方法，正确地区分两类蠓虫.

(2) 对触角和翼长分别为(1.24,1.80)，(1.28,1.84)与(1.40,2.04)的 3 个标本，用所得到的方法加以识别.

第十四章 其他模型

本章介绍几个特殊的模型的建立和求解. 通过这几个特殊模型，我们来体会数学建模从实际问题到数学模型，再到模型求解及应用的全过程.

第一节 层次分析法

一、问题提出

1. 多方案选择问题

你会不会有这种感觉：到吃饭时不知吃什么、出去玩不知去哪里？

人们在日常工作、学习、生活中常常碰到多种方案进行选择的决策问题. 比如，选择哪家餐馆用餐，购买哪件商品，选择到哪儿旅游等. 当然这些选择都不会产生严重后果，不必作为决策问题认真对待. 然而有些选择就需重视，比如，学生每学期的选课、科研课题的选择等. 有些选择甚至意义深远，比如，高考志愿填报、毕业生工作选择等.

人们在处理上面这些决策问题的时候，要考虑的因素有多有少，有大有小，但是一个共同的特点是它们通常都涉及经济、社会、人文等方方面面的因素. 在作比较、判断、评价、决策时，这些因素的重要性、影响力或者优先程度往往难以量化，人的主观选择会起着决定性作用，这就给用一般的数学方法解决问题带来了困难.

我们以一个相对比较轻松的选择为例.

例 14-1 旅游地选择. 节假日有备选三个旅游地点的资料.

P1：景色优美，但旅游热点、住宿条件较差、费用高；

P2：交通方便、住宿条件好、价钱不贵，但景点一般；

P3：景点不错、住宿、花费都挺好，但交通不方便.

选择哪一个地点?

2. 层次分析法简介

层次分析法是定性与定量相结合、系统化、层次化的分析方法，为上述问题的决策和排序提供一种新的、简洁而实用的建模方法.

层次分析法(analytic hierarchy process，AHP)是将与决策有关的元素分解成目标、准则、方案等层次，并在此基础之上进行定性和定量分析的决策方法. 该方法是美国运筹学家萨蒂(Saaty)于20世纪70年代初，在为美国国防部研究“根据各个工业部门对国家福利的贡献大小而进行电力分配”课题时，应用网络系统理论和多目标综合评价方法，提出的一种层次权重决策分析方法.

层次分析法把研究对象作为一个系统，按照分解、比较判断、综合的思维方式进行决策，成为继机理分析、统计分析之后发展起来的系统分析的重要工具.

二、层次分析法的基本原理与步骤

运用层次分析法建模，大体上可按下面四个步骤进行：

(1) 建立层次结构；

(2) 构造两两比较矩阵；

(3) 计算权向量并作一致性检验；

(4) 计算组合权向量并作组合一致性检验.

1. 建立层次结构

应用AHP分析决策问题时，首先要把问题条理化、层次化，构造出一个有层次的结构模型. 在这个模型下，复杂问题被分解为元素的组成部分. 这些元素又按其属性及关系形成若干层次. 上一层次的元素作为准则对下一层次有关元素起支配作用. 这些层次可以分为三类.

(1) 目标层：这一层次中只有一个元素，一般它是分析问题的预定目标或理想结果，处在最高层.

(2) 准则层：处在中间的位置，这一层次中包含了为实现目标所涉及的中间环节，它可以由若干个层次组成，包括所需考虑的准则、子准则，因此也称为准则层.

(3) 方案层：这一层次包括了为实现目标可供选择的各种措施、决策方案等，处在最底层.

递阶层次结构中的层次数与问题的复杂程度及需要分析的详尽程度有关，一般的层次数不受限制. 每一层次中各元素所支配的元素一般不要超过 9 个. 这是因为支配的元素过多会给两两比较判断带来困难.

例14-1的旅游地点选择，根据诸如景色、费用、居住、饮食和旅途条件等一些准则去反复比较3个候选地点. 可以建立层次结构模型，如图14-1所示.

2. 构造判断矩阵

涉及社会、经济、人文等因素的决策问题的主要困难在于，这些因素通常不易定量地量测；人们凭自己的经验和知识进行判断，当因素较多时给出的结果往往是不全面和不准确的，如果只是定性的结果，不易被别人接受.

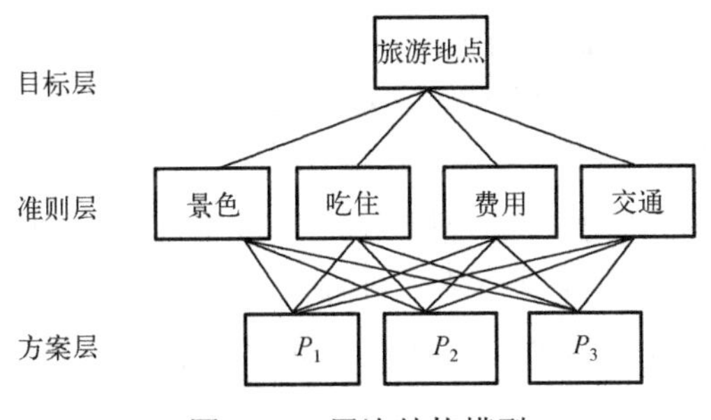

图 14-1　层次结构模型

Saaty 的做法，一是不把所有因素放在一起比较，而是两两相互对比；二是对比时采用相对尺度，以尽可能地减少性质不同的诸因素相互比较的困难，提高准确度.

(1) 两两比较矩阵.

假设要比较某一层 n 个因子对上层一个因素 O 的影响，则每次取两个因子 x_i 和 x_j，以 a_{ij} 表示 x_i 和 x_j 对 O 的影响大小之比，全部比较结果用矩阵表示

$$A=(a_{ij})_n,\quad a_{ij}>0,\quad a_{ji}=\frac{1}{a_{ij}}$$

矩阵 A 称为两两比较矩阵，又称为正互反矩阵.

(2) 比较尺度.

在估计事物的区别时，人们常用五种判断表示，即相同、稍强、强、很强、绝对强. 当需要更高精度时，还可以在相邻判断之间做出比较，这样，总共有九个等级.

心理学家认为，人们同时在比较若干个对象时，能够区别差异的心理学极限为 7 ± 2 个对象，这样它们之间的差异正好可以用九个数字表示出来. Satty 还将 1—9 标度方法同另一种 26 标度方法进行过比较，结果表明 1—9 标度是可行的，并且能够将思维判断数量化.

将 1—9 标度的含义进行描述即为

$$a_{ij}=1(\text{相同})、3(\text{稍强})、5(\text{强})、7(\text{很强})、9(\text{绝对强})$$

2，4，6，8 是上述相邻等级中间值，且 $a_{ji}=\dfrac{1}{a_{ij}}$.

对于例 14-1 的旅游地选择，某人用成对比较法构建两两比较矩阵如下：

$$A=\begin{pmatrix}1 & 3 & 2 & 5\\ 1/3 & 1 & 3 & 2\\ 1/2 & 1/3 & 1 & 1\\ 1/5 & 1/2 & 1 & 1\end{pmatrix}$$

矩阵中，$a_{12}=3$ 代表在准则比较方面，x_1 比 x_2 稍强，等等.

另外 $a_{12}=3$，$a_{24}=2$，也可以表示成 $x_1:x_2=3$，$x_2:x_4=2$，于是可推得 $x_1:x_4=6$，但 $a_{14}=5$，说明什么呢?

人的大脑判断不可能在多重判断中完全精确，这种现象称为不一致性. 即 $a_{ij}a_{jk}\neq a_{ik}$，但我们希望差异不要太大，$a_{ij}a_{jk}\approx a_{ik}$. 也就是说需要订立一个标准，来判断是否能够接受，这个标准称为一致性指标，判断过程称为一致性检验.

3. 计算权重向量并进行一致性检验

(1) 计算权重向量.

我们希望进行两两比较得到矩阵 A 的 n 个因子的重要性能统一表达，有效的表达方式就是重要性权重向量，令其为 $w=(w_1,w_2,\cdots,w_n)^{\mathrm{T}}$，则两两比较矩阵在理论上就为

$$B=\begin{pmatrix} 1 & \frac{w_1}{w_2} & \cdots & \frac{w_1}{w_n} \\ \frac{w_2}{w_1} & 1 & \cdots & \frac{w_2}{w_n} \\ \vdots & \vdots & & \vdots \\ \frac{w_n}{w_1} & \frac{w_n}{w_2} & \cdots & 1 \end{pmatrix}$$

其中，主对角线元素亦可表示成 $b_{ii}=\dfrac{w_i}{w_i}$.

B 矩阵的性质：

$$\text{秩 } R(B)=1，\text{特征值 } \lambda=n,0,\cdots,0，\text{表达式 } Bw=nw$$

即 w 为矩阵 B 最大特征值对应的特征向量. 由于两两比较矩阵 A 与理论值 B 应差别不大，所以重要性权重向量 w 的求解方法为：计算两两比较矩阵 A 的最大特征值 $\lambda_{\max}$ 对应的特征向量，并归一化.

(2) 一致性检验.

两两比较矩阵 A 与理论值 B 相同，即满足

$$a_{ij}a_{jk}=a_{ik}，\quad \forall i,j,k=1,2,\cdots,n$$

称矩阵 A 为一致性矩阵.

然而，人工的判断几乎不可能达到完全一致，即 $A=B+\varepsilon$，ε 为误差矩阵，于是有

$$Aw=\lambda_{\max}w=(B+\varepsilon)w=nw+\varepsilon w$$

所以

$$\varepsilon w=(\lambda_{\max}-n)w$$

因此 $\lambda_{\max}-n$ 可以反映两两比较矩阵 A 与理论值 B 的偏差大小，去掉自由度 $n-1$ 后，可以反映两矩阵去除矩阵阶数影响的偏差大小. 于是，定义一致性指标：

$$\mathrm{CI}=\frac{\lambda_{\max}-n}{n-1}$$

为了确定 A 的不一致程度的容许范围，需要找出衡量 A 的一致性指标的标准. Saaty 引入了随机一致性指标 RI 来与 CI 进行比较.

定义 14-1 随机一致性指标 RI 为多个正互反矩阵计算 CI 的平均值. 这个值趋于一个固定值.

RI 的计算过程是，对于固定的 n，随机地构造正互反矩阵 A'，然后计算 A' 的一致性指标 CI. 对于不同的 n，Saaty 用 100～500 个样本 A' 计算，而后用它们的 CI 的平均值作为随机一致性指标，数值如表 14-1 所示.

表 14-1 随机一致性指标 RI 值

n	3	4	5	6	7	8	9
RI	0.58	0.90	1.12	1.24	1.32	1.41	1.45

对于任意构造的正互反矩阵 A'，A' 一般都是不一致的，而且有许多应是非常不一致的，计算出的 CI 相当大，由这些较大的 CI 计算平均值得到的 RI 与可接受的 CI 比较仍应有差距. 于是引入一致性比例的概念.

定义 14-2 一致性比例 CR，

$$\mathrm{CR}=\frac{\mathrm{CI}}{\mathrm{RI}}$$

矩阵的一致性判断标准为 $\mathrm{CR}<0.10$. 即当 $\mathrm{CR}<0.10$ 时，认为判断矩阵的一致性是可以接受的，否则应对判断矩阵作适当修正.

例 14-1 的旅游地选择，对构造的矩阵 A 进行一致性检验.

使用 MATLAB 计算，代码为

```
A=[1 3 2 5
   1/3 1 3 2
   1/2 1/3 1 1
   1/5 1/2 1 1]
[v,d]=eig(A)
w=v(:,1)/sum(v(:,1))
lambda=d(1,1)
```

```
ci=(lambda-4)/3
cr=ci/0.9
```

计算结果如下：

$$\lambda=4.2137,\quad w=(0.4969,\ 0.2513,\ 0.1386,\ 0.1132)^{\mathrm{T}}$$

$$\mathrm{CR}=\frac{\mathrm{CI}}{\mathrm{RI}}=\frac{4.2137-4}{3\times 0.9}=0.0791$$

通过一致性检验，w 可以使用.

4. 计算组合权重向量并进行组合一致性检验

(1)计算组合权重向量.

上面我们得到的是某一层元素对其上一层中某个元素的权重向量. 下面的问题是由各准则对目标的权向量和各方案对每一准则的权向量计算各方案对目标的权向量，称为组合权向量.

设单层权重向量：

2 层对 1 层：$W^{(2)}=(w_1^{(2)},w_2^{(2)},\cdots,w_m^{(2)})^{\mathrm{T}}$

3 层对 2 层：$W_1^{(3)}=\begin{pmatrix} w_{11}^{(3)} \\ w_{21}^{(3)} \\ \vdots \\ w_{n1}^{(3)} \end{pmatrix},W_2^{(3)}=\begin{pmatrix} w_{12}^{(3)} \\ w_{22}^{(3)} \\ \vdots \\ w_{n2}^{(3)} \end{pmatrix},\cdots,W_m^{(3)}=\begin{pmatrix} w_{1m}^{(3)} \\ w_{2m}^{(3)} \\ \vdots \\ w_{nm}^{(3)} \end{pmatrix}$

用准则的重要性对在各准则方案下的权重进行加权平均，就可得到方案的总权重，即组合权向量.

$$令\ X=\left(W_1^{(3)},W_2^{(3)},\cdots,W_m^{(3)}\right)=\begin{pmatrix} w_{11}^{(3)} & w_{12}^{(3)} & \cdots & w_{1m}^{(3)} \\ w_{21}^{(3)} & w_{22}^{(3)} & \cdots & w_{2m}^{(3)} \\ \vdots & \vdots & & \vdots \\ w_{n1}^{(3)} & w_{n2}^{(3)} & \cdots & w_{nm}^{(3)} \end{pmatrix},则\ W=XW^{(2)}.$$

(2)组合一致性检验.

虽然各层次均已经过层次单排序的一致性检验，各成对比较判断矩阵都已具有较为满意的一致性. 但当综合考察时，各层次的非一致性仍有可能积累起来，引起最终分析结果的非一致性.

采用将每层一致性检验指标加权平均，各层一致性检验指标相加汇总作为总体的一致性检验，称为组合一致性检验.

设单层一致性检验：

2 层对 1 层：$\mathrm{CR}^{(2)}=\dfrac{\mathrm{CI}^{(2)}}{\mathrm{RI}^{(2)}}$

3 层对 2 层：$\mathrm{CR}_1^{(3)}=\dfrac{\mathrm{CI}_1^{(3)}}{\mathrm{RI}_1^{(3)}},\mathrm{CR}_2^{(3)}=\dfrac{\mathrm{CI}_2^{(3)}}{\mathrm{RI}_2^{(3)}},\cdots,\mathrm{CR}_m^{(3)}=\dfrac{\mathrm{CI}_m^{(3)}}{\mathrm{RI}_m^{(3)}}$

$$\mathrm{CR}^{(3)}=(\mathrm{CR}_1^{(3)},\mathrm{CR}_2^{(3)},\cdots,\mathrm{CR}_m^{(3)})W^{(2)}$$

则组合一致性检验指标与判断标准为

$$\mathrm{CR}=\mathrm{CR}^{(2)}+\mathrm{CR}^{(3)}<0.1$$

三、层次分析法的应用

解 例 14-1 旅游地点选择.

(1) 建立层次结构，见图 14-1.

(2) 构造两两比较矩阵

$$A=(a_{ij})_n,\quad a_{ij}>0,\quad a_{ji}=\frac{1}{a_{ij}}$$

某人用成对比较法构建两两比较矩阵如下：

$$A=\begin{pmatrix}1 & 3 & 2 & 5\\ 1/3 & 1 & 3 & 2\\ 1/2 & 1/3 & 1 & 1\\ 1/5 & 1/2 & 1 & 1\end{pmatrix}$$

$$B_1=\begin{pmatrix}1 & 7 & 2\\ 1/7 & 1 & 1/4\\ 1/2 & 4 & 1\end{pmatrix},\quad B_2=\begin{pmatrix}1 & 1/7 & 1/6\\ 7 & 1 & 1/2\\ 6 & 2 & 1\end{pmatrix},\quad B_3=\begin{pmatrix}1 & 1/5 & 1/4\\ 5 & 1 & 1/2\\ 4 & 2 & 1\end{pmatrix},\quad B_4=\begin{pmatrix}1 & 1/3 & 5\\ 3 & 1 & 7\\ 1/5 & 1/7 & 1\end{pmatrix}$$

(3) 计算权向量并作一致性检验

$$\mathrm{CR}=\frac{\mathrm{CI}}{\mathrm{RI}}$$

(4) 计算组合权向量并作组合一致性检验

$$\mathrm{CR}=\mathrm{CR}^{(2)}+\mathrm{CR}^{(3)}=\mathrm{CR}^{(2)}+(\mathrm{CR}_1^{(3)},\cdots,\mathrm{CR}_m^{(3)})W^{(2)}$$

使用 MATLAB 计算，代码如下：

```
A=[1 3 2 5;1/3 1 3 2;1/2 1/3 1 1;1/5 1/2 1 1];
%A=[1 2 3 4;1/2 1 2 2;1/3 1/2 1 1;1/4 1/2 1 1];
B1=[1 7 2;1/7 1 1/4;1/2 4 1];
B2=[1 1/7 1/6;7 1 1/2;6 2 1];
B3=[1 1/5 1/4;5 1 1/2;4 2 1];
```

```
B4=[1 1/3 5;3 1 7;1/5 1/7 1];

[v2,d2]=eig(A),w2=v2(:,1)/sum(v2(:,1)),lambda2=d2(1,1)
CI2=(lambda2-size(A,1))/(size(A,1)-1)
CR2=CI2/0.90

[v31,d31]=eig(B1),w31=v31(:,1)/sum(v31(:,1)),lambda31=d31(1,1)
[v32,d32]=eig(B2),w32=v32(:,1)/sum(v32(:,1)),lambda32=d32(1,1)
[v33,d33]=eig(B3),w33=v33(:,1)/sum(v33(:,1)),lambda33=d33(1,1)
[v34,d34]=eig(B4),w34=v34(:,1)/sum(v34(:,1)),lambda34=d34(1,1)

lambda3=[lambda31 lambda32 lambda33 lambda34]
CI3=(lambda3-size(B1,1))/(size(B1,1)-1)
CR3=CI3/0.58

CR=CR2+CR3*w2

x=[w31 w32 w33 w34]
w=x*w2
```

一致性检验计算结果如下：

```
CR2 =
      0.0792
CR3 =
      0.0017    0.0692    0.0810    0.0559
CR =
     0.1150
```

即单层一致性检验通过，但组合一致性检验 $CR = 0.115 > 0.1$，未通过一致性检验.

重新进行两两比较均值构建，得

$$A = \begin{pmatrix} 1 & 2 & 3 & 4 \\ 1/2 & 1 & 2 & 2 \\ 1/3 & 1/2 & 1 & 1 \\ 1/4 & 1/2 & 1 & 1 \end{pmatrix}$$

重新代入 MATLAB 代码 c02.m 计算，结果如下：

```
CR2 =
      0.0038
CR3 =
```

```
      0.0017    0.0692    0.0810    0.0559
CR =
      0.0407
w  =
      0.3553
      0.2677
      0.3770
```

通过一致性检验，w 可以使用，

$$w=(0.3553,\quad 0.2677,\quad 0.3770)^{\mathrm{T}}$$

结果是，P_3 点为首选，P_1 次之，P_2 点应予以淘汰.

四、随机一致性指标

使用计算机模拟的方式可以计算随机一致性指标，步骤如下：

步骤 1 随机生成正互反矩阵；

步骤 2 计算一致性指标；

步骤 3 重复步骤 1 至步骤 2 若干次；

步骤 4 计算一致性指标的均值即为随机一致性指标.

使用 MATLAB 编程，代码 c03.m 如下：

```
m=20
n=10000;
ri=zeros(1,m-2);
a0=[1:9 1./(2:9)];
for k=3:m
    for r=1:n
        a=eye(k);
        for i=1:k
            for j=i+1:k
                a(i,j)=a0(fix(17*rand+1));
a(j,i)=1/a(i,j);
            end
        end
        la=eig(a);
        ri(k-2)=ri(k-2)+(max(la)-k)/(k-1);
    end
end
ri=ri/n
```

运行结果如下：

```
ri =
     Columns 1 through 6
        0.5111    0.8830    1.1048    1.2470    1.3403    1.4035
      Columns 7 through 12
        1.4519    1.4880    1.5126    1.5366    1.5557    1.5717
      Columns 13 through 18
        1.5845    1.5941    1.6050    1.6159    1.6210    1.6281
```

与 Saaty 给出结果相比，略有减少.

第二节　动态规划模型

一、问题提出

1. 多阶段决策问题

在生产和科学实验中，有一类活动的过程，由于它的特殊性，可将过程分为若干个互相联系的阶段，在它的每一个阶段都需要做出决策，从而使整个过程达到最好的活动效果. 因此，各个阶段决策的选取不是任意确定的，它依赖于当前面临的状态，又影响以后的发展. 当各个阶段决策确定后，就组成了一个决策序列，因此也就决定了整个过程的一条活动路线. 这种把问题可看作一个前后关联具有链状结构的多阶段过程称为多阶段决策过程，也称为序贯决策过程. 这种问题称为多阶段决策问题.

例如：我们要去美国亚拉巴马州，选择从成都到北京，而后从北京到底特律，再从底特律到亚拉巴马州，如何选择每一段的交通方式和时间？

例如：很多部门或企业都有 5 年计划和总体目标，但具体的工作计划是分年制订的，为了达到 5 年计划，该如何分阶段制订年度计划？

甚至一些分阶段制订计划只能在各阶段才能制订出来. 比如战争，战场瞬息万变，必须根据当时的状态进行决策.

这些例子的特点就是决策时，一项任务需要在时间或空间上分几个阶段完成，每个阶段都有多种选择，即多阶段决策.

2. 动态规划

动态规划(dynamic programming)是运筹学的一个分支，是求解多阶段决策问题的最优化方法.

动态规划是一种求解多阶段决策问题的系统技术，是考察问题的一种途径，而不是一种特殊算法(如线性规划是一种算法). 因而它不像线性规划那样有一个标准的数学表达式和明确定义的一组规则，动态规划必须对具体问题进行具体的分析处理，许多动态规划方法具有较高技巧. 在多阶段决策问题中，有些问题对阶段的划分具有明显的时序性，动态规划的“动态”二字也由此而得名.

20 世纪 50 年代初，美国数学家贝尔曼(Bellman)等在研究多阶段决策过程的优化问题时，提出了著名的最优化原理，从而创立了动态规划. 动态规划问世以来，在经济管理、生产调度、工程技术和最优控制等方面得到了广泛的应用. 例如最短路线、库存管理、资源分配、设备更新、排序、装载等问题，用动态规划方法比用其他方法求解更为方便.

虽然动态规划主要用于求解以时间划分阶段的动态过程的优化问题，但是一些与时间无关的静态规划(如线性规划、非线性规划)，只要人为地引进时间因素，把它视为多阶段决策过程，也可以用动态规划方法方便地求解.

二、理论介绍

1. 基本概念

一个多阶段决策过程最优化问题的动态规划模型通常包含以下要素.

(1) 阶段、阶段变量.

阶段是对整个过程的自然划分. 通常根据时间顺序或空间顺序特征来划分阶段，以便按阶段的次序解优化问题. 描述阶段的变量称为阶段变量，常用 k 表示，$k=1,2,\cdots,n$.

(2) 状态、状态变量.

状态表示每个阶段开始时过程所处的自然状况或客观条件. 它应能描述过程的特征并且无后效性，即当某阶段的状态变量给定时，这个阶段以后过程的演变与该阶段以前各阶段的状态无关. 通常还要求状态是直接或间接可以观测的.

描述状态的变量称状态变量，用 x_k 表示. 变量允许取值的范围称为允许状态集合，用 X_k 表示.

这里所说的状态是具体地属于某阶段的，它应具备下面的性质：如果某阶段状态给定后，则在该阶段以后过程的发展不受该阶段以前各阶段状态的影响. 换句话说，过程的历史只能通过当前的状态去影响它未来的发展，当前的状态是以往历史的总结，这个性质称为无后效性，也称马尔可夫(Markov)性.

(3) 决策、决策变量.

当一个阶段的状态确定后，可以做出各种选择从而演变到下一阶段的某个状态，这种选择手段称为决策. 描述决策的变量称为决策变量，简称决策，用 $u_k(x_k)$ 表示.

决策变量取值范围称为允许决策集合，用 U_k 表示.

(4) 策略、最优策略.

决策组成的序列称为策略. 由初始状态 x_1 开始的全过程的策略记作 $p_{1n}(x_1)$，即

$$p_{1n}(x_1)=\{u_1(x_1),u_2(x_2),\cdots,u_n(x_n)\}$$

由第 k 阶段的状态 x_k 开始到终止状态的后部子过程的策略记作 $p_{kn}(x_k)$，即

$$p_{kn}(x_k)=\{u_k(x_k),\cdots,u_n(x_n)\},\quad k=1,2,\cdots,n-1$$

2. 最优化原理

动态规划的理论基础叫作动态规划的最优化原理，美国数学家贝尔曼在 1957 年出版的著作《动态规划》(*Dynamic Programming*) 中是这样描述的："作为整个过程的最优策略具有这样的性质：不管该最优策略上某状态以前的状态和决策如何，对该状态而言，余下的诸决策必构成最优子策略. " 即最优策略的任一子策略都是最优的.

于是，整体寻优从边界条件开始，逐段递推局部寻优. 在每一个子问题的求解中，均利用了它前面的子问题的最优化结果，依次进行，最后一个子问题所得的最优解，就是整个问题的最优解.

3. 基本方程

(1) 状态转移方程.

在确定性过程中，一旦某阶段的状态和决策为已知，下一状态便完全确定. 用状态转移方程表示这种演变规律，记为

$$x_{k+1}=T_k(x_k,u_k),\quad k=1,2,\cdots,n$$

(2) 阶段指标.

阶段效益是衡量系统阶段决策结果的一种数量指标，在第 j 阶段的阶段指标取决于状态 x_j 和决策 u_j，用 $v_j(x_j,u_j)$ 表示.

(3) 指标函数.

指标函数是衡量过程优劣的数量指标，它是定义在全过程和所有后部子过程上的数量函数，用 $V_{kn}(x_k,u_k,x_{k+1},\cdots,x_{n+1})$ 表示，$k=1,2,\cdots,n$.

指标函数应具有可分离性，即 V_{kn} 可表示为 $x_k,u_k,V_{k+1,n}$ 的函数，记为

$$V_{kn}(x_k,u_k,x_{k+1},\cdots,x_{n+1})=\varphi_k(x_k,u_k,V_{k+1,n}(x_{k+1},u_{k+1},x_{k+2},\cdots,x_{n+1}))$$

并且函数 φ_k 对于变量 $V_{k+1,n}$ 是严格单调的.

指标函数由 $v_j(j=1,2,\cdots,n)$ 组成，常见的形式有：阶段指标之和，即

$$V_{kn}(x_k,u_k,x_{k+1},\cdots,x_{n+1})=\sum_{j=k}^{n}v_j(x_j,u_j)$$

阶段指标之积，即

$$V_{kn}(x_k,u_k,x_{k+1},\cdots,x_{n+1})=\prod_{j=k}^{n}v_j(x_j,u_j)$$

阶段指标之极大(或极小)，即

$$V_{kn}(x_k,u_k,x_{k+1},\cdots,x_{n+1})=\max_{k\leqslant j\leqslant n}(\min)v_j(x_j,u_j)$$

这些形式下第 k 到第 j 阶段子过程的指标函数为 $V_{kj}(x_k,u_k,x_{k+1},\cdots,x_{j+1})$.

根据状态转移方程、指标函数 V_{kn} 还可以表示为状态 x_k 和策略 p_{kn} 的函数，即 $V_{kn}(x_k,p_{kn})$.

(4) 最优值函数.

指标函数的最优值，称为最优值函数，在 x_k 给定时指标函数 V_{kn} 对 p_{kn} 的最优值函数，记为 $f_k(x_k)$，即

$$f_k(x_k)=\underset{p_{kn}\in P_{kn}(x_k)}{\text{opt}}V_{kn}(x_k,p_{kn})$$

其中 opt 可根据具体情况取 max 或 min .

(5) 递归方程.

动态规划递归方程是动态规划的最优性原理的基础，即最优策略的子策略，构成最优子策略，递归方程如下

$$\begin{cases}f_{n+1}(x_{n+1})=0 \text{ 或 } 1\\ f_k(x_k)=\underset{u_k\in U_k(x_k)}{\text{opt}}\{v_k(x_k,u_k)\otimes f_{k+1}(x_{k+1})\},\quad k=n,\cdots,1\end{cases}$$

其中，$f_{n+1}(x_{n+1})$ 为边界条件，当 $\otimes$ 为加法时取 $f_{n+1}(x_{n+1})=0$；当 $\otimes$ 为乘法时，取 $f_{n+1}(x_{n+1})=1$.

这种递推关系称为动态规划的基本方程，这种解法称为逆序解法.

三、模型应用

用动态规划方法解决策问题所需建立的模型称为动态规划模型.

例 14-2　最短路问题.

图 14-2 是一个线路网，连线上的数字表示两点之间的距离. 试寻求一条由 A 到 F 距离最短的路线.

解　此问题可利用穷举、图论方法等，现在我们使用动态规划求解. 求解分 4 个阶段.

状态变量：选取每一步所处的位置为状态变量，记为 x_k.

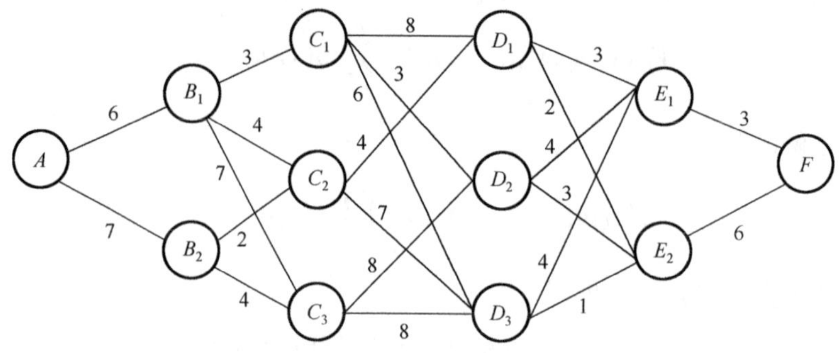

图 14-2　线路网

决策变量：取处于状态 x_k 时，下一步所要到达的位置，记为 $u_k(x_k)$.

目标函数：最优值函数 $f(x_k)$ 为 $x_k \to F$ 的最短路长，目标为计算 $f(A)$.

状态转移方程：$\begin{cases} f(x_k)=\min\limits_{u_k(x_k)}(d(x_k,u_k(x_k))+f(x_{k+1})), \\ f(x_5)=0 \end{cases}$

其中，$u_k(x_k)=x_{k+1}$，$d(x_k,u_k(x_k))=d(x_k,x_{k+1})$.

使用逆推方法，利用这个模型可以算出最优路径为 $AB_1C_1D_2E_1F$, $AB_2C_2D_1E_1F$ ，最短距离为 19.

例 14-3　运输问题.

某运输公司拥有 500 辆卡车，计划使用卡车时间 5 年. 卡车使用分超负荷运行、低负荷运行两种形式. 超负荷运行时卡车年利润为 25 万元/辆，但容易损坏，损坏率为 0.3，低负荷运行时卡车年利润为 16 万元/辆，损坏率为 0.1. 每年年初分配卡车.

问：怎样分配卡车(超、低)负荷，使总利润最大.

解　使用动态规划求解，求解分 5 个阶段，$k=1,2,3,4,5$.

状态变量 x_k：卡车完好的数量.

决策变量 u_k：超负荷→数量

低负荷：x_k-u_k.

状态转移方程为 $x_{k+1}=(1-0.3)u_k+(1-0.1)(x_k-u_k)=0.9x_k-0.2u_k$.

阶段效益：$v_k(x_k,u_k)=25u_k+16(x_k-u_k)=16x_k+9u_k$.

第 k 年度至第 5 年末采用最优策略时产生的最大利润为

$$\begin{cases} f_k(x_k)=\max\limits_{u_k(x_k)}(v(x_k,u_k)+f_{k+1}(x_{k+1})) \\ f_6(x_6)=0 \end{cases}$$

当 $k=5$ 时，

$$\begin{aligned} f_5(x_5)&=\max\{v_5(x_5,u_5)+f_6(x_6)\} \\ &=\max\{16x_5+9u_5\} \qquad (0\leqslant u_5\leqslant x_5) \end{aligned}$$

最优决策为 $u_5^* = x_5$. 最优值函数为 $f_5(x_5) = 25x_5$.

当 $k = 4$ 时,

$$\begin{aligned} f_4(x_4) &= \max\{v_4(x_4,u_4) + f_5(x_5)\} \\ &= \max\{38.5x_4 + 4u_4\} \qquad (0 \leqslant u_4 \leqslant x_4) \end{aligned}$$

有

$$u_4^* = x_4, \quad f_4(x_4) = 42.5x_4$$

当 $k = 3$ 时,

$$\begin{aligned} f_3(x_3) &= \max\{v_3(x_3,u_3) + f_4(x_4)\} \\ &= \max\{54.5x_3 + 0.5u_3\} \qquad (0 \leqslant u_3 \leqslant x_3) \end{aligned}$$

有

$$u_3^* = x_3, \quad f_3(x_3) = 54.75x_3$$

当 $k = 2$ 时,

$$\begin{aligned} f_2(x_2) &= \max\{v_2(x_2,u_2) + f_3(x_3)\} \\ &= \max\{65.275x_2 - 1.95u_2\} \qquad (0 \leqslant u_2 \leqslant x_2) \end{aligned}$$

有

$$u_2^* = 0, \quad f_2(x_2) = 65.275x_2$$

当 $k = 1$ 时,

$$\begin{aligned} f_1(x_1) &= \max\{v_1(x_1,u_1) + f_2(x_2)\} \\ &= \max\{74.7475x_1 - 4.005u_1\} \quad (0 \leqslant u_1 \leqslant x_1) \end{aligned}$$

有

$$u_1^* = 0, \quad f_1(x_1) = 74.7475x_1$$

而 $x_1 = 500$,

$$f_1(x_1) = 37373.75\ (\text{万元}) \approx 3.74\ (\text{亿元})$$

$$p_{15}(x_1) = \{u_1^*, u_2^*, u_3^*, u_4^*, u_5^*\} = \{0, 0, x_3, x_4, x_5\}$$

由

$$x_{k+1} = 0.9x_k - 0.2u_k$$

得

$$x_2 = 0.9x_1 - 0.2u_1^* = 450\ (\text{辆}), \quad u_2^* = 0$$

$$x_3 = 0.9x_2 - 0.2u_2^* = 405\ (\text{辆}), \quad u_3^* = 405$$

$$x_4 = 0.9x_3 - 0.2u_3^* = 283.5\text{(辆)}, \quad u_4^* = 283.5$$

$$x_5 = 0.9x_4 - 0.2u_4^* = 198.45\text{(辆)}, \quad u_5^* = 198.45$$

$$x_6 = 0.9x_5 - 0.2u_5^* = 138.15\text{(辆)}$$

于是得到第 5 年末尚余完好的卡车 138 辆.

例 14-4 生产计划问题.

工厂生产某种产品，每单位(千件)的成本为 1(千元)，每次开工的固定成本为 3(千元)，工厂每季度的最大生产能力为 6(千件). 经调查，市场对该产品的需求量第一、二、三、四季度分别为 2，3，2，4(千件). 如果工厂在第一、二季度将全年的需求都生产出来，自然可以降低成本(少付固定成本费)，但是对于第三、四季度才能上市的产品需付存储费，每季每千件的储存费为 0.5(千元). 还规定年初和年末这种产品均无库存. 试制订一个生产计划，即安排每个季度的产量，使一年的总费用(生产成本和储存费)最少.

解 阶段按计划时间自然划分，状态定义为每阶段开始时的储存量 x_k，决策为每个阶段的产量 u_k，记每阶段的需求量(已知量)为 d_k，则状态转移方程为

$$x_{k+1} = x_k + u_k - d_k, \quad x_k \geqslant 0, \quad k = 1,2,\cdots,n$$

设每阶段开工的固定成本费为 a，生产单位数量产品的成本费为 b，每阶段单位数量产品的储存费为 c，阶段指标为阶段的生产成本和储存费之和，即

$$v_k(x_k, u_k) = cx_k + \begin{cases} a + bu_k, & u_k > 0, \\ 0, & u_k = 0 \end{cases}$$

指标函数 V_{kn} 为 v_k 之和. 最优值函数 $f_k(x_k)$ 为从第 k 阶段的状态 x_k 出发到过程终结的最小费用，满足

$$f_k(x_k) = \min_{u_k \in U_k}[v_k(x_k, u_k) + f_{k+1}(x_{k+1})], \quad k = n, \cdots, 1$$

其中允许决策集合 U_k 由每阶段的最大生产能力决定. 若设过程终结时允许储存量为 x_{n+1}^0，则终端条件是

$$f_{n+1}(x_{n+1}^0) = 0$$

于是得到该问题的动态规划模型.

具体求解请读者代入变量，递推得到.

习 题 十 四

1. 小李考研填报志愿：使用层次分析法进行决策，见图 14-3.

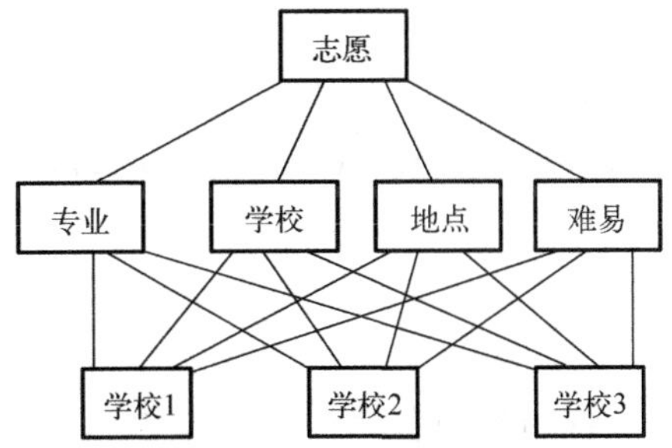

图 14-3　填报志愿层次结构模型

小李给出准则的两两比较矩阵为

$$A=\begin{pmatrix} 1 & 2 & 4 & 2 \\ 1/2 & 1 & 3 & 2 \\ 1/4 & 1/3 & 1 & 1/3 \\ 1/2 & 1/2 & 3 & 1 \end{pmatrix}$$

预选的 3 个学校对专业、学校、地点、难易的两两比较矩阵分别为

$$B_1=\begin{pmatrix} 1 & 4 & 6 \\ 1/4 & 1 & 2 \\ 1/6 & 1/2 & 1 \end{pmatrix},\quad B_2=\begin{pmatrix} 1 & 2 & 3 \\ 1/2 & 1 & 2 \\ 1/3 & 1/2 & 1 \end{pmatrix},\quad B_3=\begin{pmatrix} 1 & 8 & 1 \\ 1/8 & 1 & 1/9 \\ 1 & 9 & 1 \end{pmatrix},\quad B_4=\begin{pmatrix} 1 & 2 & 4 \\ 1/2 & 1 & 3 \\ 1/4 & 1/3 & 1 \end{pmatrix}$$

请你为小李决策.

2．使用 MATLAB 编程，模拟计算随机一致性指标，得到另一个程序代码如下：

```
m=20
n=10000;
ri=zeros(1,m-2);
for k=3:m
    for r=1:n
        a=eye(k);
        for i=1:k
            for j=i+1:k
                if rand>0.5
                    a(i,j)=fix(9*rand+1);
                    a(j,i)=1/a(i,j);
                else
                    a(j,i)=fix(9*rand+1);
                    a(i,j)=1/a(j,i);
                end
            end
```

```
        end
        la=eig(a);
        ri(k-2)=ri(k-2)+(max(la)-k)/(k-1);
    end
end
ri=ri/n
```

运行结果与 c03.m 的运行结果略有差异，试分析原因.

3．对于更复杂的决策问题，层次分析法有许多扩展方法. 比如，不完全判断信息下的决策问题，可通过构造残缺比较矩阵来使用层次分析法. 残缺比较矩阵定义为 $B=(b_{ij})_n$，其中，

$$b_{ij}=\begin{cases} a_{ij}, & \text{若元素 } i \text{ 与 } j \text{ 可进行比较（}i\neq j\text{）} \\ 0, & \text{若元素 } i \text{ 与 } j \text{ 无法进行比较（}i\neq j\text{）} \\ m+1, & i \text{ 行有 } m \text{ 个元素为 } 0(i=j) \end{cases}$$

世界杯足球比赛中，每场比赛可视为两两比较过程. 请选择某一届世界杯，使用层次分析法，根据比赛成绩对各队实力进行排序，并与国际足联的排序进行比较.

4．用动态规划解下面问题：

(1) $\max z=4x_1+9x_2+2x_3^2$

$$\text{s.t.}\begin{cases} x_1+x_2+x_3=10, \\ x_i\geqslant 0;\ i=1,2,3; \end{cases}$$

(2) $\max z=4x_1+9x_2+2x_3^2$

$$\text{s.t.}\begin{cases} x_1+x_2+x_3=10, \\ x_i\geqslant 0\text{是整数};\ i=1,2,3. \end{cases}$$

5．资源分配问题. 某市电信局有四套设备，准备分给甲、乙、丙三个支局，在各支局的收益(万元)见表 14-2.

表 14-2　设备分配

设备数	甲	乙	丙
0	38	40	48
1	41	42	64
2	48	50	68
3	60	60	78
4	66	66	78

用动态规划解，应如何分配使总收益最大？

参 考 文 献

本德 E. A. 1982. 数学模型引论[M]. 北京：科学普及出版社.

边馥萍，侯文华，梁冯珍. 2005. 数学模型方法与算法[M]. 北京：高等教育出版社.

董霖. 2009. MATLAB 使用详解：基础、开发及工程应用[M]. 北京：电子工业出版社.

韩中庚. 2017. 数学建模方法及其应用[M]. 3 版. 北京：高等教育出版社.

姜启源，谢金星. 2006. 数学建模案例选集[M]. 北京：高等教育出版社.

姜启源，谢金星，叶俊. 2018a. 数学模型 [M]. 5 版. 北京：高等教育出版社.

姜启源，谢金星，叶俊. 2018b. 数学模型习题参考解答[M]. 5 版. 北京：高等教育出版社.

金龙，王正林. 2009. 精通 MATLAB 金融计算[M]. 北京：电子工业出版社.

李伯德，李振东. 2021. MATLAB 与数学建模[M]. 北京：科学出版社.

李昕. 2017. MATLAB 数学建模[M]. 北京：清华大学出版社.

全国大学生数学建模竞赛组织委员会. 2021. 全国大学生数学建模竞赛[M]. 北京：高等教育出版社.

沈继红. 1995. 围棋中的数学模型问题[J]. 数学的实践与认识（1）：15-19.

司守奎，孙兆亮. 2015. 数学建模算法与应用[M]. 2 版. 北京：国防工业出版社.

苏金明，阮沈勇. 2002a. MATLAB6.1 使用指南（上册）[M]. 北京：电子工业出版社.

苏金明，阮沈勇. 2002b. MATLAB6.1 使用指南（下册）[M]. 北京：电子工业出版社.

谭永基. 2019. 数学模型[M]. 3 版. 上海：复旦大学出版社.

谭永基，朱晓明，丁颂康，等. 2006. 经济管理数学模型案例教程[M]. 北京：高等教育出版社.

王文波. 2006. 数学建模及其基础知识详解[M]. 武汉：武汉大学出版社.

吴建国. 2005. 数学建模案例精编[M]. 北京：中国水利水电出版社.

萧树铁. 2010. 大学数学:数学实验[M]. 北京：高等教育出版社.

谢金星，薛毅. 2020. 优化建模与 LINDO/LINGO 软件[M]. 北京：清华大学出版社.

谢中华. 2019. MATLAB 与数学建模[M]. 北京：北京航空航天大学出版社.

薛薇. 2013. SPSS 统计分析方法及应用[M]. 北京：电子工业出版社.

杨启帆，等. 2006. 数学建模[M]. 北京：高等教育出版社.

叶其孝. 1993. 大学生数学建模竞赛辅导教材[M]. 长沙：湖南教育出版社.

叶其孝. 1994. 数学建模教育与国际数学建模竞赛《工科数学》专辑[J].《工科数学》杂志社, 10（50）：1-12.

叶其孝. 1997. 大学生数学建模竞赛辅导教材[M]. 2 版. 长沙：湖南教育出版社.

叶其孝. 1998. 大学生数学建模竞赛辅导教材[M]. 3 版. 长沙：湖南教育出版社.

叶其孝. 2001. 大学生数学建模竞赛辅导教材[M]. 4 版. 长沙：湖南教育出版社.
叶其孝. 2008. 大学生数学建模竞赛辅导教材[M]. 5 版. 长沙：湖南教育出版社.
张树德. 2007. 金融计算教程[M]. 北京：清华大学出版社.
赵静，但琦. 2020. 数学建模与数学实验[M]. 5 版. 北京：高等教育出版社.
朱道元. 2003. 数学建模案例精选[M]. 北京：科学出版社.
朱道元. 2008. 数学建模[M]. 北京：机械工业出版社.
卓金武，王鸿钧. 2018. MATLAB 数学建模方法与实践[M]. 3 版. 北京：北京航空航天大学出版社.
Giordano F R, Fox W P, Horton S B. 2014. 数学建模[M]. 叶其孝，姜启源，等译. 北京：机械工业出版社.

附录　MATLAB 简明手册

一、基础知识

1. MATLAB 常数符号

符号	功能	符号	功能
ans	缺省变量名	pi	圆周率
NaN	不定值	inf	正无穷大
i, j	虚数单位	eps	浮点运算的相对精度
realmax	最大正浮点数	realmin	最小正浮点数
nargout	所用函数的输出变量数目	nargin	所用函数的输入变量数目

2. 特殊符号与运算符

符号	功能	符号	功能
+, –, *, /	加，减，乘，除	\	左除
^	乘方	.* ,. /,. \,. ^	点乘，点除，点幂
>, <	大于，小于	>=	大于等于
<=	小于等于	～=	不等于
==	等于	|	逻辑或
&	逻辑与	～	逻辑非
,	分隔符	;	不显示结果
%	注释	…	续行

3. 常用数学函数

函数名	功能	函数名	功能	函数名	功能
sin	正弦	acos	反余弦	min	最小值
cos	余弦	atan	反正切	sum	总和
tan	正切	log	自然对数	mean	均值
exp	自然指数	log10	常用对数	abs	绝对值
sign	符号函数	fix	向原点取整	ceil	向上取整
sqrt	开方	round	四舍五入	floor	向下取整
factorial	阶乘	mod	取余	gcd	最大公约数
lcm	最小公倍数	cumsum	累计总和		
asin	反正弦	max	最大值		

4. 时间

函数名	功能	函数名	功能
now	年月日时分秒	clock	年月日时分秒
date	年月日	fix	整型显示
datestr	日期型显示	datenum	日期数值显示

显示格式如下.

函数名	功能	函数名	功能
datestr(D,DATEFORM,PIVOTYEAR)	字符型	datenum(Y,M,D,H,MI,S)	数字型

日期显示方式 dateform 如下.

序号	格式	序号	格式	序号	格式
0	'dd-mmm-yyyy HH:MM:SS'	11	'yy'	22	'mmm.dd,yyyy'
1	'dd-mmm-yyyy'	12	'mmmyy'	23	'mm/dd/yyyy'
2	'mm/dd/yy'	13	'HH:MM:SS'	24	'dd/mm/yyyy'
3	'mmm'	14	'HH:MM:SS PM'	25	'yy/mm/dd'
4	'm'	15	'HH:MM'	26	'yyyy/mm/dd'
5	'mm'	16	'HH:MM PM'	27	'QQ-YYYY'
6	'mm/dd'	17	'QQ-YY'	28	'mmmyyyy'
7	'dd'	18	'QQ'	29(ISO 8601)	'yyyy-mm-dd'
8	'ddd'	19	'dd/mm'	30(ISO 8601)	'yyyymmddTHHMMSS'
9	'd'	20	'dd/mm/yy'	31	'yyyy-mm-dd HH:MM:SS'
10	'yyyy'	21	'mmm.dd,yyyy HH:MM:SS'		

5. 其他

指令	功能	指令	功能
clear	清除变量，释放内存	clc	清屏
format	数据显示格式	vpa	数值显示

6. 帮助

指令	功能	指令	功能
help 函数名	显示该函数帮助文档	edit 函数名	源代码
demo	演示	intro	简单演示
doc 指令名	打开该指令的帮助文档		

二、程序语言

1. 脚本文件与实时脚本

名称	功能
脚本文件	M 文件：命令集文件、函数文件、子函数 命令集文件执行：命令行窗口键入文件名“回车”，F5，F9，run 函数文件格式：function [y1,...,yN] = myfun(x1,...,xM) 调用时输入参数缺省[]，NaN；输出参数缺省 ～
实时脚本	MxL 文件：交互式探索参数和选项

2. 程序语言

条件语句	循环语句
if- elseif- else- end swith- case- otherwise- end	for- end while- end

3. 控制指令

指令	功能	指令	功能
break	跳出循环	continue	结束本次循环
pause	暂停，按任意键继续	return	终止当前指令
a=input('a=')	输入	disp('…')	显示
global	定义全局变量	error	错误信息显示

4. 数据

指令	功能
load file	载入
save file var	保存
[num, txt, raw, X] = xlsread('filename', sheet, range, 'basic')	MATLAB 数据接口：读取 Excel 表
xlswrite(filename,A,sheet,xlRange)	写入 Excel 表

5. 管理

指令	功能	指令	功能
etime(clock,t)	时间间隔	tic,　toc	运行时间
waitbar	进度条	↑,↓	历史命令
Ctrl+R	添加注释	Ctrl+T	取消注释
Ctrl+I	自动调整缩进格式	Ctrl+C	中断正在执行的操作
Ctrl+Tab	切换子窗口	鼠标右键	各种快捷键
Tab 键	Tab 补全	F12	设置取消断点
F5	运行 M 文件	F9	运行所选代码
cd	路径	dir	文件
Esc	退出		

三、矩阵运算

1. 建立矩阵

指令	功能	指令	功能
[ ]	矩阵标识	，或空格	行
；或 回车	列		

2. 生成

指令	功能	指令	功能
a:t:b	定步长数组	linspace(a, b, n)	等分区间数组
[ ]	空矩阵	eye(m, n)	单位矩阵
zeros(m, n)	0 矩阵	ones(m, n)	1 矩阵
rand(m, n)	简单随机阵	randn(m, n)	正态随机阵
fix(m*rand(n))	整数随机阵	randperm(n)	1 到 n 随机排列
magic(n)	幻方阵		

3. 操作

指令	功能	指令	功能
A(i, j)	i 行 j 列	A(i,:)	第 i 行
A(:, j)	第 j 列	A([i, j],:)	部分行
A(:,[i, j])	部分列	A([i, j], [s, t])	子块
A(i1:i2, j1:j2)	i1–i2 行、j1–j2 列	A(i1:i2, :)=[ ]	删除行
A(:, j1:j2)=[ ]	删除 j1 到 j2 列	A(k, l)	扩充
A(:)	拉伸为列	[A　B]	拼接矩阵
nchoosek(n, k)	组合数	nchoosek(v, k)	组合
reshape(A, sz)	重构	diag(A)	对角阵
triu(A)	上三角阵	tril(A)	下三角阵

4. 运算

指令	功能	指令	功能
A±B	加减	k * A	乘数
A*B	乘积	A′	转置
A\B	左除	B/A	右除
.*,　./,　.\,　.^	对应运算	&,　|,　～	逻辑运算
det(A)	行列式	inv(A), A ^ –1	逆
[V, D]=eig(A)	特征值、特征向量	A\b	AX=b 求解

续表

指令	功能	指令	功能
rank(A)	秩	trace(A)	迹
size(A)	阶数	length(A)	最大维数
rref(A)	行阶梯最简形	orth(A)	正交化
sort(a)	排序	sortrows(a,j)	按某列排序
find	查找	poly(A)	特征多项式
norm(a)	向量模	dot(a,b) 或 a*b'	向量数量积
cross (a,b)	三维向量积	all(x)	全非零
any(x)	有非零	ismember(a,S)	判断成员

四、符号运算

1. 数据类型

数值数组、字符与字符串、日期与时间、分类数组、表格、结构体、元胞数组、函数句柄等，相关指令如下.

指令	功能
structure	创建结构型数据
struct2cell，cell2table，int2str，table2struct，mat2str，str2num	数据类型转换
isstruct，isstr，isnan, isinf，isempty	各类判断
strcmp(x,y)	字符串比对

2. 函数

指令	功能	指令	功能
syms x y y(x) x =sym('x', set)	定义符号变量	x ='x'	定义符号串变量
syms x ，f =……	符号函数	f=inline('…')	内联函数
y=@(x) ……	句柄函数	function	逻辑文件声明词
x=……，eval(f)	求函数值	subs (f, 's', 'x')	变量替换

3. 初等运算

指令	功能	指令	功能
+, −, *, /, ^	四则运算	compose(f , g)	复合
finverse(f)	逆	simplify	简化
factor	分解因式	expand	展开
collect	合并同类项	combine	合并
horner	嵌套表示	pretty	排版表达式
funtool	函数计算器		

4. 微积分运算

函数	功能
limit(f,var,a,option)	极限，var 缺省时为变量 x 或唯一符号变量，a 缺省时为 0，option 为 'right' 'left'
diff (f,x,n)	导数或差分，x, n 可缺省
int (f,v,a,b)	积分，v, a, b 可缺省
quad (f,a,b)	数值积分

5. 级数

函数	功能
symsum (f,x,m,n)	级数求和
taylor(f, n ,x0)	泰勒展开式，默认 6 项，默认 x0=0

6. 方程

函数	功能
X=A\b	AX=b 特解
C=[A b], D=rref(C)	AX=b 通解
Z=null(A′, r′)	AX=0 基
roots(A)	多项式求根
[sol,fval] = solve(prob,x0)	代数方程、方程组符号解：prob 为符号型；方程组结果为结构型
fsolve (f, x0)，fzero(f, x0)	代数方程数值解，f 为字符串、句柄函数，x0 为初值，fzero 为单变量，fsolve 为可多变量
S = dsolve(eqn,cond)	微分方程符号解，eqn 支持符号型、支持 diff 记号，微分方程组求解结果为结构型数据，cond 为初始条件
[T,Y] = solver(odefun,tspan,y0)	微分方程数值解，solver ：ode23, ode45, ode113, ode15s, ode23s, ode23t, ode23tb；odefun：自由项函数句柄；tspan：区间；y0：初始值；算法：龙格库塔法

7. 拟合插值

函数	功能
p=polyfit(x,y,n)	拟合
polyval (p,x)	多项式计算
interp1(X,Y,xi,method)	一维插值
interp2(X,Y,Z,Xi,Yi,method)	二维插值
method	插值方法有 nearest(最近邻点插值)、linear(线性插值)、spline(三次样条插值)等

五、绘图

1. 绘图

平面绘图如下.

函数	功能
plot(x, y, LineSpec, 'PropertyName', PropertyValue)	曲线数值绘图，x= 数组，y= 数组；PropertyName：LineWidth, MarkerEdgeColor, MarkerFaceColor, MarkerSize
w=[f; g]; plot(x, w)	叠绘
plot(x, y, LineSpec, x, z, LineSpec…)	叠绘
fplot(f,[a,b])	函数绘图，句柄函数，支持线型、参数方程绘图
ezplot(f,[a,b])	函数绘图，[a,b]默认为 $[-2\pi, 2\pi]$，支持隐函数绘图
polar(theta,rho,LineSpec)	极坐标绘图：数值绘图
ezpolar(f,[a,b])	极坐标绘图：函数绘图

空间曲线如下.

函数	功能
plot3(x(t),y(t),z(t))	数值绘图
ezplot3(x,y,z)	函数绘图

空间曲面如下.

函数	功能
surf(z), surf(x, y, z)	空间曲面表面图，[x,y]= meshgrid(x,y); [x,y]=meshgrid(a:t:b); z=z(x,y)
mesh(x, y, z)	空间曲面网格图
surfc(x, y, z)，　meshc(x, y, z)	带等高线
meshz(x, y, z)	带底座
ezsurf(f, [xmin, xmax, ymin, ymax])	函数绘图
ezmesh (f, [xmin, xmax, ymin, ymax])	函数绘图
ezsurfc(f)，ezmeshc(f)	带等高线

2. 线图选项

符号	功能	符号	功能	符号	功能
-	solid(实线)	v	triangle (down) (三角形)	g	green(绿色)
:	dotted(点线)	^	triangle (up) (三角形)	r	red(红色)
-.	dashdot(点划线)	<	triangle (left) (三角形)	c	cyan(青色)

续表

符号	功能	符号	功能	符号	功能
--	dashed(虚线)	>	triangle (right)(三角形)	m	magenta(紫红)
.	point(点)	s	square(方形)	y	yellow(黄色)
o	circle(圆圈)	d	diamond(菱形)	k	black(黑色)
x	x-mark (x 标记)	p	pentagram(五角星)	w	white(白色)
+	plus(加号)	h	hexagram(六角星)		
*	star(星号)	b	blue(蓝色)		

3. 面图选项

函数	说明
surf(x,y,z,t)	t 为颜色控制节点
colormap (CM)	Parula,jet,hot,cool,spring,summer,autumn,winter,hsv,gray,copper,pink,bone,flag, lines,colorcube,prism [R G B]：0—1

4. 绘图修饰选项

指令	功能
view([az,el])	视角控制设置：方位角、仰角
view([vx,vy，vz])	视角控制设置：坐标
shading　options	着色，options：interp flat faceted
hidden options	透视，options：on off
axis([xmin xmax ymin ymax zmin zmax cmin cmax])	坐标轴范围
axis　options	options：auto,manual,tight,fill,ij,xy,equal,image,square,vis3d,normal,off,on
text	定位标注
legend	线条标注
set	刻度设置
title('f 曲线图') xlabel('x 轴') ylabel('y 轴') zlabel('z 轴')	加图名 坐标轴加标志
plot(G,'XData',x,'YData',y)	坐标刻度
gtext('　')	加字符串
grid	网格
[x,y]= ginput(n)	从图上获取数据
box on	加框

5. 其他图

函数	功能	函数	功能
line([x1, x2…],[y1,y2…])	线图	polar(theta,r)	极坐标
pie(x)	饼图	bar(X)	条图
comet(x(t),y(t))	彗星图	comet3(x,y,z)	三维彗星图
contour(x,y,z,n)	等高线	contourf(x,y,z,n)	等高线
sphere(n)	球面	cylinder(r,n)	旋转面
movie	动画		

6. 图形控制

指令	功能	指令	功能
clf	删除图形	figure	图形窗口
hold　on / off	保持图形	subplot(m,n,p)	分块绘图
close	关闭图形窗口		

六、最优化问题

1. 线性规划

函数	说明
[x,fval,exitflag,output,lambda] = linprog (f, A, b, Aeq, beq, lb, ub, x0, options)	输入：效益系数、不等式约束系数、资源系数、等式约束系数、等式约束常数项、变量下界、变量上界、初值、设置优化参数，缺省[ ] 输出：最优解、最优值、退出标识、优化信息、Lagrange 乘子
[x,fval,exitflag,output]= intlinprog(f,intcon,A,b,Aeq,beq,lb,ub,options)	整数规划

2. 二次规划

函数	说明
[x,fval] = quadprog (H, f, A, b, Aeq, beq, lb, ub, x0, options)	目标：$\frac{1}{2}x^{\mathrm{T}}Hx+f^{\mathrm{T}}x$

3. 非线性规划

函数	说明
[x,fval] = fminbnd(fun,x1,x2)	一元最值，fun 为字符串、句柄，[x1,x2]为优化区间
[x,fval] =fminsearch(fun,x0)	多元极值，Nelder-Mead 单纯形搜索法，fun 为字符串，单变量符号
[x,fval] =fminunc(fun,x0)	多元极值，BFGS 拟牛顿法(梯度法)，fun 为字符串，单变量符号
[x,fval] = fmincon(fun, x0, A, b, Aeq, beq, lb, ub, nonlcon, options)	有约束规划，nonlcon 为非线性约束函数句柄或函数名，输入为 x、输出为不等式约束 c 及等式约束 ceq 的函数

七、统计分析

1. 概率分布计算

基本格式：分布名+概率函数(x, A, B).

概率分布如下.

符号	说明	符号	功能
unif	均匀分布	unid	均匀分布
bino	二项分布	poiss	泊松分布
norm	正态分布	exp	指数分布
geo	几何分布	hyge	超几何分布
logn	对数正态分布	t	T 分布
chi2	χ^2 分布	f	F 分布
nbin	负二项分布	beta	β 分布
ev	极值分布	gam	伽马分布
gev	广义极值分布	gp	帕累托分布
Weib，wbl	韦布尔分布	ncf	非中心 F 分布
ncx2	非中心卡方分布	nct	非中心 T 分布
rayl	瑞利分布		

概率函数如下.

函数	说明	函数	功能
pdf(x, A, B, C)	概率密度	cdf(x, A, B, C)	分布函数
inv(p, A, B, C)	逆概率分布	stat(A, B, C)	均值与方差
rnd(A, B, C, m,n)	随机数生成		

其他如下.

函数	说明
mvnrnd(mu, sigma,cases)	二维正态随机数生成

2. 描述性统计

函数	功能	函数	功能
mean(x)	均值	geomean(x)	几何平均
harmmean(x)	调和平均	median(x)	中位数
m=trimmean(X,percent)	剔除极端数据均值	var(x)	方差

续表

函数	功能	函数	功能
std(x)	标准差	range(x)	极差
max(x)	最大值	min(x)	最小值
cov(x)	协方差矩阵	corrcoef(x)	相关系数
prctile(x,p)	分位数	iqr(x)	四分位差
mad(x)	平均偏差	[N,X]=hist(data,k)	频数分析
skewness(x)	偏度	kurtosis(x)	峰度
[table,chi2,p]= crosstab(col1,col2)	列联表	grpstats	分组统计量
tabulate	频数表		

3. 参数估计

函数	说明
[muhat,sigmahat,muci,sigamaci]=分布+fit(x,alpha)	参数估计：总体为正态分布；输入：数据、显著性水平；输出：均值点估计、方差点估计、均值置信区间、方差置信区间
[phat,pci]=mle[data,Name,Value]	最大似然估计．输入：数据、分布、值；输出：点估计、置信区间

4. 非参数估计

函数	功能
lillietest(x)	小样本正态检验．输入：数据
[h,p,jbstat,cv] = jbtest(x,alpha)	大样本正态检验．输入：数据、显著性水平；输出：结果、相伴概率、检验统计量、分位点，下同
h= kstest(x)	标准正态检验
[h,p,ksstat,cv] = kstest(x,cdf,alpha,tail)	单样本 K-S 检验
[h,p]=kstest2 (x,y)	双样本 K-S 检验
[p,h,state] = ranksum (x,y,alpha)	*U* 检验：两中位数比较
[p,h,state] =signrank (x,y)	相同维数：两中位数比较
cdfplot(x)	分布图

5. 假设检验

函数	功能
[h,sig,ci,zval]=ztest(x,m,sigma)	方差已知：*Z* 检验
[h,sig,ci,stats]=ttest(x,m, alpha,tail) [h,sig,ci,stats]=ttest2(x,m, alpha,tail)	方差未知：*T* 检验

6. 方差分析

函数	功能
[p,anovatab,stats]=anova1 (x,group,displayopt)	单因素方差分析. 输入：数据、分组、显示选项；输出：概率、方差分析表、结构
[c,m]=multcompare (stats)	多重均值比较：相伴指令
[p, table,stats]=anova2 (x,reps,displayopt)	双因素方差分析. 输入：数据、实验次数、显示选项；输出：概率、方差分析表、结构

7. 回归分析

函数	说明
[b,bint,r,rint,stats]=regress (y,x, alpha)	x：解释变量矩阵(常数项要处理)；y：被解释变量列；alpha：显著性水平 b：系数估计值；bint：置信区间；r：残差；rint：置信区间；stats：可决系数 R^2、统计量 F、相伴概率 p、剩余方差 s^2
rcoplot (r,rint)	残差分析图
regstats (y,x)	回归统计量计算交互窗口
rstool (x,y)	交互式拟合及相应面可视化
[b,stats] =robustftt (x,y, 'wfun',tunw, 'const')	稳健回归：降低奇异样本影响
[b,se,pval,inmodel,stats,nextstep,history] =stepwisefit (x, y, 'param1',val1,...)	逐步回归，输出参数：回归系数、标准差、p 值、进入变量、统计量、下一步、历史信息；输入参数：自变量、因变量、选项
stepwise (x,y)	逐步回归交互窗口
[beta,R, J]=nlinfit (x,y, 'model',beta0)	输出参数：参数估计值、残差、预测误差的 Jacobi 矩阵；输入参数：解释变量、被解释变量、模型函数、参数初值
betaci =nlparci (beta,R,J)	beta 的置信区间
nlintool (x,y, 'model',beta)	交互窗口

8. 统计绘图

函数	功能	函数	功能
plot (x,y, 'option')	折线图	hist (x,y)	直方图
bar (x,y,'option')	条图	bar3 (x,y, 'option')	条图
pie (x)	饼图	pie3 (x)	饼图
scatter (x,y,s,z)	散点图	scatter3 (x,y,z,s,c)	散点图
boxplot (x,g,...)	箱形图	pareto (y,x)	帕累托图
errorbar (x,y,l,u)	误差条图	normplot (x)	正态检验图
lsline	最小二乘线		

9. 主成分分析

函数	说明
X=zscore(x)	标准化
[coeff,score,latent,tsquared,explained,mu]=pca(x)	主成分分析. 输出：特征向量矩阵、主成分得分、特征值、奇异点判别统计量、方差百分比、估计均值
[coeff, latent,explained]=pcacov(v)	主成分分析. 输出：特征向量矩阵、特征值、方差贡献率；输入：协方差矩阵
residuals=pcares(X,ndim)	主成分分析的残差，ndim 为主成分个数
[ndim,prob,chisquare]=barttest(X,alpha)	主成分的巴特利特检验

10. 因子分析

函数	说明
[lambda, psi, T, stats, F] = factoran (X,m)	输入：观测数据、因子个数 输出：载荷矩阵、方差最大似然估计、旋转矩阵、统计量(loglike 对数似然函数最大值、dfe 误差自由度、chisq 近似卡方检验统计量、p 相伴概率)、因子得分 默认：因子旋转——方差最大法

11. 聚类分析

函数	说明
X=zscore (x)	标准化，x 为样本数据
Y = pdist (X, 'metric')	距离：默认欧氏平方距离
Y=squareform (y)	距离矩阵，y 为距离数据
Z=linkage (y, method)	组间距离：'single' 'complete' 'average' 'weighted' 'centroid' 'median' 'ward'
dendrogram (Z)	聚类树，Z 为组间距离
T=cluster (Z, 'maxclust', n)	类成员，需定义类个数

八、图论函数

1. 可视化 biograph (CMatrix)

函数	说明
S=sparse (i,j,v,m,n)	生成稀疏矩阵：i 为行标，j 为列标，v 为元素值(可缺省，默认值 true)，m 为行数，n 为列数
S=sparse (A)	全矩阵转换为稀疏矩阵形式

续表

函数	说明
A=full(S)	稀疏矩阵转换为全矩阵
G =graph(s,t,weights,nodenames) G =graph(A,node_names)	无向图：s,t 为端点序号,weights 为边权重(可缺省),nodenames 为点符号, A 为邻接矩阵
G =digraph(s,t,weights,nodenames)	有向图：s,t 分别为起点、终点序号
H = subgraph(G,nodeIDs)	子图
G = addedge(G,i,j)	加边
G = addnode(G,i)	加点
G = rmedge(G,i,j)	减边
G = rmnode(G,i)	减点
plot(G, Name,Value)	显示无向图图形，常用选项(可缺省)：'EdgeLabel', G.Edges.Weight
BGobj=biograph(CMatrix,NodeIDs, Name,Value)	创建生物图形对象，NodeIDs 点标号(可缺省) 常用选项：'Showw','on'；'showarrows','off'
view(B)	显示有向图图形

2. 图论函数

函数	说明
(bins, binsizes)= conncomp(G, Name, Valve)	图的连通分量
[P, egdaperon] = isomorphism(G1, G2)	判断同构
[P,d] = shortestpath(G,s,t,'Method',algorithm)	两结点间的最短路径与最短路长
[TR,D] = shortestpathtree(G,s,t,'Name',Value)	最短路树
[dist] = allshortestpaths(BGObj,'Name',Value)	任两点之间的最短路长：BGObj 为有向图
d=distances(G,s,t ,'Method',algorithm)	任两点之间的最短路长：G 为图
graphpred2path	把前驱顶点序列变成路径的顶点序列
[T, pred] = minspantree(G,'Name',Value)	最小支撑树：G 为图
isdag(G)	确定图是否无环
[mf, Gf, cs, ct]= maxflow(G, s, t, algorithm)	计算有向图的最大流

九、金融计算

1. 现金流的时间价值

函数	说明
Pv=pvfix(Rate, Nper, P, Fv, Due)	规则现金流的现值
Fv= fvfix(Rate, Nper, P, Pv, Due)	规则现金流的终值
Pv=pvvar(Cf, Rate, Df)	不规则现金流的现值

续表

函数	说明
Fv= fvvar(Cf, Rate, Df)	不规则现金流的终值
P=payper(Rate, Nper, Pv, Fv, Due)	年金计算，偿还计划
Rate =annurate(Nper, P, Pv, Fv, Due)	年金利率
Nper =annuterm(Rate, P, Pv, Fv, Due)	年金期限
[Prinp, Intp, Bal, P]=amortize(Rate, Nper, Pv, Fv, Due)	分期付款
Rate=irr(Cf)	内部收益率
R=efrr(Apr, M), Apr = Nommr(R, M)	实际利率与名义利率

2. 固定收益证券

函数	说明
Price=prdisc(Settle,Maturity,Face,Discount,Basis)	可贴现的债券的价格
Yield=ylddisc(Settle, Maturity, Face, Price, Basis)	可贴现的债券的收益率
[Price, AccruInterest]=prmat(Settle, Maturity, Issue, Face, CouponRate, Yield, Basis)	到期付息债券的价格
Yield= yldmat (settle, maturity, issue, face, price, couponrate, basis)	到期付息债券的收益率
Price=prtbill (settle, maturity, face, discount) Yield=yldtbill(settle, maturity, face, price)	美国短期国库券的价格 美国短期国库券的收益率
CflowDates=CFDATES(settle,maturity,period,basis,endmonthrule, issuedate, firstcoupondate, lastcoupondate,startdate)	SIA(美国证券行业协会)债券票息日：固定收入债券的现金流发生日期
[CFlowAmounts, CFlowDates, TFactors, CFlowFlags]=cfamounts(CouponRate, Settle, Maturity, Period, Basis, EndMonthRule, IssueDate, FirstCouponDate, LastCouponDate, StartDate, Face)	SIA 债券付息日：债券或债券组合的现金流以及与此匹配的现金流发生日期、时间因子和现金流标识
[Price,AccruedInt]=bndprice(Yield,CouponRate,Settle,Maturity, Period,Basis,EndMonthRule,IssueDate,FirstCouponDate, LastCouponDate, StartDate,Face)	满足SIA约定的固定收入债券：给定债券收益率的价格
Yield =bndyield(Price,couponRate,Settle, Maturity,Period,Basis, EndMonthRule, IssueDate,FirstCouponDate, LastCouponDate,StartDate, Face)	满足SIA约定的固定收入债券：给定债券收益率的收益率

3. 资产组合

函数	说明
ExpCovariance = corr2cov(ExpSigma, ExpCorrC)	协方差矩阵与相关系数矩阵转换
[ExpSigma, ExpCorrC] = cov2corr(ExpCovariance)	协方差矩阵与相关系数矩阵转换

续表

函数	说明
[TickSeries, TickTimes] = ret2tick (RetSeries, StartPrice, RetIntervals, StartTime[,Method])	收益率序列、价格序列
[PortRisk, PortReturn] = portstats (ExpReturn, ExpCovariance, PortWts)	资产组合收益率与方差
ValueAtRisk = portvrisk (PortReturn, PortRisk, RiskThreshold, PortValue)	在险价值
[PortRisk, PortReturn, PortWts] = frontcon (ExpReturn, ExpCovariance, NumPorts, PortReturn, AssetBounds, Groups, GroupBounds)	资产组合的有效前沿
[PortRisk, PortReturn, PortWts] = portopt (ExpReturn, ExpCovariance, NumPorts, PortReturn, ConSet)	带约束条件资产组合的有效前沿
[RiskyRisk, RiskyReturn, RiskyWts, RiskyFraction, OverallRisk, OverallReturn] = portalloc (PortRisk, PortReturn, PortWts, RisklessRate, BorrowRate, RiskAversion)	考虑无风险资产及存在借贷情况下的资产配置

4. 期权定价

函数	说明
[CallPrice, PutPrice] = blsprice (Price, Strike, Rate, Time, Volatility, DividendRate)	欧式期权 Black-Scholes 期权定价
[AssetPrice, OptionValue] = binprice (Price, Strike, Rate, Time, Increment, Volatility, Flag, DividendRate, Dividend, ExDiv)	美式期权二叉数定价
StockSpec=stockspec (Sigma,AssetPrice,DividendType, DividendAmounts, ExDividendDates)	标的资产输入格式
[RateSpec,RateSpecOld]=intenvset (RateSpec,'Parameter1',Value1, 'Parameter2', Value2)	无风险利率格式
CRRTree=crrtree (StockSpec,RateSpec,TimeSpec)	CRR 型二叉树
Price=asianbycrr (CRRTree, OptSpec, Strike, Settle, ExerciseDates, American Opt, AvgType, AvgPrice, AvgDate)	CRR 型对亚式期权定价
hwprice (HWTree,InstSet,Options)	利率产品定价：HW 模型
bkprice (BKTree, InstSet,Options)	BK 模型
bdtprice (BDTTree, InstSet,Options)	BDT 模型
hjmprice (HJMTree, InstSet,Options)	HJM 模型
Eqpprice (EQPTree,InstSet,Options)	EQP 模型
Crrprice (CRRTree, InstSet,Options)	CRR 模型
[CallDelta, PutDelta] = blsdelta (Price, Strike, Rate, Time, Volatility, DividendRate) [CallTheta, PutTheta] = blstheta (Price, Strike, Rate, Time, Volatility, DividendRate) Vega = blsvega (Price, Strike, Rate, Time, Volatility, DividendRate) [CallRho, PutRho] = blsrho (Price, Strike, Rate, Time, Volatility, DividendRate) Gamma= blsgamma (Price, Strike, Rate, Time, Volatility, DividendRate) [CallEl, PutEl] = blslambda (Price, Strike, Rate, Time, Volatility, DividendRate)	期权风险度量：希腊字母
Volatility=blsimpv (Price,Strike,Rate,Time,Call,MaxIterations, DividendRate, Tolerance)	欧式期权隐含波动率

5. 金融时间序列

函数	说明
tsobj = fints(dates_and_data) tsobj = fints(dates, data) tsobj = fints(dates, data, datanames, freq, desc)	时间序列变量结构
tsobj = ascii2fts(filename, descrow, colheadrow, skiprows) tsobj = ascii2fts(filename, timedata, descrow, colheadrow, skiprows)	读取
stat = fts2ascii(filename, tsobj, exttext) stat = fts2ascii(filename, dates, data, colheads, desc, exttext)	转换
newfts = todaily(oldfts),toweekly(oldfts),tomonthly(oldfts), toquarterly(oldfts), tosemi(oldfts) ,toannual(oldfts) newfts = convertto(oldfts, newfreq)	抽取特定日期数据
[TickSeries,TickTimes] = ret2price(RetSeries,StartPrice, RetIntervals, StartTime, Method)	价格收益率转化
[RetSeries, RetIntervals] = price2ret(TickSeries, TickTimes, Method)	价格收益率转化
newfts = fillts(oldfts, fill_method)	处理时间序列中的缺失数据
m = ar(y,n) [m ,refl] = ar(y,n,approach,window,maxsize)	AR 模型
m = arx(data,orders) m = arx(data,'na',na,'nb',nb,'nk',nk) m = arx(data,orders,'Property1',Value1,...,'PropertyN',ValueN)	ARX 模型
m = armax(data,orders) m = armax(data,'na',na,'nb',nb,'nc',nc,'nk',nk) m = armax(data,orders,'Property1',Value1,...,'PropertyN',ValueN)	ARMAX 模型

十、其他

函数	说明
[x,fval,reason,output,population,scores] = ga(@fitnessfun,nvars,A,b,Aeq,beq,LB,UB,nonlcon,IntCon,options)	遗传算法的主函数.输入：计算适应度函数的 M 文件的函数句柄、适应度函数中变量个数、约束条件、参数结构体；输出：返回的最终点、适应度函数在 x 点的值、算法停止的原因、算法每一代的性能、最后种群、最后得分值
net =feedforwardnet(hiddenSizes,trainFcn)	网络初始化函数：创建一个 BP 网络，输入隐藏层大小(缺省为 10)，训练函数(默认'trainlm')
net=train(net,X,Y)	网络训练函数
Y2=sim(net,X1)	网络泛化函数